Zissler · Baupläne der Tiere

studio visuell

Zum Einbandbild

Die 1,5 Millionen bekannten Tierarten lassen sich als Folge eines stammesgeschichtlichen Werdegangs nur wenigen Bauplänen zuordnen. Durch die zwei gleichsam übereinanderprojizierten Bilder, den Stammbaum zum einen und die 5 ausgewählten Bauplan-Schemata zum anderen, soll der seit rund 3 Milliarden Jahren ablaufende Geschichtsprozeß der tierischen Entfaltung symbolisiert werden. An seinem Anfang stehen, soweit wir wissen, einfache Geißeltierchen, und die derzeitigen Endglieder sind hochkomplexe Formen wie etwa Stachelhäuter, Weichtiere, Gliedertiere und Säuger.

Dieter Zissler

Baupläne der Tiere

Eine funktionelle Morphologie

Herder Freiburg · Basel · Wien

Inhalt

Satz und Druck: B+K Offsetdruck Ottersweier 1980
Einband: Freiburger Graphische Betriebe 1980
ISBN 3-451-17880-X

Der Weisheit erste Stufe besteht darin, die Dinge in sich zu kennen . . .
Carl von Linné

Die lebendige Gestalt

Leben ist ein Begriff, ein Abstraktum unseres Geistes für die Gesamtheit des Geschehens an und in jener Materie, die wir eben aufgrund dieser Eigenschaften als *lebend* bezeichnen. Wird die Frage nach Herkunft und Sinn, letztlich nach der Existenz des Lebendigen schlechthin, mit einbezogen, dann ist „Leben" ein philosophischer Begriff, der sich den Methoden der Naturwissenschaft entzieht.

Was wir gegenständlich, sinnlich wahrnehmen und so den Methoden der Naturwissenschaft, der wirklichkeitsgetreuen Beobachtung wie dem Experiment, zugänglich machen können, sind die lebendigen Organismen oder Lebewesen, Bakterien, Pflanzen, Tiere und der Mensch. Sie sind als solche dadurch gekennzeichnet, daß sie eine besondere, eine individuelle Gestalt besitzen, die sie in den meisten Fällen klar von der unbelebten Materie abhebt.

Unter *Gestalt* ist – sowohl in der unbelebten wie in der belebten Natur – eine *geordnete Materie* zu verstehen, die räumlich wie in ihren Eigenschaften von ihrer Umgebung abgegrenzt ist. Aufgebaut ist sie aus Untereinheiten, die wir als *Strukturen* bezeichnen. So gesehen, sind Spiralnebel wie Bergkristall, Coli-Bakterium wie Delphin Gestalten.

Wie groß und immer noch rätselhaft der Unterschied zwischen dem unbelebten Kristall und dem lebenden Säugetier auch ist, so einfach läßt er sich formulieren: es sind der hohe Grad an spezifischer Ordnung und die Tendenz zur Zunahme an Ordnung, die die Lebewesen von den unbelebten Naturkörpern abheben. Diese *Ordnung* ist die Folge eines makromolekularen Aufbaus aus Kohlenstoffverbindungen oder, allgemein gesagt, die Folge einer in diesen Molekülen gespeicherten Information, eines Programms, und bedingt die beiden grundlegenden Eigenschaften des Lebendigen: Einheitlichkeit und Mannigfaltigkeit. *Einheitlichkeit* aber heißt *Erhaltung*, *Mannigfaltigkeit* bedeutet *Veränderung*. Beide äußern sich in fünf Merkmalen, die wir neben der Gestaltbildung an allen rezenten lebenden Systemen, vom Einzeller bis zum Menschen, erkennen: *Energiegewinnung, Reizbarkeit, Selbstreproduktion, Mutabilität* und *Selektion*.

Die Aufrechterhaltung der spezifischen Ordnung des Lebendigen erfordert ständig Arbeit, und Arbeit ist ein energiever-

Wann sagt man von einem Stück Materie, es lebe? Wenn es fortwährend „etwas tut", sich bewegt, mit der Umwelt Stoffliches austauscht usw., und zwar während einer viel längeren Zeit, als wir unter gleichen Bedingungen von einem unbelebten Stück Materie erwarten, daß es „in Bewegung bleibe".
Erwin Schrödinger

Viren, die keinen eigenen Stoffwechsel haben und daher auf Wirtszellen angewiesen sind, werden häufig nicht zu den Lebewesen gerechnet. Man sagt: „Sie leben nicht selbst", sondern „sie werden gelebt."

Struktur: gesetzmäßige Verknüpfung von Bausteinen zu einer Ganzheit. Strukturen niedriger Ordnung sind Atome und Moleküle, Strukturen höherer Ordnung sind Zellen, Gewebe und Organe.

Jegliche biologische Ordnung ist informationsgesteuert.
Manfred Eigen

Das Leben unterscheidet sich von allen anderen Naturerscheinungen durch ein Merkmal: es besitzt ein Programm.
Salvador Edward Luria

Vom physikalischen Standpunkt können wir dies Verhältnis dahin definieren, daß der lebende Organismus nicht ein nach außen abgeschlossenes System ist, sondern ein offenes System, das fortwährend Bestandteile nach außen abgibt und solche von außen aufnimmt, das sich aber in diesem ständigen Wechsel in einem stationären Zustand oder Fließgleichgewicht erhält bzw. in ein solches übergeht.

Ludwig von Bertalanffy

brauchender Prozeß, so daß alle Organismen als *„Energiefallen"* in ihre Umwelt eingepaßt sind. Der dauernde Energiebedarf kann aber nur dann sichergestellt werden, wenn das betreffende Lebewesen auch plötzlichen Veränderungen in seiner Umwelt gewachsen ist. So lösen Außenfaktoren als Reize innere Regulationsvorgänge aus und bewirken *kurzfristig* ein der neuen Situation gerechtes Verhalten.

omne vivum e vivo

Wilhelm Preyer (1841–1897)

Am stärksten wird die Erhaltung eines Lebewesens durch die Fähigkeit, sich selbst zu *reproduzieren,* garantiert. Da alle organischen Moleküle und somit auch die durch sie bedingten höheren Ordnungszustände aufgrund der thermischen Molekularbewegung nur eine begrenzte Lebensdauer haben, kann das in ihnen gespeicherte Programm nur dann erhalten bleiben, wenn vor dem Zerfall der Moleküle eine Kopie ihres Strukturplans angefertigt wurde. So ist jedes Lebewesen in der Lage, neue Individuen zu erzeugen, die weitestgehend Duplikate seiner selbst sind, aber eben nur weitestgehend. Denn „die Endlichkeit der Wechselwirkungsenergien und die Störungen aufgrund thermischer Fluktuationen verhindern prinzipiell eine vollständig exakte Reproduktion" *(M. Eigen).* Doch gerade hierin liegt der unschätzbare Vorteil, das Lebendige *langfristig* zu erhalten. Denn die Fähigkeit zur geringfügigen Abänderung, zur *Mutation,* liefert ständig neue Angebote, aus denen dann durch *Selektion* im Schlagabtausch mit der sich ständig ändernden Umwelt neue Formen entstehen, die den neuen Anforderungen genügen.

Wenn auch langsam, so doch ausgiebig änderten und ändern sich die Lebensbedingungen auf der Erde. Gebirge wurden abgetragen, Länder versanken im Meer, neue Inseln stiegen auf. Kalten Perioden folgten warme und umgekehrt. Derart großräumige Änderungen sind letztlich auf Antriebskräfte im Erdinnern (Konvektionsströme) bzw. kosmische Einflüsse zurückzuführen.

So wird durch die Zunahme an Ordnung, was ja auch einer Zunahme an Kompliziertheit gleichkommt, eine Höherentwicklung oder *Evolution* bewirkt. Alle heute lebenden Organismen sind die derzeitigen Endglieder eines seit rund 3 Milliarden Jahren ablaufenden *Geschichtsprozesses.* Das, was wir gegenwärtig vorfinden, ist das Ergebnis der Vergangenheit; und da sich uns die Vergangenheit in vielen Zeugnissen offenbart, haben wir methodisch die Möglichkeit, das, was jetzt ist, durch das zu erklären, was einmal war.

Zeugnisse der Vergangenheit liefert nicht nur die Paläontologie in Form der Fossilien; vielmehr ergeben sich solche Belege u. a. und vor allem aus der Entwicklungsgeschichte und der Homologienforschung (vgl. S. 85). „Gestalten", heißt es bei *C. F. von Weizsäcker,* „sind die besten Dokumente der Vergangenheit; sie sind Fakten, aus deren bloßem Dasein viele faktische Ereignisse der Vergangenheit geschlossen werden können."

Evolution bedeutet aber nichts anderes als langfristige *Anpassung.* Hieraus folgt, daß die Lebewesen hinsichtlich Bau und Funktion zweckmäßig konstruiert sind. Anorganische, unbelebte Naturkörper sind es nicht, wohl aber vom Menschen geschaffene Maschinen. Sie jedoch sind nicht autonom, sie können sich weder selbst aufbauen noch auf Dauer leistungsfähig halten. Die lebendige Gestalt jedoch kann beides. Sie entsteht und besteht aufgrund ihrer Eigengesetzlichkeit, und sie endet im natürlichen Fall nach einer Lebensdauer, die ebenfalls in dem ihr innewohnenden Programm, ihrem Erbgut, festgelegt ist.

Bei den Bakterien und den meisten einzelligen Pflanzen und Tieren endet das Leben des Individuums dadurch, daß dieses sich in zwei Tochterindividuen teilt. Man sagt, die *Einzeller* seien „unsterblich", was nicht heißt, daß sie nicht etwa durch Nahrungsmangel, Feinde oder anderes sterben können, sondern bedeutet, daß sie nicht sterben müssen. Sie kennen keinen natürlichen *Tod.* Was bei den Einzellern nur Wachstum und Teilung ist, wird bei den *Vielzellern* zu einer differenzierten Individualgeschichte. Sie wachsen heran, durchlaufen eine Reifephase, in der sie sich selbst reproduzieren, sich fortpflanzen, und treten schließlich in eine Altersphase ein, die mit dem Tod endet. So stellt *jedes Lebewesen* ein *Raumzeitgefüge* dar, das in einem phasenhaft ablaufenden Gesamtzyklus uns in Form einer mehr oder minder stark ausgeprägten Jugend-, Reife- und Altersgestalt entgegentritt. Reife- und Altersgestalt können identisch sein oder so gleitend ineinander übergehen, daß sie äußerlich kaum zu unterscheiden sind. Allgemein stellt man daher gern der Jugend- oder *Juvenilform* die Erwachsenen- oder *Adultform* gegenüber. Bei Parasiten treten häufig mehrere und zum Teil auffällig voneinander abweichende Stadien eines Entwicklungszyklus auf.

Kein Individuum gleicht völlig einem zweiten derselben Art. Immer sind erblich-(genetisch) oder umwelt-(modifikatorisch) bedingte Varianten vorhanden, deren gestaltliche Unterschiede gleitend, kontinuierlich sind. Neben diesen Varianten finden sich aber innerhalb einer Art auch gestaltlich scharf voneinander getrennte, diskontinuierliche Formen, so als Folge der Fortpflanzungsweise, als Larve, im Rahmen einer Arbeitsteilung oder gar als jahreszeitlich bedingte Anpassung.

Eine solche *Vielgestaltigkeit* innerhalb ein und derselben Art ist bei Einzellern kaum ausgeprägt, spielt bei den höheren Pflanzen schon eine merkliche Rolle und erreicht bei den vielzelligen Tieren ihren höchsten Ausbildungsgrad.

Goethe über die Natur:

Leben ist ihre schönste Erfindung, und der Tod ist ihr Kunstgriff, viel Leben zu haben.

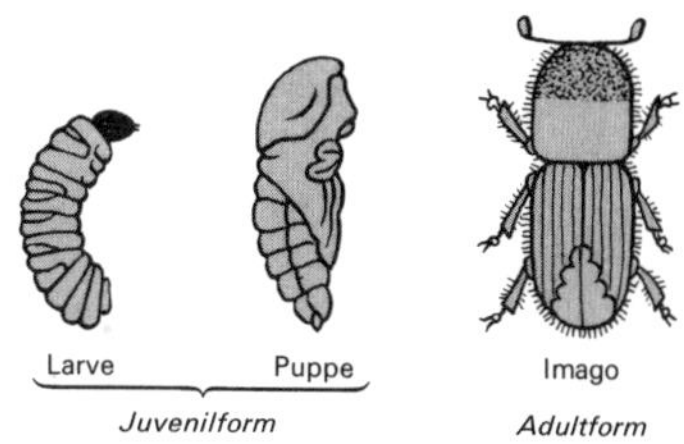

Gestaltwechsel (Metamorphose) beim Borkenkäfer

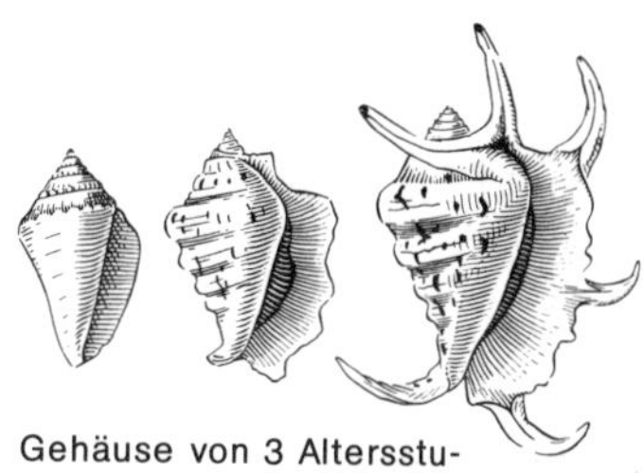

Gehäuse von 3 Altersstufen einer marinen Fingerschnecke der Gattung *Lambis*

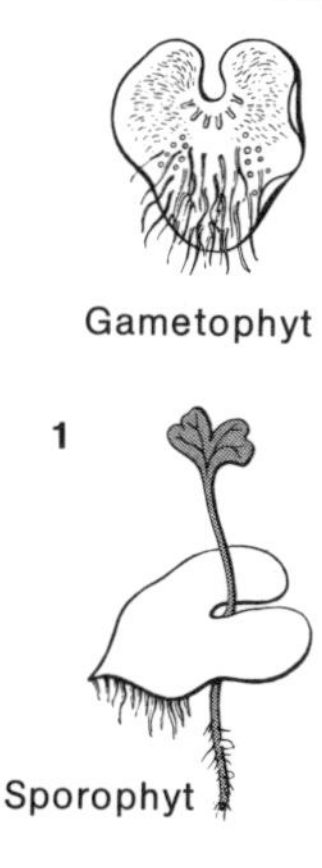

Vielgestaltigkeit innerhalb einer Art bei Pflanzen
zeigt sich z. B. in der Ausbildung von *Gameto-* und *Sporophyt* bei Farnen (**1**), der *Zweihäusigkeit (Diözie)* bei der daher auch so benannten Zweihäusigen Segge *(Carex dioica)* und der *Heterostylie* einiger Blütenpflanzen. Heterostylie bezeichnet die Erscheinung, daß auf verschiedene Individuen einer Art Blütenformen verteilt sind, bei denen, wie bei der Chinesischen Primel *(Primula sinensis,* **2**), die Staubbeutel in 2 *(Distylie)* oder, wie beim Blutweiderich *(Lythrum salicaria),* in 3 verschiedenen Stockwerken *(Tristylie)* angeordnet sind.

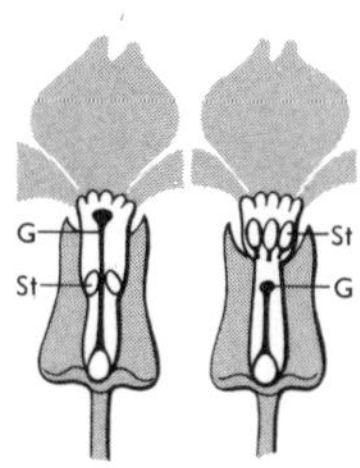

2 Heterostylie bei der Chinesischen Primel (G = Griffel, St = Staubblatt)

Vielgestaltigkeit innerhalb einer Art bei Tieren

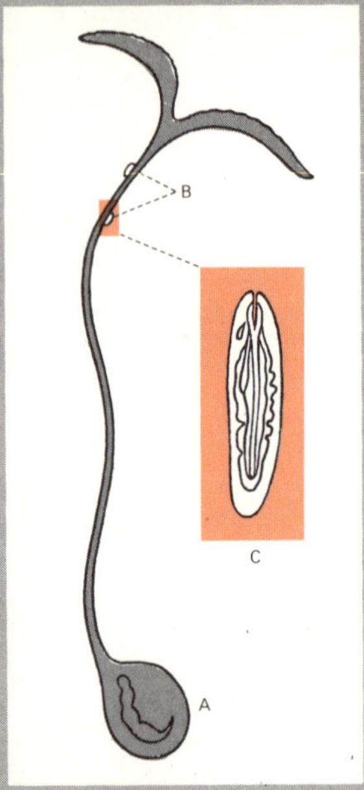

1 Igelwurm *Bonellia viridis;* A ♀, B ♂, C ♂ stark vergrößert

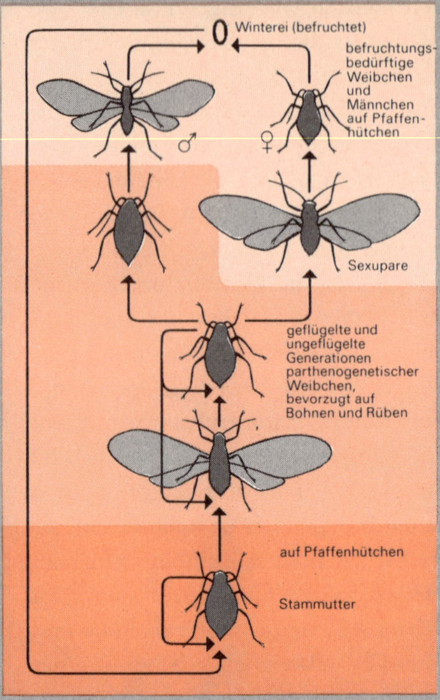

3 Entwicklungsgang der Rübenblattlaus *(Aphis fabae)*

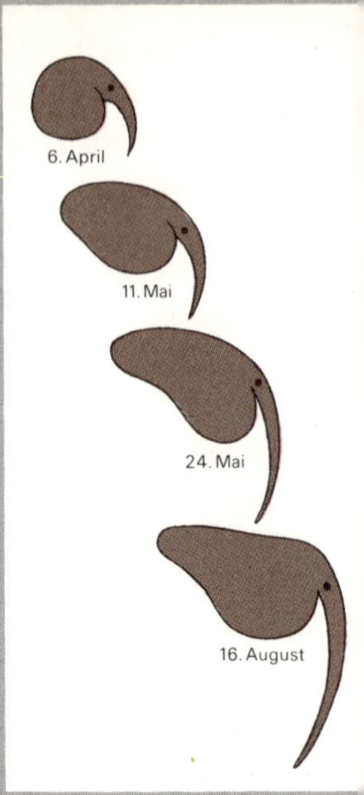

5 *Zyklomorphose* beim Wasserfloh *Bosmina thersites.* Unter jedem Kör perumriß ist das Fangdatum angege ben.

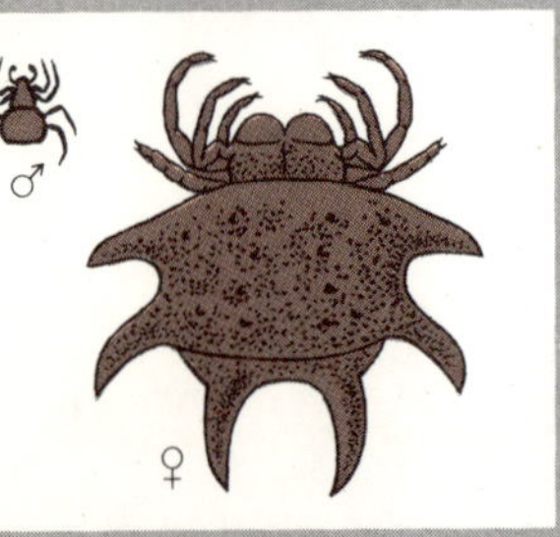

2 Spinne *Gasteracantha curvispina*

4 Tierstock von *Hydractinia echinata* (Hydrozoa). *1* Nährpolyp, *2* Geschlechtspolyp, *3* Wehrpolyp. Die Polypen (Einzelpersonen) stehen auf einer Grundplatte, der auch harte Stacheln *(4)* entspringen (Artname!).

6 Landkärtchen *(Araschnia levana* Die rotgelbe Frühjahrsform und d dunklere Sommerform werden von d zur Zeit ihrer Entwicklung herrscher den Tageslänge, also der Beleuch tungsdauer, bestimmt.

Zur geschlechtlichen Fortpflanzung haben die meisten Tiere unterschiedlich gestaltete Männchen (♂) und Weibchen (♀) entwickelt. Bei manchen Arten kann ein solcher *Sexualdimorphismus* derart extrem sein, daß, wenn nicht genaue Analysen es bestätigten, man kaum männliche und weibliche Tiere als zu einer Art gehörend erkennen würde (**1**, **2**).

Bei anderen, für die ein Generationswechsel in Form einer Metagenese (vgl. S. 76) typisch ist, werden geschlechtliche und ungeschlechtliche Gestalten (Morphen) ausgebildet, z. B. bei den Hohltieren Qualle und Polyp (vgl. Abb. S. 101). Die Mannigfaltigkeit an Formen innerhalb einer Art kann beträchtlich zunehmen, wenn, wie bei vielen Pflanzensaugern, der Generationswechsel (in diesem Fall eine Heterogonie, vgl. S. 76) mit einem Wirtswechsel verbunden ist. So wechselt die Rübenblattlaus *(Aphis fabae)* zwischen dem Pfaffenhütchen *(Evonymus)* oder verwandten Pflanzen einerseits und Rüben *(Beta)* oder Bohnen *(Vicia)* andererseits und bringt dabei 6 Adultformen hervor (**3**).

An Tierstöcken, die dadurch zustande kommen, daß am Muttertier neue Individuen knospen und mit ihm verbunden bleiben, kann zwischen den „Einzelpersonen" eine Arbeitsteilung eintreten: Die Individuen werden entsprechend ihrer Funktion (Nahrungsaufnahme, Fortpflanzung, Verteidigung) in ihrer Gestalt unterschiedlich (interindividueller Polymorphismus, **4**).

Bei den staatenbildenden Insekten, wie Bienen, Ameisen, Termiten, erhöhen die verschiedenen Kasten die Zahl der Formen auf 3 bei der Honigbiene (Königin, Arbeiterin, Drohne), mitunter auf 8 bei der Ameise *Pheidole instabilis* (geflügelte Männche Weibchen, die nach dem Hochzeitsflug die Flügel abwerfen un zur Königin werden, Normal-Arbeiterin, Groß-Arbeiterin = Solda Zwischenformen zwischen Normal- und Groß-Arbeiterin). B einigen Planktontieren, besonders bei Rädertierchen und Wasse flöhen der Gattung *Daphnia* und *Bosmina*, ändern sich bei de im Laufe eines Sommers aufeinanderfolgenden Generationen d durchschnittliche Körperform und -größe. Solche Zyklomorphose treten an Frühjahrstieren auf, steigern sich in den Sommergenera tionen und verschwinden wieder bei den Herbsttieren (**5**).

Andere bilden weniger durch Abwandlungen der Gestalt als vie mehr ihres Kleides Frühjahrs- und Sommerformen, Regenzeit- un Trockenzeitformen (Saisondimorphismus, **6**).

Bei einigen Arten treten die adulten Tiere nebeneinander in zw verschiedenen und vom Sexualdimorphismus unabhängigen Farb phasen auf *(Dichroismus)*. Im Gebirge ist die grau-schwärzlich Phase des Eichhörnchens häufiger als die rötliche, in der Eben ist es umgekehrt. Beim Kuckuck ist der Dichroismus auf die Wei chen beschränkt; sie sind grau oder braun, die Männchen ste grau. Es können auch ein und dieselben Individuen im Laufe de Jahres ein Sommer- gegen ein Winter-, ein Alltags- gegen e Pracht- oder Brutkleid eintauschen (vgl. S. 34).

Zwei Drittel aller Tierarten sind in Rassen aufgespalten Als Beispie für einen farblich ausgeprägten Rassenunterschied sei die Schleie eule genannt. Östlich des Rheins lebt die dunkle Rasse *Tyto alb guttata*, westlich die helle, *Tyto alba alba*.

Die zelluläre Organisation

Alle lebendigen Gestalten sind aus lebenden Ganzheiten aufgebaut, aus *Zellen, Geweben* und *Organen.* Die einfachste solcher Ganzheiten ist die einer einzigen Zelle, wie wir sie in Form von Bakterien und der eben deshalb so benannten pflanzlichen und tierischen *Einzeller* finden. Die Zelle ist aber nicht nur die einfachste, sondern auch die obligate Ganzheit. Als solche bildet sie sowohl die Bau- wie die Grundsteine aller höheren Pflanzen und Tiere, d. h., alle höheren Organismen bestehen aus Zellen als kleinsten noch lebenden Einheiten und sind letzten Endes alle aus einer einzigen Zelle hervorgegangen, im typischen Fall aus einer Eizelle. *Unterhalb einer Zelle ist kein Leben möglich.* Wir können zwar Zellen aufbrechen, sie in ihre Bestandteile zerlegen und im Experiment zeigen, daß diese Bestandteile auch außerhalb der Zelle ihre Funktion über eine bestimmte Zeit aufrechterhalten; lebensfähig sind sie jedoch für sich allein nicht. Wohl aber kann man ganze Zellen höherer Organismen in Kultur nehmen und sie unter entsprechenden Bedingungen über Jahre, ja sogar Jahrzehnte lebend erhalten. Doch beobachtet man dann, daß sie zwar am Leben bleiben, nach einiger Zeit aber abnorm, ja zu Krebszellen werden. Auch hier wird die Individualität, die Unteilbarkeit der lebendigen Gestalt, unter Beweis gestellt.

Jede Zelle ist ein Klümpchen *Protoplasma,* das nach außen hin eine Grenzschicht aufbaut, die der Zelle Form verleiht und als Barriere den Stoffwechsel mit dem Medium regelt. Das Protoplasma besitzt eine spezifische molekulare Struktur, die in jedem Fall an Nucleinsäuren und Proteine gebunden ist: an *Desoxyribonucleinsäuren* (Abk. *DNS* oder *DNA*), die das genetische Programm speichern, an *Ribonucleinsäuren* (Abk. *RNS* oder *RNA*), die es übertragen, und an *Proteine,* die es ausführen. Morphologisch stellt das Protoplasma ein licht- wie elektronenmikroskopisch homogen erscheinendes Grundplasma dar, in dem eine Reihe von Organellen und anderen Bestandteilen erkennbar sind. Trotz großer Vielfalt lassen sich alle diese Strukturen architektonisch auf drei submikroskopische Konstruktionselemente zurückführen: die *Membran,* das *Granum* und den *Faden.*

Der Grund für eine Organisation in Zellen liegt offenbar darin, daß die Lebensleistungen als organisierte Tätigkeiten von der organisierten Anordnung der sie bewirkenden Strukturen abhängen, wodurch ein Reaktionsraum von einer entsprechenden Form und Größe gefordert ist. Dabei kann eine maximale *Zell-*

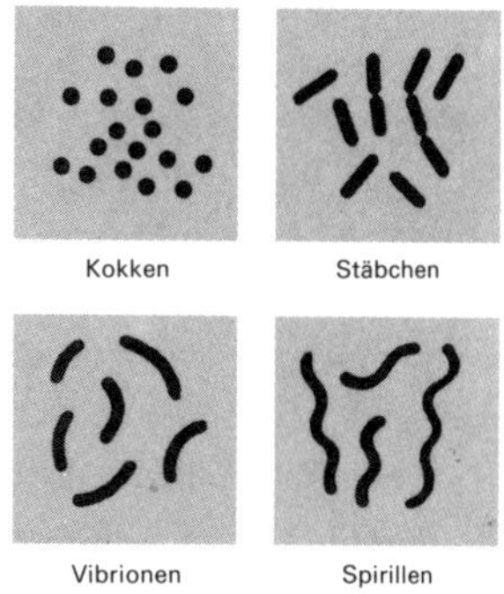

Bakterienformen
Bei den Bakterien unterscheidet man nach ihrer Gestalt *Kokken, Stäbchen, Vibrionen* und *Spirillen.*

omnis cellula e cellula
Rudolf Virchow
(1821–1902)

omne vivum ex ovo
Francesco Redi
(1626–1698)

Embryonalzellen der Taufliege *(Drosophila melanogaster)* wurden 1970 in Frankreich in Kultur genommen und seitdem in vielen Labors der Welt gezüchtet. Andere Dauerkulturen sind die 1943 aus Mäusefibroblasten isolierten sog. *L-Zellen.*

Organellen sind, wie Plasmalemma, Kern, Mitochondrien, Golgi-Apparat, Geißeln u. a., Strukturen, die bestimmte funktionelle Einheiten darstellen.

Membran
Endoplasmatisches Reticulum (ER)
Kernhülle
Zellmembran (Plasmalemma)
Golgi-Apparat
Mitochondrien
Plastiden

Granum
Ribosomen

Faden
Kontraktile Filamente
Tono- und Neurofilamente
Centriol
Cilien (Wimpern)
Flagellen (Geißeln)

größe nicht überschritten werden, weil, wie im Falle der höheren Pflanzen und Tiere, der Kern einerseits nicht eine beliebig große Plasmamenge steuern kann, so daß die meisten ausgewachsenen Zellen eine konstante *Kern-Plasma-Relation* aufweisen und im Wachstum befindliche Zellen sich dann teilen, wenn das Verhältnis einen bestimmten Wert erreicht hat, und andererseits der Kern zu groß würde, als daß der hochkomplizierte Vorgang der Selbstreproduktion, der erbgleichen Vermehrung, sich noch ohne größere Störungen vollziehen könnte. Ferner wird die Zellgröße durch die Größe der *Zelloberfläche* begrenzt. Alle für den Stoffwechsel notwendigen Rohstoffe können nur von außen über die Zellmembran in die Zelle gelangen, wie alle Abfallstoffe nur durch sie hinausgeschafft werden können. Da die Zelloberfläche mit der zweiten Potenz, der Zellinhalt (das Volumen) jedoch mit der dritten Potenz des Radius zunimmt, wird der Nachschub für den Stoffwechsel ab einer bestimmten Zellgröße nicht mehr gewährleistet. Zelloberfläche und Zellinhalt stehen somit immer in einem bestimmten Verhältnis zueinander.

Unter den Insekten haben die stoffwechselintensiven Bienen, Fliegen und Stechmücken allgemein kleinere Zellen als etwa die Heuschrecken und Schmetterlinge, bei denen der *Stoffwechsel* langsamer verläuft.

Schließlich spielt auch noch die *Stoffwechselintensität* eine Rolle. Bei Tieren, bei denen der Stoffwechsel sich rasch vollziehen muß, wie etwa bei Kolibris oder Spitzmäusen, erreicht die Größe der Oberfläche im Verhältnis zum Zellvolumen ein Maximum, wenn die Zelle klein bleibt.

So war eine Höherentwicklung nicht durch Vergrößerung, sondern nur durch *Vermehrung der Bausteine* mit entsprechender Arbeitsteilung möglich. Das gilt auch dort, wo in den sog. *Syncytien* und *Plasmodien* morphologische Zellgrenzen fehlen. Die einzelnen *Zelltypen* erreichen zwar recht unterschiedliche Ausmaße, bleiben aber, alles in allem, doch relativ klein. Die meisten Pflanzen- und Tierzellen messen zwischen 10 und 100 µm (1 µm = 10^{-6} m = 1/1000 mm). Aus diesen Durchschnittsgrößen fallen durch den hohen Gehalt an Nährmaterial lediglich die *Eizellen* heraus. Die größte Eizelle, das Straußenei, kommt auf 170 × 135 mm. Die menschliche Eizelle hat einen Durchmesser von 100 µm und ist damit annähernd so groß wie die des Seeigels. Auch die Einzeller bleiben „Mikro"-Organismen. Bakterien haben eine mittlere Größe von ca. 1 µm, die Protozoen von 2 µm bis weniger als 1 µm.

Syncytien entstehen durch Verschmelzung mehrerer Zellen, *Plasmodien* dadurch, daß auf mehrfache Kern- keine Zellteilungen folgen. Muskelfasern z. B. kommen je nach Typ syncytial oder plasmodial zustande.

Die *Anzahl der Zellen* ist bei den meisten Lebewesen nicht festgelegt. Sie wird durch die Endgröße, die ein Körper erreicht, begrenzt. Die Zahl der Zellen im ausgewachsenen menschlichen Körper wird auf 10^{14} (= 100 Billionen) geschätzt. Davon sind $3{,}5 \times 10^{13}$ Gewebezellen. Ein Mikroliter (Kubikmillimeter) Blut – die gesamte Blutmenge des Menschen beträgt 5–6 Liter – enthält etwa 6000 weiße und 5 000 000 rote Blutkörperchen.

Nicht durch Vergrößerung, sondern durch Vermehrung der Zahl seiner Zellen wurde der Elefant zum größten Landsäugetier. Bei der Pantoffelschnecke (*Crepidula fornicata*) gelang es, besonders kleine und große Exemplare zu züchten. Dabei konnten die „Riesen" 25mal so groß werden wie die „Zwerge". Die Zellen von Haut, Darm, Leber, Muskeln u. a. Geweben aber waren bei beiden Formen gleich groß.

Da die hohe Differenzierung der *Nervenzellen (Neuronen)* offenbar nur durch einen Verzicht auf den komplizierten Zellteilungsmodus möglich war, wurde das Problem, für ein ganzes Leben genügend Nervenzellen zur Verfügung zu haben, dadurch gelöst, daß der Mensch bereits bei der Geburt die Gesamtzahl seiner Nervenzellen besitzt. Diese aber ist im Zentralnervensystem mit 10^{10} (10 Milliarden) so ausreichend, daß der tägliche Verlust mit ca. 10^3 Neuronen fast nicht ins Gewicht fällt; auf ein Jahr bezogen, wären dies nur ca. 0,001 % des gesamten Nervenzellbestands.

Es gibt einige weitere Fälle, bei denen die Vermehrung der Körperzellen bereits lange, bevor das Tier ausgewachsen ist, beendet wurde. Hier wird die endgültige Körpergröße durch Vergrößerung der Zellen erreicht. Das beobachtet man u. a. bei den zyklomorphisch sich vergrößernden Organen der Wasserflöhe (vgl. S. 8) und bei allen Tieren, die *Zellkonstanz* aufweisen. Unter Zellkonstanz versteht man, daß entweder ganze Organismen *(totale Zellkonstanz)* oder einzelne Organe *(partielle Zellkonstanz)* regelmäßig von einer festgelegten Anzahl ausdauernder Zellen aufgebaut sind. Zellkonstanz dürfte ein Regenerationsvermögen ausschließen, zumindest stark einschränken.

Eine *Epithelzelle* aus dem Darm eines adulten Pferdespulwurms *(Ascaris megalocephala)* ist so groß wie die frischgeschlüpfte Larve des gleichen Tieres.

Totale und partielle Zellkonstanz

Beispiele für *totale Zellkonstanz* finden sich vor allem unter den Rädertierchen *(Rotatoria)*. *Epiphanes senta* kommt auf insgesamt 954 Zellen; davon bilden 183 das Gehirn, 91 den Kaumagen und 28 die Exkretionsorgane. *Asplanchna*, die mit bis zu 2 mm größte einheimische Süßwassergattung unter den Rädertierchen, kommt auf ca. 900, *Synchaeta triophthalma* auf ca. 850 Zellen.

Partielle Zellkonstanz – oder *Zellkernkonstanz*, wenn es sich um Syncytien handelt – ist von Körperzellen bei *Dicyemiden*, winzigen, an Saugwürmer erinnernde Parasiten in den Venenanhängen der Nieren von Tintenfischen, bei Fadenwürmern *(Nematoda)*, Kratzern *(Acanthocephala)*, Bauchhärlingen *(Gastrotricha)* und Bärtierchen *(Tardigrada)* bekannt. Im Hautmuskelschlauch des Madenwurms *(Enterobius)* beträgt die Zahl der Muskelzellen 65, bei der Larve wie beim fertigen Tier. Der Darm des Essigälchens *(Anguillula aceti)* besteht aus 59 Schlund-, 5 Speiseröhren-, 18 Mitteldarm- und 20 Enddarmzellen, insgesamt also 102 Zellen. Zellkonstant sind auch die *Miracidien*, die Larven der Saugwürmer *(Trematoda)*, sowie bestimmte Organe oder Organteile höherer Tiere, wie die Sehkeile (Ommatidien) im Facettenauge der Gliederfüßer oder der komplizierte Schweb- und Fangapparat der Appendikularien unter den Manteltieren, sowie bestimmte Riesennervenzellen bei Ringelwürmern, Egeln, Weichtieren und im Rückenmark des Lanzettfischchens *(Branchiostoma lanceolatum)*.

Ob Zellkonstanz in Zusammenhang mit der Kleinheit der Formen (Rotatorien 3 mm, Tardigraden 1,2 mm, Gastrotrichen 1,5 mm, Miracidien 170 × 40 µm) und/oder der Spezialisierung (Riesennervenzellen, Ommatidien) zu bringen ist, bleibt fraglich. Bei der phylogenetischen Entstehung der Rotatorien, Gastrotrichen und Tardigraden könnte die Verminderung der Körpergröße einen Selektionsvorteil bedeutet haben, dem aber durch die organbedingte Mindestzahl an Zellen eine untere Grenze gesetzt war. Riesennervenzellen und Ommatidien wären als optimaler Kompromiß zwischen höchster Spezialisierung und mindestmöglicher Zellzahl zu sehen.

Die Organisationsstufen der Zelle

Prokaryonten

Membranen sind eine der erstaunlichsten Erfindungen der Evolution, insofern erst durch sie eine räumliche Organisation der lebenden Gestalten möglich wurde. Nur mittels Membranen gelang es den ersten Systemen, aus der „Ursuppe" selektiv Moleküle auszuwählen.

Die einfachsten, frei lebenden Organismen sind die *Mycoplasmatales,* Bakterien, deren Trockensubstanz nur aus etwa 1200 Makromolekülen (≈12 Millionen Atome) besteht. So sind die kleinsten unter ihnen nur 0,3 μm groß, aber sie zeigen bereits, daß ihr mit Partikeln durchsetztes *Grundplasma* von einer *Membran* umgeben ist. Diese gleicht in ihrer Stärke (7,5 nm) und

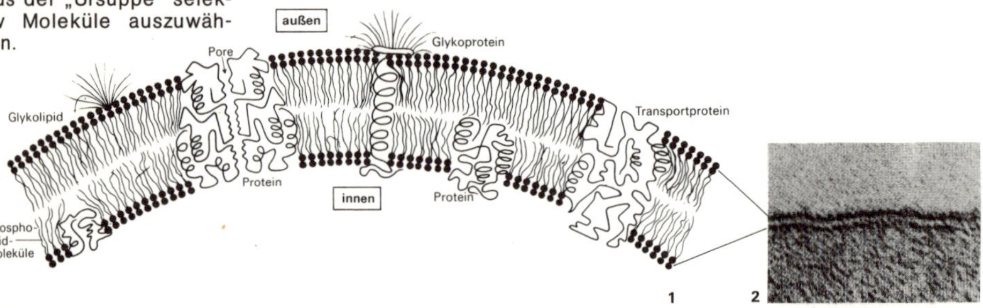

Modell (**1**) und elektronenmikroskopische Aufnahme (**2**) einer *Cytoplasmamembran*

ihrem dreischichtigen Bau so sehr der Cytoplasmamembran der höher differenzierten Zellen, daß man allgemein von *Elementarmembranen* oder *„unit membranes"* spricht. Die Partikel in der Matrix werden als Orte der Proteinsynthese (Ribosomen) angesehen. Die Nucleinsäuren (DNA und RNA) sind nur chemisch nachweisbar.

Wesentlich stärker organisiert sind die Zellen der höheren *Bakterien* und *Cyanobakterien.* Ihnen fehlt zwar im Innern nahezu jegliche Untergliederung – weder ist die DNA durch eine Kernhülle vom Cytoplasma abgetrennt, noch sind Mitochondrien oder Plastiden vorhanden –, doch sind ihrer Elementarmembran außen besondere Deckschichten aufgelagert. Bei Cyanobakterien und phototrophen Bakterien sind die für sie typischen pigmenttragenden Membranen (Thylakoide) als Einstülpungen der äußeren Zellmembran, des Plasmalemmas, erkannt worden. Bakterien und Cyanobakterien werden aufgrund ihrer Ähnlichkeit als *Prokaryonten (Prokaryoten)* zusammengefaßt, ihre Zellen entsprechend als *Protocyten* oder *Procyten* bezeichnet.

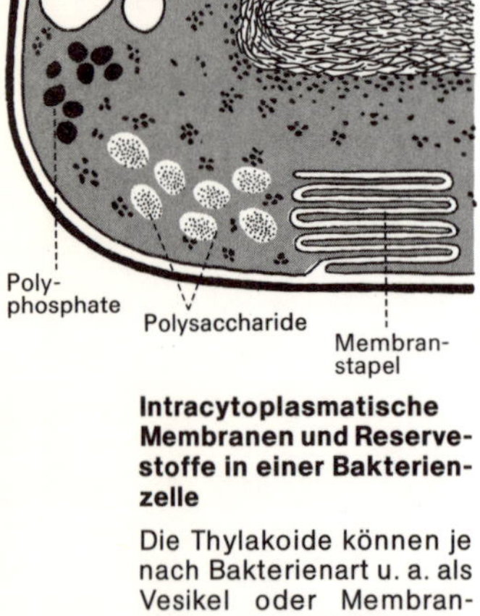

Intracytoplasmatische Membranen und Reservestoffe in einer Bakterienzelle

Die Thylakoide können je nach Bakterienart u. a. als Vesikel oder Membranstapel ausgebildet sein. Der Einfachheit halber sind beide hier in dasselbe Schema eingezeichnet.

Eukaryonten

Den Prokaryonten stehen die *Eukaryonten (Eukaryoten)* gegenüber. Sie umfassen alle ein- und mehrzelligen Pflanzen und Tiere. Zwischenstufen zwischen Pro- und Eukaryonten sind nicht bekannt. Kennzeichen der Eukaryontenzelle, der *Eucyte,*

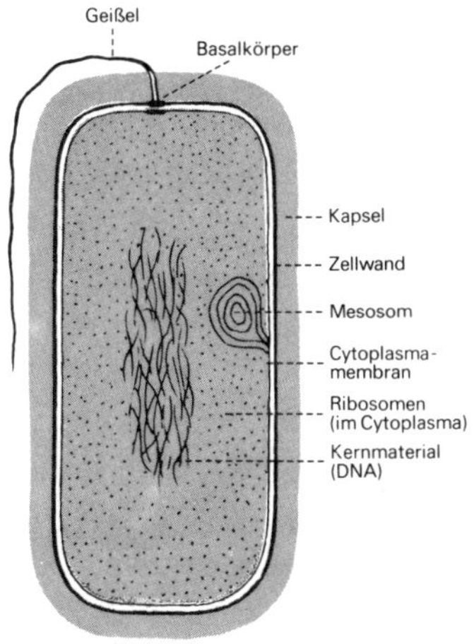

Grundstruktur der *Protocyte*
(hier eine Bakterienzelle)

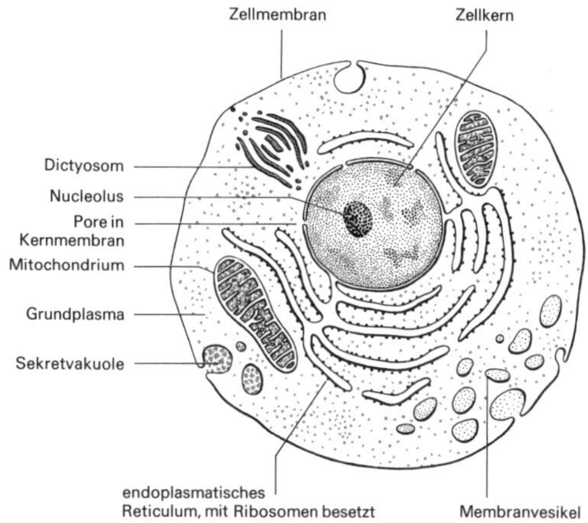

Grundstruktur der *Eucyte*
(hier eine tierische Zelle)

ist ihre volle innere Untergliederung durch *Membranen.* Dadurch ist sie der Protocyte an Leistungsfähigkeit beträchtlich überlegen; denn Membranen sind für viele gelöste Stoffe undurchlässig, während andere sie passieren *(Semipermeabilität).* Alle membranumgrenzten Plasmaanteile werden daher zu geschlossenen Reaktionsräumen *(Kompartimenten),* in denen biochemische Reaktionen ohne gegenseitige Störung ablaufen können.

Wichtigstes Kompartiment ist der von einer sog. perinucleären Zisterne umhüllte *Zellkern,* in dem als Steuerzentrum der Zelle die in der DNA festgelegte genetische Information sowohl aufbewahrt als auch zur Übermittlung auf die RNA überschrieben (transkribiert) wird. Da ist ferner das mit der perinucleären Zisterne häufig verbundene *endoplasmatische Reticulum.* Es ist ein Kanalsystem, das offenbar durch Einstülpung der plasmatischen Grenzschicht entstanden und vielfach mit Ribosomen besetzt ist. An den *Ribosomen* werden Proteine, an den Reticulummembranen u. a. Steroide aufgebaut; darüber hinaus dienen die Zisternen auch der Verteilung und dem Transport von Stoffen. Weitere Zellorganellen sind die *Mitochondrien,* die aufgrund ihrer Enzymausstattung Zentren der Atmung, also Energielieferanten („Kraftwerke") der Zelle sind. Nur in pflanzlichen Eucyten finden sich *Plastiden,* im typischen Fall *Chloroplasten.* Mitochondrien und Plastiden haben einiges gemeinsam und erinnern gerade darin recht auffällig an rezente Prokaryonten. Beide haben ihre eigene DNA, RNA und sogar ihre eigenen Ribosomen, die in Größe und Struktur denen rezenter Prokaryonten entsprechen, aber von denen der übrigen

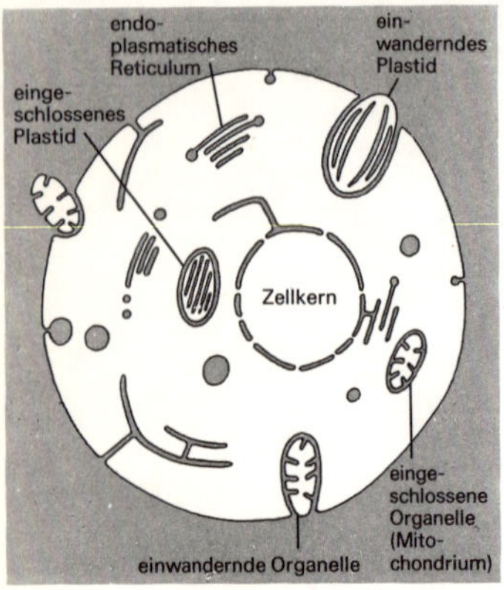

Kompartimentierung der Eucyte (eukaryontische Zelle)

„Atmende" und photosynthetische Protocyten (Prokaryonten) werden soeben als künftige Mitochondrien bzw. Plastiden in die Eucyte aufgenommen. Dabei umschließt das Plasmalemma der Eucyte die Protocyten (Phagocytose).

Zelle abweichen. Beide sind als einzige Zellorganellen von zwei Elementarmembranen begrenzt. Dies und noch einiges mehr hat dazu geführt, in den Mitochondrien domestizierte Bakterien, in den Plastiden entsprechend nutzbar gemachte Cyanobakterien zu sehen – zweifellos eine faszinierende Spekulation, für die es aber unter den rezenten Organismen durchaus Modelle gibt.

„Modelle" für die Symbiosetheorie

Bei der freilebenden Amöbe *Pelomyxa palustris* sind die Mitochondrien offenbar sekundär abgebaut, jedenfalls fehlen sie. Dafür enthält das Plasma endosymbiontische Bakterien. Ob die Bakterien die Mitochondrien funktionell ersetzen, ist noch nicht bewiesen, aber höchst naheliegend.

Das im Enddarm von Termiten lebende Geißeltierchen *Mixotricha paradoxa* wird von wenigen Geißeln gesteuert, vorwärtsbewegt aber wird es von Spirochäten, die in seine Oberfläche „eingepflanzt" sind und koordiniert schlagen (Bewegungssymbiose). Hinterkiemerschnecken aus der Gruppe der *Saccoglossa*, wie etwa die auch in der Nordsee vorkommende Grüne Samtschnecke *(Elysia viridis)*, beherbergen in den Darmzellen freie Chloroplasten, die aus der Algennahrung stammen. Bei Belichtung der transparenten Schnecke geben die Chloroplasten Photosyntheseprodukte, u. a. auch Sauerstoff, an die Schnecke ab. Gezeigt werden konnte ferner, daß die Chloroplasten wenigstens über 6 Wochen ihre Feinstruktur nicht verändern.

Wie auch immer die Zelle und besonders die Eucyte zustande gekommen sein mag, sie ist als Folge eines langen Entwicklungsgangs offenbar auf allen drei Ebenen, der molekularen, submikroskopischen und mikroskopischen, so durchkonstruiert und dadurch auch so plastisch, daß sie zum universellen Baustein der Organismen werden konnte, ohne daß im Laufe der Phylogenie ihr einheitliches Bauprinzip abgeändert oder gar aufgegeben werden mußte. Dies wird durch die außerordentliche *Mannigfaltigkeit der Organismen* bewiesen, die weniger durch Änderungen am Bau der Zellen als vielmehr durch Änderungen ihrer Zahl und Anordnung geschaffen wurde. Keinem Architekten oder Künstler steht ein so vielseitig einzusetzendes Bauelement, wie es im Bereich des Lebendigen die Zelle ist, zur Verfügung.

Eine so große Zahl von Differenzierungen innerhalb einer einzigen Zelle, wie sie uns etwa das *Pantoffeltierchen* (vgl. Abb. S. 91) mit Mikro- und Makronucleus, Zellmund und -schlund, Zellafter, Nahrungs- und pulsierenden Vakuolen, kontraktilen Strukturen, Schutz- und Anheftungsorganellen zeigt, ist sonst im Tierreich nirgends mehr in einer Zelle zu finden. Zu den am stärksten differenzierten Wimpertierchen gehört *Stylonychia mytilus*, dessen Körper abgeflacht ist, so daß eine gewölbte Rücken- und eine mehr flache Bauchseite unterschieden werden. Die Rückenfläche trägt einige Tastcilien, die Bauchfläche kräftige Cirren, die das Tierchen zu schnellem Lauf wie plötzlichen und weiten Sprüngen befähigen.

Die Organisation der Gewebe und Organe

Die *einzelligen* Algen und Protozoen unter den Eukaryonten werden aufgrund der Beschränkungen, die einer Zelle auferlegt sind, immer von geringer Körpergröße bleiben (vgl. S. 10). Aber sie können, wie im Fall einiger Flagellaten und Ciliaten, einen

Keimbahn

Entwicklung eines Vielzellers aus einer befruchteten Eizelle, links eines weiblichen, rechts eines männlichen Organismus. Die Zellenfolge, die von der Eizelle bis zu den Keimzellen des neuen Individuums führt, heißt *Keimbahn* (rot).

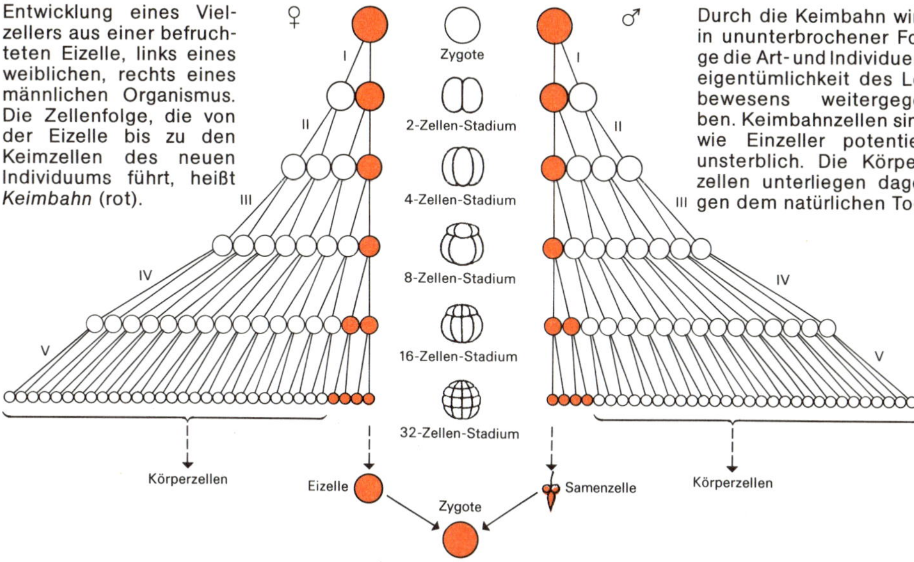

Durch die Keimbahn wird in ununterbrochener Folge die Art- und Individueneigentümlichkeit des Lebewesens weitergegeben. Keimbahnzellen sind wie Einzeller potentiell unsterblich. Die Körperzellen unterliegen dagegen dem natürlichen Tod.

so hohen Differenzierungsgrad erreichen, wie er bei keiner Metazoenzelle zu finden ist. Trotzdem aber ist auch beim höchst entwickelten Einzeller die Spezialisierung für bestimmte Aufgaben nur so weit möglich, als die Funktionsfähigkeit der Gesamtzelle nicht beeinträchtigt wird.

Eine Leistungssteigerung war nur dadurch möglich, daß die durch Wachstum und Teilung auseinander hervorgehenden Zellen miteinander verbunden blieben. So konnten Aufgaben, die bisher alle von einer einzigen Zelle erfüllt werden mußten, nun auf mehrere aufgeteilt werden. Die Zellen konnten sich *spezialisieren* und damit die Funktionen intensiver erfüllen. Es entstanden *vielzellige* Pflanzen und Tiere, bei denen die Zellen von gleichartiger Struktur und Funktion geordnete Verbände bilden, die wir *Gewebe* nennen. Gewöhnlich sind ihre Zellen auf eine einzige Funktion spezialisiert, wie z. B. bei den Tieren die Muskelzellen, die sich nur kontrahieren, oder die Nervenzellen, die Impulse leiten, sich aber so gut wie nicht zusammenziehen können.

Größere Verbände aus einem, meist aber mehreren Geweben mit einer einzigen oder einer Anzahl voneinander abhängiger oder aufeinander abgestimmter Funktionen werden als *Organ* bezeichnet. Eine Gruppe von funktionell zusammengehörenden und meist über den größten Teil des Pflanzen- oder Tierkörpers verbreiteten Organen nennt man gern auch *Organsystem.* Mehrere Organsysteme können, sofern man ihre gemeinsame Funktion besonders herausheben will, als *Organapparat* zusammengefaßt werden.

Für die Einzelzelle, das Gewebe wie das Organ oder Organsystem bedeutet die durch die *Vielzelligkeit* gewonnene Arbeits-

Keimbahn

Der Grundgedanke, der zum Begriff der *Keimbahn* führte, wurde schon 1872 von *F. Galton* (1822–1911), einem Vetter Darwins, ausgesprochen, damals aber nicht beachtet und erst von *A. Weismann* 1885 in seiner „Lehre von der Kontinuität des Keimplasmas" dargelegt.

August Weismann
(1834–1914)

Die Bezeichnung „Organ" kommt vom griechischen „organon", d. h. Werkzeug, aber auch Musikinstrument. *Organe* sind gleichsam Werkzeuge, die im Dienst des Gesamtkörpers bestimmte Aufgaben verrichten. Es liegt aber ebenso nahe, dabei an die Harmonie der Instrumente in einem Orchester zu denken.

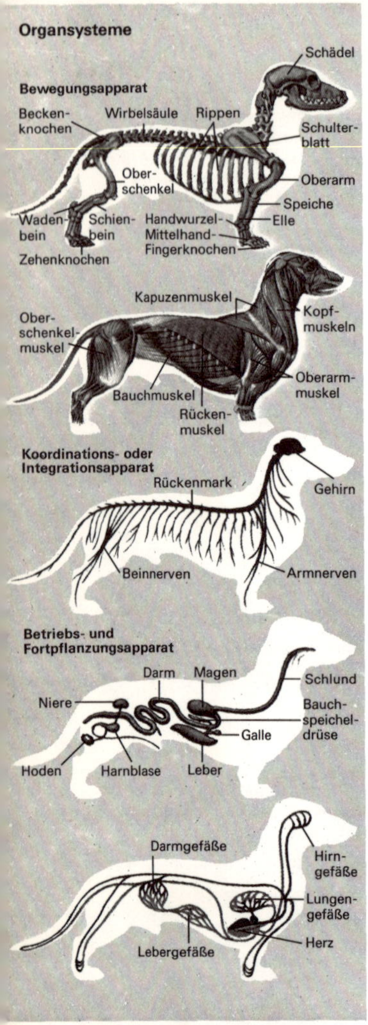

Schematische Einzeldarstellung der wichtigsten *Organsysteme* eines Säugers. Skelett- und Muskelsystem bilden den *Bewegungsapparat,* Verdauungs-, Blutgefäß- und Ausscheidungssystem den *Betriebsapparat,* das Nervensystem und die im Schema nicht eingezeichneten Sinneszellen und Sinnesorgane den *Koordinations-* oder *Integrationsapparat* und die Geschlechtsorgane einschließlich der ebenfalls nicht dargestellten Hilfs- und Brutpflegeorgane den *Fortpflanzungsapparat.*

teilung neben und infolge der Leistungsintensivierung aber auch einen Verlust an anderen Fähigkeiten. So müssen Nerven- wie Muskelzellen von anderen Zellen mit Nahrung und Sauerstoff versorgt werden. Vielzelligkeit ist ferner auch mit einer Zunahme an Körpergröße und -masse verbunden. Daraus ergeben sich Probleme, die beim Einzeller keine oder nur eine vergleichsweise geringe Rolle spielen, wie die der Statik, des Stofftransports, der Koordination von Abläufen in unterschiedlichen Körperregionen, ja auch der Organisation von Aufbau und Entwicklung des Körpers.

Pflanze und Tier

Jeder lebendige Organismus ist auf die ständige Zufuhr von Energie angewiesen. Dort, wo die Energie ausbleibt, zerfällt die Ordnung, und das Leben erlischt. So sind alle Organismen als *„Energiefallen"* treffend charakterisiert (vgl. S. 6). Die Pflanze entnimmt ihre Energie unmittelbar dem Sonnenlicht, das Tier dagegen ausschließlich seiner Nahrung, die pflanzlicher oder tierischer Herkunft sein kann. Man sagt: Pflanzen sind *autotroph,* Tiere *heterotroph.*

Dieser Gegensatz in der Ernährungsweise bedingt die wesentlichen Unterschiede in der Gestalt, im Wachstum und im Verhalten von Pflanzen und Tieren. Mit Hilfe des *Chlorophylls* absorbieren die *Pflanzen* Licht und binden dessen Energie in Form organischer Substanzen. Die für diese Verbindungen wichtigen Baustoffe, Kohlenstoff und Wasserstoff, stehen in Form des Kohlendioxids der Luft und des Wassers, das ja außerdem noch eine Reihe weiterer Elemente als Nährionen enthält, zur Verfügung. Da, von wenigen Ausnahmen abgesehen, Licht, Luft und Wasser überall auf der Erde vorhanden sind, können Pflanzen auch nahezu überall vorkommen. Sie brauchen ihrer Nahrung nicht nachzulaufen, sie können zeitlebens an denselben Ort gebunden sein. Um das Sonnenlicht möglichst optimal einfangen und das Kohlendioxid ausreichend aufnehmen zu können, bedarf es umfangreicher, Licht und Luft zugänglicher Oberflächen, die die höheren Pflanzen durch eine reiche Entwicklung von *Zweigen* und *Blättern* anlegen. Ein *Wurzelsystem* gewährleistet die Zufuhr von Wasser und Mineralstoffen.

Tiere dagegen gewinnen ihre Energie dadurch, daß sie organische Nahrung aufnehmen, die zunächst in eine für sie verwertbare Form abgebaut werden muß, bevor sie resorbiert werden kann. Hierzu sind Reaktionsgefäße notwendig, die die Tiere sich durch Einstülpung eines Teils ihrer äußeren Oberfläche schaffen. Diese der Aufnahme, dem Abbau und der Resorption dienenden inneren Hohlräume nennt man *Darmsystem* oder *Verdauungstrakt.* Der Darm ist das für alle vielzelligen Tiere (Metazoa) typischste Organ. Es liegt daher auf der Hand, daß in der Individualentwicklung (Ontogenese) gerade er als erstes aller Organe, als sog. *Urdarm,* angelegt wird.

Mit der Ortsgebundenheit und der durch sie gegebenen Unbeweglichkeit der Pflanzen sind deren Wachstum und Größenentfaltung praktisch nur mechanische Grenzen gesetzt. Tiere jedoch müssen, um an ausreichend Nahrung zu kommen, beweglich sein. Dies bedeutet, daß sie ihre Größe und damit auch ihr Wachstum begrenzen müssen. Die Anlage aller ihrer Organe gelangt daher schon auf frühem Embryonalstadium zum Abschluß. Die Pflanzen dagegen legen bis zu ihrem Tod noch neue Organe an. Man betrachtet die Pflanzen daher als *offene,* die Tiere als *geschlossene* Gestalten *(W. Troll).* Ein frühes Einstellen des Wachstums aber fördert das Altern, dem umgekehrt lebhaftes Wachstum entgegenwirkt. Das erklärt, warum Pflanzen i. allg. ein weit höheres *Lebensalter* erreichen als Tiere.

Die Fähigkeit zur Ortsveränderung, die es den Tieren gestattet, Nahrung und Geschlechtspartner zu finden, vor Räubern zu fliehen oder günstigere Lebensräume aufzusuchen, ist bereits zellulär strukturiert. So sind bei den Tieren für die Bewegung Muskelzellen, für die Reizaufnahme, Erregungsleitung und Informationsverarbeitung Nervenzellen und für den Stofftransport freie Zellen entwickelt. Sie alle fehlen den Pflanzen. Und noch ein weiterer Unterschied in der mikroskopischen Organisation von Pflanzen und Tieren ist als Folge des Gegensatzes von Ortsgebundenheit und -veränderlichkeit zu sehen: die Zellen nahezu aller Pflanzen sind zusätzlich zur primären Zellwand, die man auch als Plasmalemma oder allgemein als Zellmembran bezeichnet, noch von einer Wand aus Cellulose umhüllt. Bei Tieren fehlen solche sekundären Zellwände.

Urdarmbildung (Gastrulation)

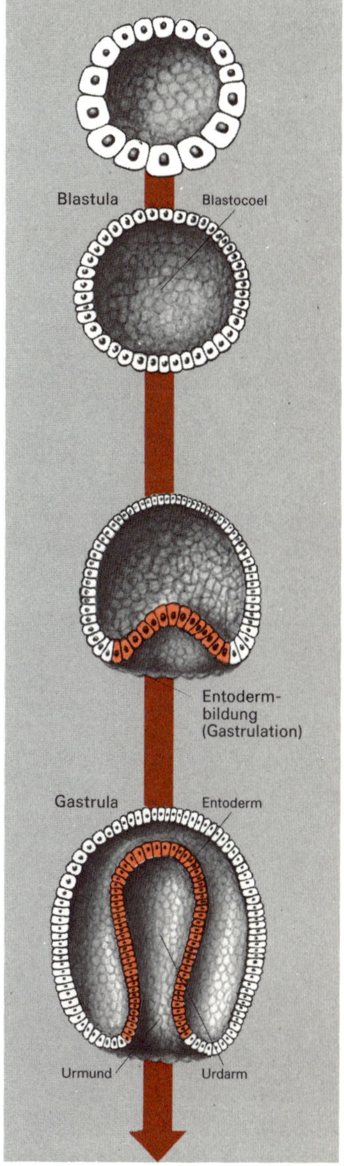

Kennzeichen von Pflanze und Tier

Pflanze	*Tier*
Chlorophyll	kein Chlorophyll
autotroph	heterotroph
Energiegewinn aus dem Sonnenlicht	Energiegewinn aus organischer Substanz
Erzeuger	Verbraucher
ortsgebunden	frei beweglich
unbegrenztes Wachstum	begrenztes Wachstum
offene Form	geschlossene Form
höheres Lebensalter	geringeres Lebensalter
keine Muskelzellen	Muskelzellen
keine Nervenzellen	Nervenzellen
keine freien Zellen	freie Zellen
starre Zellwände	keine starren Zellwände

Lebensdauer beim Menschen

Statistischen Befunden und medizinischen Überlegungen zufolge dürfte der Mensch nicht älter als etwa 120 Jahre werden. Gegenwärtig liegt die obere Grenze offenbar bei 113–115 Lebensjahren.

Die Tiergestalt

1 Linde

2 Seemoos *(Sertularia)* (gegenüber **1** und **3** stark vergrößert gezeichnet)

3 Braunbär

Gegenüber den meisten *Pflanzen* (**1**) sind die *Tiere* (**3**) im allgemeinen kompakt und von geringer Oberfläche. Weniger kompakt und mehr auf Oberflächenentfaltung angelegt sind viele Formen unter den *Hohltieren* (**2**). Das ist verständlich; sie sind ortsgebunden, sessil, und ernähren sich gleichsam pflanzenhaft, indem sie die Nahrung zu sich kommen lassen.

Bei den Einzellern lassen sich Pflanzen und Tiere lediglich am Besitz von *Plastiden* unterscheiden. Andere pflanzen- (Cellulosewände) oder tiertypische Merkmale (kontraktile Vakuolen) sind nicht in jedem Fall ausgebildet.

Während aufgrund des unterschiedlichen Energieerwerbs (vgl. S. 16) die *vielzelligen Pflanzen* durch eine reiche Entfaltung in den Raum große äußere Reaktionsflächen gewinnen, sind die *mehrzelligen Tiere (Metazoa)* gezwungen, ihre Reaktionsflächen durch Einfaltungen ins Innere ihres Körpers zu verlagern. Dies führt dazu, daß die *Gestalt* der Metazoen im allgemeinen von kompaktem Bau und geringer Oberfläche ist. Bei den einfachsten Vielzellern ist der Darm als stammesgeschichtlich ältestes Organ auch das umfangreichste. So sind Schwämme, Seerosen und Quallen eigentlich nichts anderes als sitzende oder schwimmende Mägen. Das *Darmsystem* bestimmt die Gestalt des Tieres. In Anpassung an die freie Beweglichkeit haben sich jedoch mannigfache Strukturen entwickelt, die wesentlich zur Gestaltung der äußeren Erscheinung der meisten Tiere beitragen. Auch jetzt bleibt die äußere Körpergestalt, die *Eidonomie,* Ausdruck der inneren Eigentümlichkeit, der *Anatomie.* Beschaffenheit, Zahl und Anordnung der Bausteine, der Organe, bedingen *Form, Statik, Größe* und *Proportionen* des Tierkörpers. Weniger durch den Innenbau als vielmehr durch die Einpassung des Tieres in die Umwelt wird die *Farbornamentierung* und *Skulpturierung* seiner Körperoberfläche hervorgerufen. Da sich im Aufbau der meisten Tiere gleiche oder wenigstens ähnliche Elemente in einer bestimmten Ordnung wiederholen, ergeben sich besondere *Körperachsen* und *Symmetrieverhältnisse,* die zur Beschreibung der Gesamtgestalt nützlich sind.

Die äußere Gestalt (Eidonomie)

Form

Die Form des Tierkörpers wird vorwiegend von *Körperdecke (Integument), Skelett* und *Bindegewebe* bestimmt.

KÖRPERDECKE. Eine „nackte", ungeschützte Körperoberfläche können sich nur sehr kleine oder in geschützter Umgebung lebende Tiere leisten. Selbst bei den Protozoen wird vielfach schon die Zellmembran zu einer besonderen *Pellicula* differenziert oder gar der ganze Zelleib in einer harten Schale geborgen. Alle Metazoen sind von einem ihrem Lebensraum angepaßten *Integument* eingeschlossen, das die Teile des Körpers zusammenhält, schützt und den Kontakt mit der Umwelt gewährleistet.

SKELETT. Während die mechanische Festigung der Einzelzelle des Protozoenkörpers in der Regel schon durch die Zellorganellen an sich gegeben ist, Stützelemente daher nur bei relativ wenigen Arten vorkommen, mußten die Metazoen komplexe Einrichtungen erfinden, um die Teile ihres Körpers in der gegenseitigen Lage zu halten und Masse und Gewicht zu tragen. Im Wasser, wo die Hauptlast des Körpers vom Auftrieb bewältigt wird, können Stützeinrichtungen einfacher sein als an Land. Da der Festigkeit eines Körpers seine Beweglichkeit entgegensteht, nimmt die Komplexität des *Stützapparats* mit zunehmender Neigung zur Fortbewegung zu.
Die Gesamtheit aller Strukturen, die den Körper stützen, ihn „einrüsten" und ihm dadurch gleichzeitig Halt und Widerlager für die beweglichen Teile geben, nennt man *Skelett.*
Vom Nadel- und Spongingerüst der Schwämme bis zu den Gallertmassen der Quallen und den Kalkskeletten der Riffkorallen, vom Parenchym der Plattwürmer bis zu den flüssigkeitserfüllten Binnenräumen der Ringel- und Fadenwürmer *(Hydroskelette),* von den Außenhüllen der Muschelschalen und des Arthropodenpanzers *(Exoskelette)* bis zum inneren Plattenpanzer der Stachelhäuter, dem elastischen Stab (Chorda) bei Manteltieren und Röhrenherzen, dem Knorpelgerüst der Neunaugen und Haie und dem Knochengerippe der Wirbeltiere *(Endoskelette)* haben die einzelnen Tiergruppen zur Eroberung aller Lebensräume der Erde ihre Skelettprobleme mannigfach gelöst. Jeder vielzellige Tierkörper bedarf einer besonderen Stütze, die von *Deck-* bzw. *Stützgeweben* gebildet wird. Skelettlose Metazoen gibt es nicht. *Innen-* wie *Außenskelette* kommen im allgemeinen dadurch zustande, daß feste Substanzen (Calciumcarbonat und -phosphat, Mucopolysaccharide, Proteine, Chitin) oder – im Falle der Hydroskelette – Leibeshöhlenflüssigkeit extrazellulär abgelagert werden. Sie können aber auch aus Zellen aufgebaut werden, die in ihrem Innern das Stützmaterial in Form von *Skleriten* oder auch Flüssigkeit einlagern.

BINDEGEWEBE. Nicht unmaßgeblich sind an der Formung des Körpers neben den Stützgeweben auch noch andere *Bindegewebe* beteiligt. Sie binden – ihr Name weist ja darauf hin – die inneren Organe aneinander, grenzen sie dabei ab und vermitteln

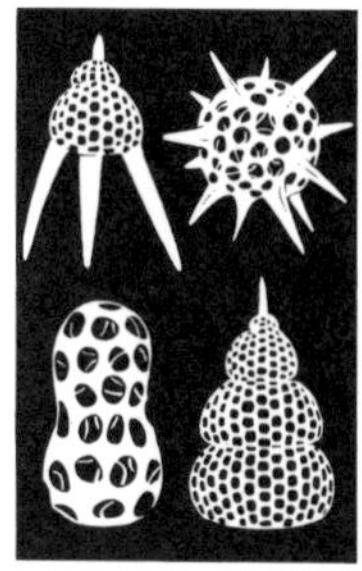

Radiolarien-Skelette

Besonders schöne Skelette haben unter den Protozoen die Strahlentierchen *(Radiolaria)* „erfunden".

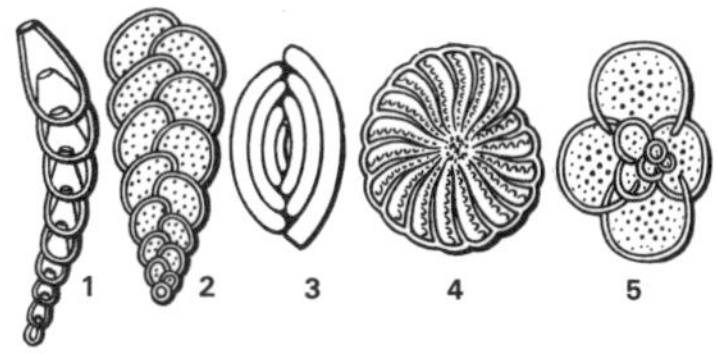

Schalenträger unter den Protozoen sind z. B. die Kammerlinge *(Foraminifera)*
1 *Nodosaria,* **2** *Textularia,* **3** *Miliola,* **4** *Polystomella,* **5** *Globigerina.*

Sklerite sind z. B. die Kalk- und Kieselnadeln vieler Schwämme (vgl. Abb. S. 97), aber auch die Calcitkörper, die in unübersehbarer Fülle von Varianten als Schnallen, Gitter, Rädchen und anderes die Haut der Seewalzen *(Holothuria)* (vgl. Abb. S. 129) aussteifen.

Flüssigkeitseinlagerungen in der Form turgeszenter Zellvakuolen charakterisieren die *chordoiden Gewebe* (Blasengewebe) von Bewohnern *(Turbellarien, Gastrotrichen, Polychaeten)* des marinen Sandlückensystems (Mesopsammon). In den äußeren Körperschichten kann ein solches Blasengewebe als „Saftkissenpolster" gegen mechanische Einwirkungen von Vorteil sein. Es können aber auch Darmzellen chordoid werden. Sie bilden dann einen soliden Kopfdarm, der als Stütze beim Einbohren ins Substrat Halt gibt, oder sie werden zu einer sog. *Chorda intestinalis,* die bei der raschen Durchdringung des Sandgefüges als Widerlager für die Längsmuskeln dient.

zwischen den Skeletteilen. Eine besondere Art von Bindegewebe ist das *Fettgewebe.* Als Füll- und Polstermaterial tritt es überall auf, wo sich eine Lücke bietet, an den Eingeweiden ebenso wie zwischen den Muskeln und gegebenenfalls als dicke Speckschicht unter der Haut. Es gibt kaum ein zweites Gewebe, das die äußere Erscheinung eines Tieres oder eines Menschen so prägen kann wie gerade das Fettgewebe. Es spielt eine bedeutende Rolle als Energiereserve und Isoliermaterial. Man denke beispielsweise an die der Kälte so gut angepaßten arktischen Robben.

Statik

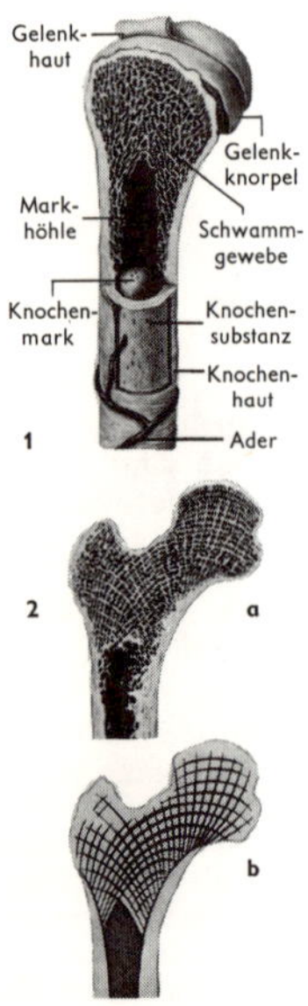

Knochen

1 Schnitt durch einen Röhrenknochen; **2a** Schnitt durch das obere Ende des Oberschenkelknochens, dessen Knochenbälkchen (Spannungszüge) in Radien und Bögen, entsprechend den Belastungslinien, angeordnet sind; **2b** Schema.

Das *Knochenmaterial* weist eine Elastizität wie Eichenholz auf, eine Zugfestigkeit wie Kupfer, eine Druckfestigkeit, die noch die von Muschelkalk und Sandstein übertrifft, und eine statische Biegefestigkeit wie Flußstahl.

Alle Weichteile eines Tierkörpers brauchen als Halt und Ansatzstelle für die Muskulatur eine Stütze. Diese kann im Innern oder auf der Außenfläche des Körpers liegen. Besonders bewährt haben sich offenbar das *Endoskelett* der *Wirbeltiere* und das *Exoskelett* der *Gliederfüßer,* sonst wären beide Tierstämme im Laufe der Evolution wohl kaum so erfolgreich geworden. Gliederfüßer aber sind klein, Wirbeltiere dagegen groß. Demnach ist für kleine Tiere ein Exoskelett am günstigsten. Von einer bestimmten Körpergröße an (10–30 cm) würde ein Außenskelett jedoch zu schwer, und die Muskelmasse müßte unverhältnismäßig umfangreich werden. Umgekehrt würde bei einer entsprechenden Gewichtsverminderung die „Schale" zu dünnwandig, als daß noch genügend Festigkeit gegeben wäre. Hinzu käme, daß ein Exoskelett ohne aufliegende Polsterung durch Weichteile bei großen und schnell beweglichen Tieren durch einen Aufprall leicht zerbräche und, da es nicht belebt ist, bestenfalls über eine Häutung repariert werden könnte.
Demgegenüber erscheinen die *Wirbeltierknochen* als schier optimale Bauelemente großer Tiere. Von ihren architektonisch förderlichen Eigenschaften sei nur genannt, daß sie aufgrund von Gitter- und Röhrenkonstruktionen, der „Sandwichbauweise" und einer höchst vorteilhaften Kombination von Materialkonstanten ebenso leicht wie stabil sind; von der Biologie her, daß sie nach Verletzungen wieder heilen, was durch ihre Zusammensetzung (Zweikomponentenbauweise) aus organischem (Eiweiß, Kollagen) und anorganischem Material (Calciumcarbonat und -phosphat) sowie durch die Blutversorgung von der Knochenhaut her ermöglicht wird.
Diese exemplarisch ausgewählte Kurzdarstellung des Leistungsvermögens von *Arthropodenpanzer* und *Wirbeltierskelett* zeigt, daß jede Tiergestalt, so wie uns das auch von jeder technischen Konstruktion vertraut ist, nur existieren kann, wenn sie *statisch stabil* ist. Statisch stabil aber heißt, daß die an der Tier-

gestalt angreifenden Kräfte (Gewichtskraft, Druck, Zug, Spannung) aufeinander abgestimmt sind. Hier gelten für Pflanzen und Tiere die gleichen Konstruktionsprinzipien wie für technische Bauten.
So wie alle Zellorganellen architektonisch auf die drei Grundelemente Granum, Faden und Membran zurückgeführt werden können, läßt sich die Vielfalt der tierischen Gestalten durch ein-, zwei- und dreidimensionale Grundformen erfassen. *Eindimensional* sind die nur in einer Dimension großen, in der anderen dagegen kleinen zug-, druck- und biegebeanspruchten Fäden, Röhren und Stäbe (Muskelfilamente, Kollagenfasern, Haare, Knochen). *Zweidimensional* sind die Häute und Schalen. Die *dreidimensionalen* Grundformen kommen durch Kombination von ein- und zweidimensionalen Elementen zustande.
Unter *Haut* verstehen wir die Wände von Integument, Darm, Leibeshöhlen, aber auch die zarten Hüllen von Eiern und die sog. peritrophischen Membranen (vgl. S. 47). Künstliche Häute finden Verwendung als Zelte, Segel, Schirme, Luftballone, Schläuche oder schließen Polsterungen ein. Häute sind weich und biegeunsteif, sie können nur zugbeansprucht werden. Ihre Form wird ausschließlich vom jeweiligen Kräfteverhältnis bestimmt, gleichgültig, ob in der Natur oder in der Technik. Dies bedeutet, daß die Form künstlicher Häute vom Techniker nur ebenso geringfügig beeinflußt werden kann wie die natürlicher vom Erbgut. *Schalen* dagegen sind steife, gekrümmte Flächentragwerke, wie sie als Muschel- und Schneckengehäuse, als Gliederfüßer- und Schildkrötenpanzer, als Schädeldecken oder Eierschalen auftreten. Ihnen entsprechen in der Technik Wagenkarosserien, Flugzeugrümpfe, Dächer, Boote. Sie können auf Druck, Zug und Biegung beansprucht werden. Bei ihnen stellt sich die Form nicht von selbst aufgrund der Physikalität ein, sondern ist im Fall natürlicher Bildungen genetisch bestimmt bzw. kann bei künstlichen Schalen vom Konstrukteur beeinflußt werden.
All diese natürlichen und technischen Flächentragwerke sind *Leichtbauformen.* Leichtbau aber bedeutet hohe Wirtschaftlichkeit, weil große Kräfte mit geringem Aufwand an Masse übertragen werden können. Aus diesem Grund sind in den letzten Jahren vielfach Tierkonstruktionen zum Studienobjekt von Architekten und Ingenieuren geworden.

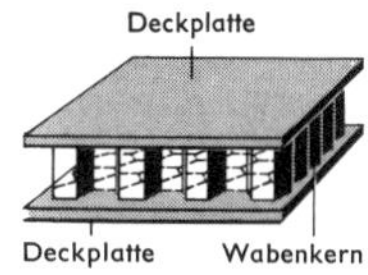

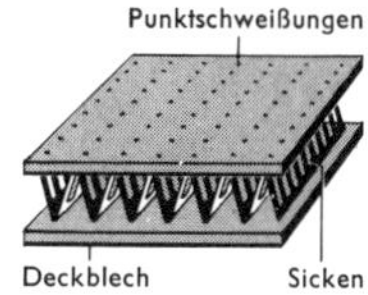

Sandwichbauweise

Die Sandwichbauweise ist gewichtssparend und festigkeitserhöhend. Sie wird in der Technik häufig in Form von schichtweise aufgebauten Platten (Verbundplattenbau) verwendet. Die Abb. zeigen zwei verschieden aufgebaute Strukturelemente.
Auch die Schuppen der Schmetterlingsflügel sind nach dem *Sandwichprinzip* gebaut. Die untere Deckplatte (Grundplatte) besteht aus einer einfachen Membran, die obere aus Längsleisten, die je nach Typ gitterartig oder wellblechartig durch dünne, mit Ausschnitten versehene Membranen verbunden sind. Die beiden Platten werden durch bäumchenartige Trabekel auf Abstand gehalten.

Größe

Die *Körpergröße* der Tiere ist begrenzt. Das steht in Zusammenhang zur freien Beweglichkeit (vgl. S. 17), zum Lebensraum wie zur Lebensweise und ist letztlich ein von der Evolution im

Laufe der Stammesgeschichte herausgearbeiteter Kompromiß, eine Antwort auf die gestaltlich-statisch-dynamischen sowie die physiologisch-ökologischen Anforderungen, denen ein Tierkörper ausgesetzt ist. Da in der Evolution vieler Tierstämme die Körpergröße zunimmt, wie in anderen Gruppen Verzwergung zu beobachten ist, sei die phylogenetische Bedeutung der Tiergröße kurz dargestellt (S. 25).

Gestaltlich-statisch-dynamische Anforderungen

Es wäre kaum denkbar, daß ein Hetzjäger wie der *Gepard,* der mit 72–120 km/h die höchsten Geschwindigkeiten unter den Landsäugern erreicht, die Körpermaße von Nashorn oder Elefant annehmen könnte, ohne an Schnelligkeit einzubüßen. Urwald und Steppe haben entsprechend ihrer gegensätzlichen Bedingungen große und kleine Formen verwandter Arten hervorgebracht. Bewohner der marinen Sandlücken *(Mesopsammon)* und der Erdböden *(Edaphon)* können nur so groß werden, wie die Gänge im Sand- oder Bodengefüge es erlauben. Der *Malaria-Erreger,* ein in den Blutzellen des Menschen parasitierendes Sporentierchen, wird nicht größer als 3 µm; verständlich, wenn man bedenkt, daß der Durchmesser der *roten Blutkörperchen* des Menschen nur etwa 7,5 µm beträgt. Parasiten können aber, wenn es die Raum- und Lebensverhältnisse gestatten, durchaus auch zu den größten Vertretern ihrer Gruppe werden, wie etwa der Fischbandwurm *(Diphyllobothrium latum),* der mit maximal 15 m der längste unter den Plattwürmern ist. Das größte Tier, das je lebte und auch heute noch (allerdings offenbar in nur wenigen Exemplaren) lebt, ist der *Blauwal.* Er wird maximal 30 m lang und hat dann ein Durchschnittsgewicht von 106 000 kg. Unvorstellbar, daß sich eine solche Körpermasse an Land bewegen könnte; diese Größe war nur im Wasser zu erreichen, wo das Gewicht vom Auftrieb getragen wird.

Die größten Landtiere fanden sich unter den *Dinosauriern* des Erdmittelalters. *Tyrannosaurus* hatte eine Höhe von 5½ m und einen Schädel von über 1¼ m Länge; *Diplodocus* kam auf eine Skelettlänge von etwa 22 m. Soweit wir wissen, tauchten sie als Sumpfbewohner wenigstens teilweise im Wasser ein und erfuhren so einen gewissen Auftrieb.

Bei den *Schwämmen* als Strudlern ist die Körpergröße abhängig von der hydrodynamischen Leistung der ihr Inneres auskleidenden Kragengeißelzellen (Abb. S. 97). *Hohltiere* und *Plattwürmer* bieten schöne Beispiele, wie die Oberflächenentwicklung des Verdauungssystems mit der Körpergröße verknüpft ist. Beim Wachstum eilt die Darmvergrößerung der Körperzunahme voraus. So ist bei den Jungen des Großen Leberegels *(Fascio-*

Lebensraum und Körpergröße

Urwald	**Steppe**
Konstantes Milieu	Wechselndes Milieu
Vegetation reich	Vegetation eher arm
viel Deckung	wenig oder keine Deckung
Kleinwuchs	*Groß- und Riesenwuchs*
Okapi	Giraffe
Zwergbüffel	Großbüffel
Waldelefant	Steppenelefant
Zwergschimpanse	Schimpanse
Pygmäen	Normale und großwüchsige Rassen

Der größte bisher gefangene *Blauwal* hatte eine Länge von 28 m und wog 136 400 kg. Er wurde am 27. Jan. 1948 von dem japanischen Walfangmutterschiff „Hashidate Maru" geschossen. Der Tranertrag eines Tieres von 130 000 kg entspricht der Menge an Milchfett, die von 275 Kühen in einem Jahr erhalten werden kann.

Ein *Blauwal* von 30 m Länge und mit 130 000 kg Gewicht ist so schwer wie 4 der fossilen Brontosaurier (Länge 23 m), 30 Elefanten (Höhe 4,20 m) oder 1600 Menschen.

la hepatica) der Darm schon stark verzweigt, während er bei den gleich großen, aber ausgewachsenen Exemplaren des Kleinen Leberegels *(Dicrocoelium dendriticum)* nur zweiästig bleibt. Hier fordert die Oberflächenvergrößerung des Darms eine Vergrößerung des Gesamtkörpers, nicht umgekehrt. *Pflanzenfresser* unter den Wirbeltieren haben im allgemeinen aufgrund der geringerwertigen Nahrung einen viel ausgeprägteren Verdauungstrakt als *Fleischfresser* und werden dementsprechend auch viel größer.

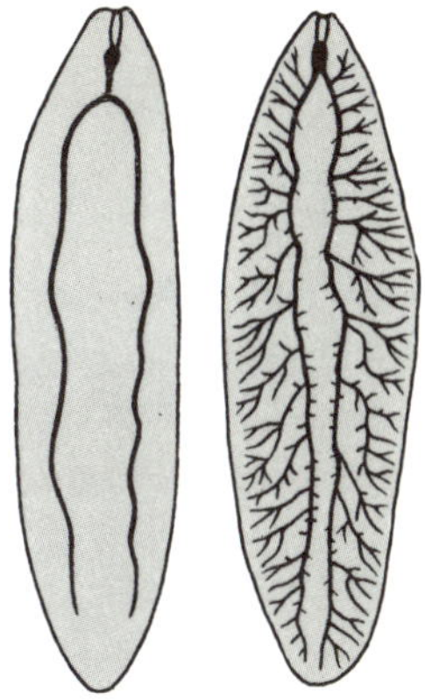

Zweiästiger Darm beim erwachsenen *Kleinen Leberegel* (**1**) und stark verzweigtes Darmsystem des gleichgroßen Jungtiers vom *Großen Leberegel* (**2**).

Physiologisch-ökologische Anforderungen

Bei den frei beweglichen Tieren ist eine kleine Körperoberfläche nicht nur im Sinne der Beweglichkeit von Vorteil; sie mindert auch die Angriffsflächen für Räuber und Feinde und hält vor allem die Umwelteinflüsse gering. Da, wie an der Zelle bereits gezeigt (vgl. S. 10), für alle Körper die Beziehung von Oberfläche zu Rauminhalt gilt (die Oberfläche nimmt mit der zweiten, der Rauminhalt mit der dritten Potenz des Radius zu), läßt sich eine Beobachtung hinsichtlich der Größe von Warmblütern *(Homoiothermen)*, also Säugern und Vögeln, wärmephysiologisch erklären. Diese als *Bergmannsche Regel* bezeichnete Erscheinung besagt, daß innerhalb eines Verwandtschaftskreises die Angehörigen in den kalten Gebieten größer sind als in den warmen. Bei ähnlicher Form strahlt ein größerer Körper entsprechend seiner relativ kleineren Oberfläche im Verhältnis weniger Wärme ab, während ein kleinerer Körper eine stärkere Wärmeabgabe ermöglicht, wie sie in den heißen Zonen zur Vermeidung von Wärmestaus erforderlich ist. Die wechselwarmen *(poikilothermen)* Reptilien und Amphibien, bei deren Stoffwechselvorgängen nur relativ wenig Wärme entsteht und schnell an die Umgebung weitergeleitet wird, verhalten sich gerade umgekehrt. Wie etwa Riesenschlangen, Riesenschildkröten, Riesenwarane und Goliathfrosch zeigen, werden sie dort am größten, wo es am heißesten ist. Bei Wassertieren wird die geringe Größe in wärmeren Zonen mit der raschen Entwicklung in Zusammenhang gebracht. Bei limnischen Formen, wie Rädertierchen und Wasserflöhen *(Daphnia, Bosmina)*, nehmen die aufeinanderfolgenden Generationen bei steigender Wassertemperatur im Laufe des Sommers an Körpergröße zu (vgl. S. 8).

In unmittelbarem Zusammenhang mit der Bergmannschen Regel steht die *Allensche Regel*, nach der bei Tieren in kalten Klimaten Körperteile, die leicht auskühlen, wie Ohren und Schwänze, klein bleiben, während sie bei verwandten Arten der warmen Gegenden beachtliche Ausmaße erlangen können.

C. Bergmann: Über das Verhältnis der Wärmeökonomie der Thiere zu ihrer Größe. Göttinger Studien I. Abt. 595–708, 1847.

Bergmannsche Regel

Kaiser- und *Königspinguin* als die größten ihrer Art leben in der Antarktis. Die südamerikanischen und südafrikanischen *Pinguine* sind bedeutend kleiner. Die kleinste Art, der am Äquator lebende *Galapagospinguin,* wird mit 50 cm Körperlänge nur halb so groß wie Kaiser- und Königspinguin. Der *Kapbüffel* ist unter allen afrikanischen *Büffeln* der größte; wesentlich kleiner ist der zentralafrikanische. Im heißen Somalia und in anderen Teilen Zentralafrikas gibt es fast zwerghafte *Leoparden.* Die mächtigsten *Bären* leben in Alaska und auf der Insel Kodiak, die größten *Pumas* in Patagonien.

J. Allen: The influence of physical conditions in the genesis of species. Radical. Rev. 1, 108–140, 1877.

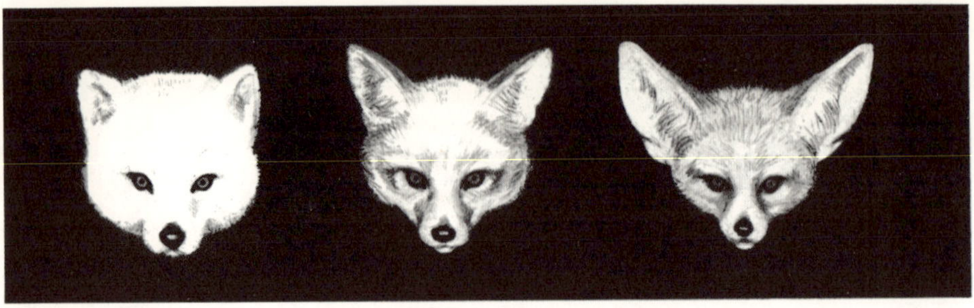

1 Eisfuchs der arktischen Zone

2 Rotfuchs der gemäßigten Zonen

3 Wüstenfuchs der subtropischen Zonen

Allensche Regel

Die kleinsten Ohren hat der arktische *Eisfuchs* (**1**), die größten der *Fennek* der Sahara (**3**), eine Mittelstellung nehmen die des europäischen *Rotfuchses* (**2**) ein. Das gleiche läßt sich an Hasen und Mäusen beobachten.

Wammen und Hautlappen mit großer wärmeabgebender Oberfläche treten nur in den warmen und heißen Klimaten auf. Die großen Ohren des *Afrikanischen Elefanten* (Gesamtoberfläche 8 m^2) sind zu regelrechten Wärmeabstrahlern entwickelt und werden bei großer Hitze hin- und herbewegt. Die des *Indischen Elefanten* sind auffallend kleiner. Ganz besonders klein aber waren die des *Mammuts,* das in der Eiszeit, also vor etwa 100 000 Jahren, die kalten Steppen und Tundren der Nordhalbkugel bewohnte.

Afrikanischer Elefant

Indischer Elefant

Mammut

Für die meisten Tiere ist der Vorteil einer kleinen Körperoberfläche offensichtlich; andererseits aber wäre für den Stoffaustausch gerade eine große Oberfläche anzustreben. Dieser Konflikt wird vielfach dadurch gelöst, daß der *Gasaustausch* auf relativ kleine Körperregionen beschränkt bleibt, hier aber die Oberfläche durch Falten- oder Röhrenbildungen vergrößert wird. Bei allen landlebenden Tieren werden die Austauschflächen (Lungen, Tracheen) zudem als Einstülpungen in den Körper verlagert und nicht als Körperanhänge (Kiemen), wie bei den meisten wirbellosen Wassertieren, ausgebildet. Da aber Sauerstoff und Kohlendioxid nur über kurze Strecken diffundieren, bleiben Tiere, denen neben ihren Atmungsorganen weitere leistungsfähige Transportsysteme fehlen, entweder klein oder lang und dünn. Daher können *Insekten* nicht nur aufgrund ihres Chitinpanzers eine bestimmte Größe nicht überschreiten, sondern vor allem dadurch, daß bei ihnen der Sauerstoff nicht durch Blutzellen, sondern direkt durch die Tracheen und ihre Endverzweigungen an die Verbrauchsorte gebracht wird. Die Diffusionsgeschwindigkeit nimmt jedoch mit steigender Temperatur zu. Dies erklärt, warum die größten fossilen wie auch rezenten Insekten auf tropische Bereiche beschränkt sind.

Seit der Jahrhundertwende ist bekannt, daß innerhalb einer Tierklasse der Stoffwechsel um so intensiver verläuft, je kleiner das Tier ist. Das kleinste Säugetier der Welt, die *etruskische Zwergspitzmaus,* wiegt nur 2 g und hat den höchsten Energie-

umsatz, der je bei einem Landsäuger gemessen wurde. Ihr Sauerstoffverbrauch pro Gramm Körpergewicht ist 100–175mal so groß wie der des Elefanten, der 5–6,5 t wiegt. Infolge des hohen Grundumsatzes benötigen kleine Tiere im Verhältnis mehr Nahrung, was – wie nebenstehend erklärt wird – von besonderer Bedeutung für die Biomasse pro Flächeneinheit ist. Kleine Tiere wachsen und entwickeln sich schneller als große. Dadurch bedingt, altern sie, auf die Tierklasse bezogen, auch schneller als große, haben dafür aber eine höhere Vermehrungsrate. Dies wiederum hat zur Folge, daß kleinere Tiere leichter und schneller verhungern. Spitzmäuse müssen alle 2–3 Stunden Nahrung aufnehmen. Sie sind praktisch rund um die Uhr aktiv, was ökologisch interessant ist, weil so zu unterschiedlichen Zeiten aktive Räuber, wie tagsüber jagende Bussarde und nachtaktive Eulen, von der gleichen Beute leben können.
Die erreichbare *Körpergröße* eines Tieres oder Menschen ist in seinem Erbgut festgelegt; die tatsächliche hängt jedoch nicht nur von den Genen ab, sondern auch von der Ernährung des Individuums während seiner Entwicklung. Imker beobachten, daß im Frühjahr geborene Bienen häufig kleiner sind als im Sommer geborene und diese manchmal wiederum kleiner als die im Herbst geborenen. Das im Frühjahr negative Verhältnis von Larvenzahl zu Futtersaft liefernden Pflegebienen gestattet keine so ausgiebige Ernährung der Larven, so daß die aus ihnen hervorgehenden Arbeiterinnen nicht die Normalgröße erreichen.

Phylogenetische Bedeutung der Tiergröße

In vielen Stammesreihen kann man eine Entwicklungsrichtung, eine *Orthogenese,* erkennen; einmal eingeschlagen, wird sie über längere Zeitabschnitte beibehalten. Häufig genanntes Beispiel ist die Stammesreihe der *Pferde,* in der vom *Hyracotherium* des Unter-Eozäns bis zur rezenten Gattung *Equus* die 5 Zehen bis auf eine reduziert und die Beine verlängert wurden. Solche Trends werden durch ein langfristiges Gleichbleiben der Selektionsfaktoren erklärt. Es war eben für Lauftiere von Vorteil, die Zahl der Zehen immer weiter zu verringern. Da die Auslesefaktoren häufig auf mehrere Stämme einwirkten, entstanden parallele Reihen. So zeigen alle „schnellen Renner“ unter den Säugetieren im Laufe der Phylogenie die Tendenz, die Zehen zu reduzieren und die Beine zu verlängern. In gleicher Weise ist auch die Zunahme an Körpergröße *(Copesche Regel)* in verschiedenen Stämmen (Dinosaurier, Huftiere, Wale, Muscheln, Schnecken) zu verstehen. Im Rahmen dessen, was baulich möglich war, konnte die Körpergröße einen Selektions-

Der *Hirschkäfer* als größter deutscher Käfer (6–7 cm) ist immer noch kleiner als die kleinsten deutschen Vögel, die *Goldhähnchen* (9 cm).

Wenn eine Wiese (was allerdings in unseren Breiten nicht möglich ist) täglich und das ganze Jahr über einen Ertrag von 7,5 kg Heu liefert (im ganzen Jahr also 2738 kg), kann man theoretisch ein Rind von 600 kg Gewicht das ganze Jahr über füttern. Im gleichen Zeitabschnitt könnte die gleiche Fläche jedoch nur 75 Kaninchen mit zusammen 150 kg Gewicht ernähren (nach *H. Remmert*).

H. Hediger berichtet, daß in einem strengen Winter im Zürcher Zoo, einem der höchstgelegenen Europas, den beiden afrikanischen Spitznashörnern *(Diceros bicornis)* die Ohrränder und Schwanzspitzen und einer weiblichen Oryx-Antilope aus Zentralafrika ebenfalls die Ohrspitzen abgefroren sind. Dem aus Südafrika stammenden Antilopenbock, der kürzere Ohren trägt, hat die Kälte nicht geschadet.

E. Cope: The primary factors of organic evolution. Open Court Chicago 1896.

Copesche Regel

Die Copesche Regel wird häufig auch als Copesches Gesetz bezeichnet, was insofern nicht richtig ist, als es auch hier Ausnahmen gibt. So sind z. B. die Singvögel und Kolibris als Spezialanpassungen kleiner geworden.

vorteil innerhalb der Art bieten, etwa bei Kämpfen um Territorium, Nahrung, Rang oder Geschlechtspartner. Das ist unter den Krebsen besonders bei Krabben *(Brachyuren)* und innerhalb der Insekten bei den *Blatthornkäfern* (Hirschkäfer) ausgeprägt. In immer vollkommenerer Anpassung an die Umwelt konnte die Zunahme der Körpergröße aber zu *Riesenformen* führen, die sich bei Klima- oder anderen Veränderungen phylogenetisch nicht mehr umstellen konnten und ausstarben, wie Riesenfaultier *(Megatherium)* und Riesengürteltier *(Glyptodon)* am Ende des Quartärs oder der Riesenhirsch *(Megaloceros giganteus)* im Spätglazial.

Innerhalb der Kranzfühler *(Tentaculata)* ist bei den relativ großen (1,6–15 cm) und einzeln lebenden Hufeisenwürmern *(Phoronidea)* ein *Blutgefäßsystem* ausgebildet, während es bei den kleinen und koloniebildenden Moostierchen *(Bryozoa)* (größtes Einzelindividuum eines Stocks 4,6 mm bei *Nolella alta)*, die von den *Phoronidea* phylogenetisch abzuleiten sind, fehlt.

Das Gegenstück zu den Riesen- sind die *Zwergformen.* Sie gibt es nahezu in allen Tierstämmen, besonders aber innerhalb der Gliederfüßer (vgl. S. 117). Bei den *Krebsen* sind ganze Gruppen, wie die Wasserflöhe, die Ruderfuß- und die Muschelkrebse, verzwergt. Ein kleines Körpervolumen und eine entsprechend große Oberfläche lassen besondere Atmungsorgane überflüssig werden, auch erübrigen die kurzen Wege ein Transportsystem, so daß Herz und Kreislauf fehlen oder wenigstens stark rückgebildet sind. Vielfach brauchen auch keine Exkretionsorgane mehr ausgebildet zu werden; die Tiere leben so kurz, daß sie die Exkrete ohne Schaden speichern können. Doch sind der Körperverkleinerung Grenzen gesetzt, die je nach Tierstamm durch unterschiedliche bauliche Minimalbedingungen gegeben sind. So kann bei Haushunden vom Bernhardiner als einer der größten Rassen bis zum Chihuahua, der kleinsten, die Körpermasse auf etwa 1/40 reduziert werden, das Hirngewicht jedoch nur auf 1/3. Offensichtlich darf die Größe des Gehirns einen bestimmten Grenzwert nicht unterschreiten, ohne daß die Steuerfunktionen beeinträchtigt werden.

Ruderfußkrebse (Copepoda)

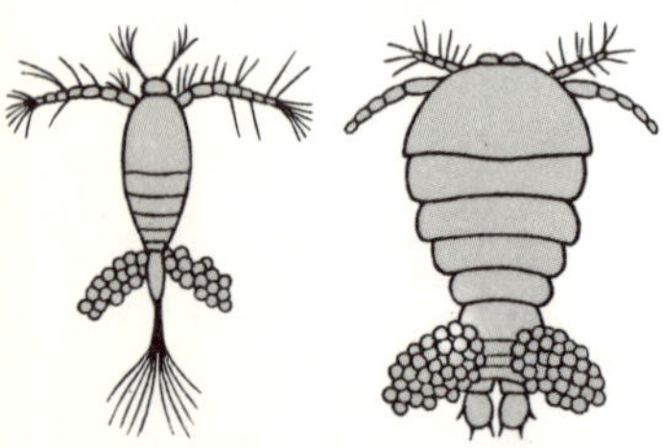

Oithona *Sapphirina*

Proportionen

Vergleicht man bei verwandten Tieren die äußere Gesamtgestalt oder auch nur bestimmte Körperteile, wie etwa die nebenstehend abgebildeten Ruderfußkrebse oder die Rückenschilder einiger Krabben, so zeigt sich, daß ihre Verschiedenheit großenteils auf Verschiedenheiten der Proportionen ihres Körpers beruht. Unter *Proportion* versteht man das auf die Gesamtgestalt bezogene, planmäßige Verhältnis der Körperteile zueinander und zum Ganzen, ihre gegenseitige Abgemessenheit und Ausgewogenheit. Ändert sich die Körpergröße, dann ändern sich die Organgrößen in einem jeweils konstanten Verhältnis. Daß im tierischen und menschlichen Körper eine derart kennzeichnende Beziehung zwischen der Gesamtgröße und den Ausmaßen der einzelnen Organe besteht, war offenbar schon

Rückenschilder der Krabben (Brachyura)

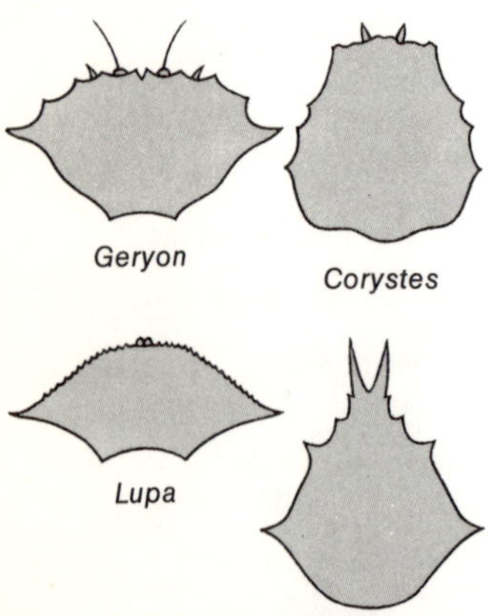

Allometrisches Wachstum

Mathematisch erfaßt werden kann das *allometrische Wachstum* durch die von *O. Snell* (1892), *B. Klatt* (1913) und *J. S. Huxley* (1932) eingeführte Allometriegleichung und durch die auf *A. Dürer* zurückgehende und von *d'Arcy Thompson* (1917) aufgegriffene Nachbildung durch cartesische Transformation des Koordinatensystems.

Die *Allometriegleichung* $y = b \cdot x^a$ ist eine empirische Funktion, die sich in der Praxis als Näherungsgleichung bewährt hat, beispielsweise, wenn es darum geht, physiologische Vorgänge in Abhängigkeit von der Körpergröße zu erklären. Logarithmiert geht sie in die Gleichung einer Geraden über: $\log y = a \log x + \log b$. Dabei ist *y* die Organ- oder Körperteilgröße, *x* die entsprechende Bezugsgröße (Körpergröße); *b* kennzeichnet alle Einflüsse, die außer der Körpergröße *x* die Teilgröße *y* beeinflussen (Integrationskonstante). Der Exponent a bestimmt den größenabhängigen Anteil von *y* an *x* (Steigung der Geraden). *a* kann dann leicht berechnet werden, wenn *b* außer acht gelassen werden kann, wie z. B., wenn die verglichenen Formen verschiedener Körpergröße unter gleichen physiologischen Voraussetzungen zustande gekommen sind. *Positive* Allometrie liegt vor, wenn $a > 1$, *negative,* wenn $a < 1$, *Isometrie,* wenn $a = 1$.

Der Methode, durch allometrisches Wachstum bedingte Proportionsdifferenzen mit Hilfe der *cartesischen Transformation des Koordinatensystems* zu analysieren, liegt die Beobachtung zugrunde, daß eine Form eine bestimmte Permutation oder Deformation einer anderen sein kann. Zeichnet man den Umriß eines Organismus oder eines seiner Teile, wie im Falle Thompsons einen Fisch (**1**) oder bei Dürer den menschlichen Kopf (**2**), in ein cartesisches Koordinatensystem (Koordinatensystem mit zueinander senkrechten Koordinatenachsen), so kann man diese Figur als Funktion von *x* und *y* behandeln. Deformiert man das System, indem man es z. B. in der einen oder anderen Achse ausdehnt oder die Richtung der Achsen verschiebt, also das Verhältnis *x/y* ändert, so wird eine in das ursprüngliche Koordinatensystem eingezeichnete und nun auf das neue übertragene Figur proportional zur Deformation des Systems verändert.
Hierzu ein Beispiel, wie zwei in der äußeren Form kaum ähnliche, jedoch nahe miteinander verwandte Arten allometrisch voneinander abgeleitet werden können. Bringt man den Umriß des Igelfisches *(Diodon hystrix)* in ein cartesisches System **(1a)** und deformiert dann die „vertikalen" Koordinaten zu konzentrischen Kreisen und die „horizontalen" zu Kurven, die annähernd Hyperbeln entsprechen **(1b),** dann erhält man nach Punkt-für-Punkt-Übertragung des Diodon-Umrisses auf das neue Koordinatensystem die Form des Mond- oder Sonnenfisches *(Orthagoriscus mola).*

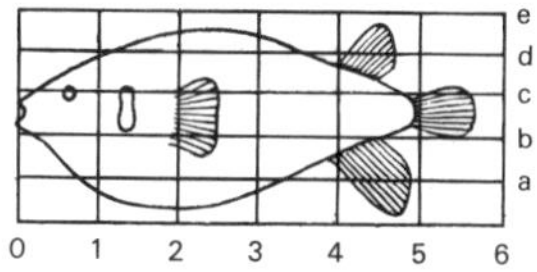

1a

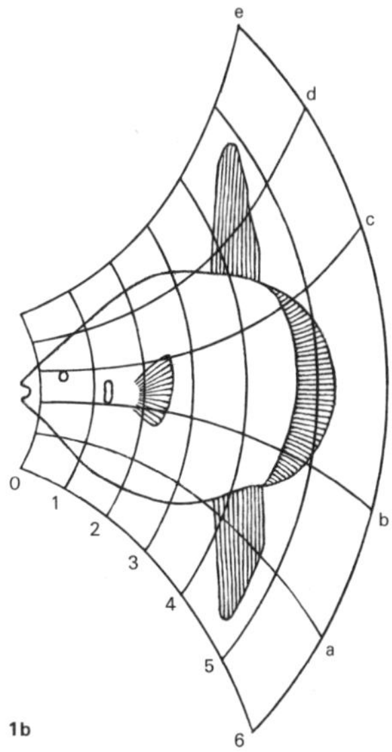

1b

1 nach *Thompson*

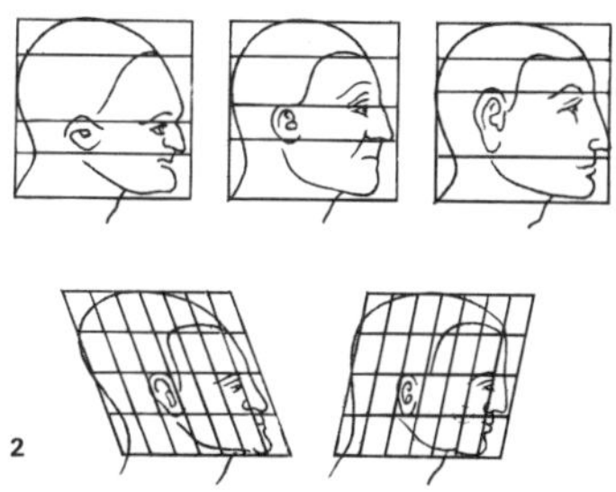
2

2 nach *Dürer*

den Künstlern im alten Ägypten bekannt und wurde später von *Polyklet* (um 450 v. Chr.), *Leonardo da Vinci* (1452–1519) und *Albrecht Dürer* (1471–1528) in strengen Proportionsregeln formuliert. Auch *Galilei* (1564–1642) hat 1618 darauf hingewiesen, daß allein aus statischen Gründen große und kleine Tiere unterschiedlich proportioniert sein müssen. Die klassische Morphologie des 18. Jahrhunderts hat diese Gesetzmäßigkeit als „Prinzip des Gleichgewichts der Organe" benannt. *Goethe* sprach vom „Budgetgesetz" und *Geoffroy Saint-Hilaire* (1772–1844) vom „loi de balancement".

Heute wissen wir nicht nur zweifelsfrei, daß diese als *Allometrie* bezeichnete, regelhafte Proportionsänderung auf unterschiedlichen Wachstumsgeschwindigkeiten der einzelnen Körperteile beruht, sondern sind auch in der Lage, sie formal mathematisch zu erfassen.

Nimmt ein Organ im Verhältnis zum Gesamtkörper schneller zu als die anderen, eilt es also im Wachstum voraus (d. h.

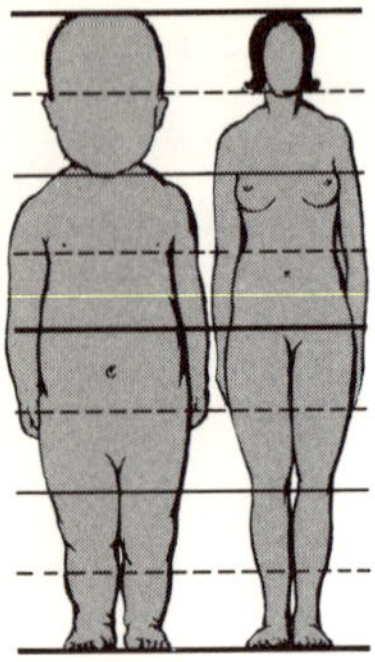

Proportionen beim Säugling und erwachsenen Menschen.

häufigere Zellteilungen in etwa gleicher Entwicklungszeit), spricht man von *positiver,* bleibt es zurück, von *negativer Allometrie.* Wachsen die Teile und der Gesamtkörper in gleichem Maße, liegt *Isometrie* vor. Proportionsänderungen treten im Laufe der Individualentwicklung auf *(ontogenetische Allometrie),* wie es jedem vom Menschen bekannt ist, uns aber auch besonders in Form der anfänglich großen Köpfchen und kurzen Beine, Ohren und Schwänze bei jungen Raubtieren auffällt. Es gibt mit Proportionsunterschieden korrelierte Größenunterschiede zwischen den Angehörigen einer Art *(intraspezifische Allometrie),* zwischen Arten innerhalb einer Gattung *(interspezifische Allometrie)* und zwischen verschieden großen Formen phylogenetischer Reihen *(evolutionäre Allometrie).*
Allometrien können anatomisch-funktionell bedingt sein. Große und schwere „Brecher", wie Elefanten, Nashörner oder Tapire, haben dickere Gliedmaßen als kleine, leichte „Springer", wie Rehe, Gazellen oder Antilopen. Hier ist bei zunehmender Körpergröße und steigendem Gewicht eine Proportionsänderung unumgänglich, wenn die Belastungsfähigkeit der Extremitäten noch gegeben sein soll. Durch Allometrie können auch im innerartlichen Kampf verwendete Waffen entstehen, wie die zu „Geweihen" vergrößerten Mandibeln der Hirschkäfer.

Farbe und Oberflächenskulpturierung

Was die Stammesgeschichte von der Transparenz der als „Glastiere" vortrefflich benannten Wasserbewohner bis zum Prachtgefieder der Paradiesvögel an Farb- und Oberflächengestaltungen alles hervorgebracht hat, ist faszinierend und ungeheuerlich zugleich.
Farbe ist ein biologisches Phänomen, physikalisch betrachtet ist sie eine Lichtqualität, eine Wellenlänge oder ein Gemisch von Wellenlängen aus dem Spektrum. Biologiegerechter bezeichnen wir sie besser als die Gesamtheit der Reflexionseigenschaften von Körpern.
Für den Menschen bedeutet Farbe einen Sinneseindruck, den er erhält, wenn ein bestimmter Anteil von Licht, der einer oder mehreren Wellenlängen entspricht, ins Auge fällt und dort Vorgänge auslöst, die in seinem Gehirn zu einer Empfindung verarbeitet werden, die ebenso objektiv wie subjektiv ist. Objektiv in dem Sinne, daß er etwa Licht eines Wellenlängenbereichs von 500–550 nm als gelb wahrnimmt, subjektiv, daß ihm diese Wahrnehmung etwas sagt oder auch nicht, daß er sie als schön, vielleicht abstoßend oder anders empfindet. Was Tiere subjektiv empfinden, wissen wir nicht und werden,

Wer je in den lichtdurchfluteten Korallengärten Australiens, der Malediven tauchte, das tropische Vogelleben der Neuen Welt beobachtete oder die Wanzen-, Käfer- und Schmetterlingssammlungen der Museen sah, weiß, wie sehr gerade hier der Mensch als „Augentier" in seinem ästhetischen Empfinden und Erkennen angesprochen und geschult wird. Es ist daher folgerichtig, wenn, seitdem im Barock der Sinn für die Kombination von geprägter Form und Farbe erwacht war, immer wieder Künstler und Schriftsteller vor allem die Ornithologie und Entomologie betreiben, um im Erfassen von Erscheinungen, von Wahrnehmung, sehen zu lernen.

Sybilla Merian und *August Rösel von Rosenhof* waren vor etwas mehr als 200 Jahren die ersten, die sich der bis dahin als Zeichen des Bösen verachteten Insekten annahmen und nach minutiösen Beobachtungen ihre Farben- und Formenmannigfaltigkeit in illuminierten Kupferstichen darstellten. Aus unserer Zeit seien die Schriftsteller *Ernst Jünger* und *Vladimir Nabokov* genannt, von denen der erste über den anderen sagt, die Jagd – gemeint ist die auf Schmetterlinge – sei für ihn ein Vorwand für subtilste Kombinationen und Differenzierungen.

Daß man allerdings auch ganz anderen Sinnes sein kann, zeige eine kleine Anekdote über den Worpsweder Maler *Otto Modersohn*. *Clara Rilke* hat sie berichtet und *Manfred Hausmann* aufgezeichnet. Modersohn hatte den Landrat zu Besuch, zeigte ihm seine Bilder, sprach über seine beginnende Sehschwäche und führte ihm zuletzt, wie Hausmann schreibt, „sozusagen als Höhepunkt seine Schmetterlings- und Käfersammlung vor, die sein ganzer Stolz war". Der Landrat ging von Kasten zu Kasten, schüttelte hin und wieder den Kopf und sagte schließlich: „Man sollte es nicht für möglich halten, verehrter Herr Modersohn, daß es in unserem Kreis eine solche Menge Ungeziefer gibt."

---

da uns der Zugang fehlt, es auch nie wissen. Was sie objektiv wahrnehmen, d. h., ob sie in der Lage sind, Farben (=Wellenlängen oder deren Gemische) voneinander und von allen Helligkeitsstufen zu unterscheiden, läßt sich im Experiment prüfen.

Die *Wahrnehmung von Farbe* bei Tier und Mensch ist nichts anderes als ein Einsammeln von optischen Daten durch das Auge mit anschließender Auswertung in einem Verrechnungsapparat des Gehirns. Dabei wäre eine völlig exakte Messung der Lichtqualität durch das Auge nutzlos, ja sogar schädlich. Denn in der Natur kommt es darauf an, Nahrung, Feinde, Geschlechtspartner, den Lebensraum auch dann wiederzuerkennen, wenn eine veränderte Beleuchtung eine andere Reflexion von ein und demselben Objekt bewirkt. Ein weißes Blatt Papier wird an einem bedeckten Tag weniger Licht ins Auge reflektieren als ein dunkles bei Sonnenschein. Trotzdem werden wir es auch dann als weiß erkennen, weil durch die Verrechnung die Reflexionseigenschaften zur Konstanten „weiß" abstrahiert wurden.

Tatsächlich sind die Augen physikalisch nur höchst unzureichende Meßinstrumente. *H. von Helmholtz* soll gesagt haben, ein so schlecht gebautes optisches Gerät wie das menschliche Auge nehme er keinem Physiker ab.

Daß die Farben der Tiere wie auch der Pflanzen – und vor allem in der Kombination mit besonderen Oberflächenskulpturen – dazu da sind, um auf Sehorgane einzuwirken, ergibt sich schon allein aus der schier unerschöpflichen Fülle von Mustern, Zeichnungen, Ornamenten und Schattierungen, wie sie allseits die Natur beherrschen. Als *C. von Hess* (1913) beobachtete, daß Bienen sich nach der Helligkeit orientieren, und daraufhin annahm, sie seien farbenblind, wollte *K. von Frisch* nicht so recht glauben, daß die Vielfarbigkeit der Blüten von ihren und noch dazu blumensteten Besuchern nicht wahrgenommen, nicht genutzt werde, und hat dann ein Jahr später mit Hilfe seiner genial ausgedachten Dressurmethoden die *Farbempfindlichkeit der Honigbienen* nachgewiesen.

Voraussetzung für das *Farbensehen* sind *Sehzellen* unterschiedlicher spektraler Empfindlichkeit und, wie oben erläutert, ein zentraler Auswertemechanismus. Derart farbtüchtige Augen sind unabhängig voneinander bei vielen Wirbeltieren, Insekten, Krebsen und vermutlich auch bei Tintenfischen entwickelt worden. Die infolge ihrer Herkunft als Nachttiere hauptsächlich geruchsorientierten Säuger sind weniger farbtüchtig. Immerhin ist ein Farbensehen für Igel und Eichhörnchen nachgewiesen. Besonders farbtüchtig sind Affen und der Mensch. Farben kommen dadurch zustande, daß aus dem weißen Sonnenlicht bestimmte Anteile des Spektrums herausgefiltert werden. Das geschieht durch *Strukturen* oder *Farbstoffe (Pigmente);* entsprechend unterscheidet man zwischen *Strukturfarben* und *Pigmentfarben.* Viele Färbungen sind das Ergebnis einer innigen Verflechtung der beiden Möglichkeiten. Darüber hinaus kommen in einigen Fällen durch Anlagerung färbender Stoffe an Integumentbildungen (Federn, Haare) sog. *Haftfarben (P. Berthold,* 1967) vor.

John Tyndall (1820–1893) war zunächst Eisenbahningenieur, später als Physiker Nachfolger von M. Faraday an der Royal Institution in London. Für die Entdeckung des nach ihm benannten Phänomens (1868) scheint es nicht uninteressant, daß Tyndall Bergsteiger war und auch grundlegende Untersuchungen über Gletscher durchgeführt hat.

Tyndall-Effekt

Auch das *Himmelsblau* ist eine Folge des Tyndall-Effekts. Es entsteht durch die Streuung des Sonnenlichts an Partikelchen, die in der Atmosphäre verteilt sind, und wird gegen den schwarzen Hintergrund des Weltalls sichtbar. Weitere Beispiele sind der Strahlenkegel eines Scheinwerfers im Nebel und die „Sonnenstäubchen" im Sonnenstrahl. Zunutze macht man sich das Tyndall-Phänomen beispielsweise im *Ultramikroskop,* in dem durch seitliche Beleuchtung Kolloidteilchen sichtbar werden.

Strukturfarben. Die einfachste *Strukturfarbe* ist das *Weiß* pigmentfreier Körperteile, an denen das Licht total reflektiert wird. Das ist bei den luftgefüllten Haaren des Eisbären wie den ebenfalls mit winzigen Luftkammern versehenen Federn der Schnee-Eule der Fall. Eine andere Strukturfarbe ist das *Blau* optisch trüber Medien. Es wird durch Streuung des Lichts an kleinen Teilchen hervorgerufen *(Tyndall-Effekt).* Stets ist ein dunkles Pigment *(Melanin)* unterlagert und absorbiert die Reststrahlung. Auf diese Weise entsteht das Blau der Flügeldeckfedern des Eichelhähers oder des Rückengefieders beim Eisvogel. Das blaue Gesicht und der ebenso gefärbte Geschlechtsbereich des Mandrills sind gleichfalls auf Strukturfarben zurückzuführen. Auch die blaue *Augenfarbe* vieler Menschen und Tiere ist so zu erklären. Hier sind es winzige Eiweißpartikelchen im Gewebe der Iris, die das kurzwellige Licht streuen und gegen das Melanin auf der Rückseite der Iris sichtbar werden lassen. *Albinos,* denen jegliches Pigment fehlt, haben rote Augen, weil das Strukturblau vom Rot der Blutgefäße der Iris überdeckt wird.

Bei vielen Schlangen, Eidechsen, Fröschen und Vögeln ist das Strukturblau mit einem Gelbfilter kombiniert; entsprechend sind die Tiere grün. Wieder andere Strukturfarben sind die metallisch glänzenden Dünnblatt- oder Schillerfarben. Als *Dünnblattfarben* werden sie bezeichnet, weil ihre Erzeugung feinste Plättchen voraussetzt, die in Haut, Haaren, Federn oder Schmetterlingsschuppen eingelagert sind; als *Schillerfarben,* weil sie sich bei dem Lichteinfall ändern. Sie entstehen durch *Interferenz* (Überlagerung von Lichtwellenzügen). Eindrucksvolle Beispiele bieten die Gefieder der Kolibris und Glanzstare.

Strukturfarben bleichen nicht aus – was für Museen und Sammlungen von Bedeutung ist. Sie können aber mechanisch zerstört werden. Eine Pfauenfeder, mit dem Hammer bearbeitet, verliert jegliche Farbe.

PIGMENTFARBEN werden dadurch hervorgerufen, daß Farbstoffe bestimmte Wellenlängen des Lichts absorbieren und die restlichen reflektieren. Schwarz tritt auf, wenn Melanine oder Ommochrome alle Wellenlängen absorbieren. *Melanine* verursachen die dunkle Hautfarbe der Neger, aber je nach Konzentration auch die helleren Töne der anderen Menschenrassen. *Ommochrome* finden sich in den Augen von Insekten, Krebsen und Tintenfischen.

Das Grün der Haut des Igelwurms *Bonellia viridis* (vgl. S. 8) wird von *Porphyrinen* hervorgerufen. Das bekannteste Porphyrin ist der rote Blutfarbstoff *Häm,* ein Bestandteil des sauerstofftransportierenden *Hämoglobins,* das bei vielen Wirbellosen frei in der Körperhöhlenflüssigkeit gelöst, bei anderen und den Wirbeltieren in Blutzellen vorkommt. Die grüne Farbe vieler Insekten, Weichtiergehäuse, Vogeleischalen und Knochen einiger Fische, wie die des Hornhechts *(Belone belone),* das Blaugrün der Schuppen einiger Schmetterlingsflügel sowie das Blau des Kalkskeletts verschiedener Korallen sind auf *Biline* zurückzuführen. Biline sind als *Gallenfarbstoffe* von den Wirbeltieren bekannt und entstehen beim Abbau von Hämoglobin (z. B. *Bilirubin).* So verdanken die in der menschlichen Haut nach Druck oder Stoß auftretenden „blauen Flecken" und das sprichwörtliche „blaue Auge" ihre Farbe den Bilinen.

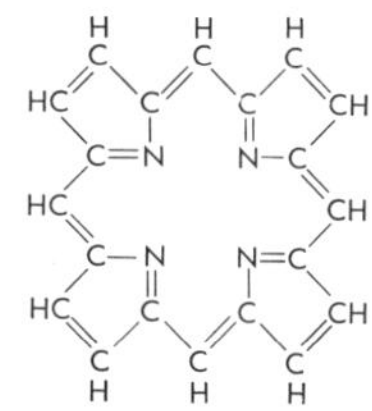

Porphyrine
(Grundstruktur)

Im Zentrum des Moleküls ist das (hier nicht wiedergegebene) Eisenatom (Hämoglobin, vgl. Abb. S. 55) bzw. Magnesiumatom (Chlorophyll) in stabiler komplexer Bindung zwischen den Stickstoffatomen von 4 Pyrrolringen eingebaut.

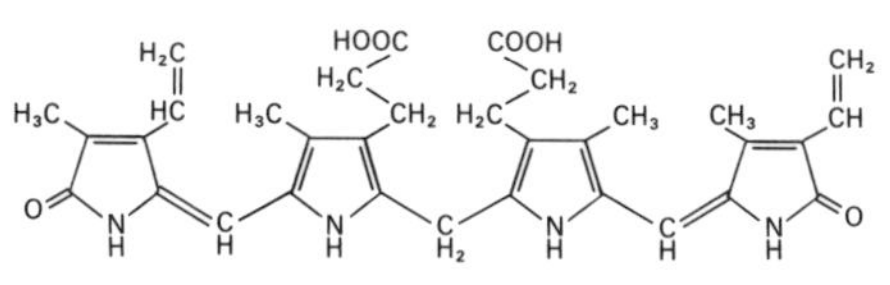

Bilirubin

Der dem Häm nahe verwandte Pflanzenfarbstoff *Chlorophyll* wird von Tieren nicht aufgebaut. Dennoch können einige marine Nacktschnecken durch Chlorophyll grün gefärbt sein. Sie sind an sich transparent, leben aber von Grünalgen, entsprechend wird ihre Körperfarbe vom Füllungsgrad des verzweigten Darmsystems bestimmt. Schmetterlingsraupen und kleine Krebse (vgl. S. 32) können ebenfalls durch pflanzlichen Darminhalt grün erscheinen. Auch das Faultier verdankt seinen grünen Schimmer dem Chlorophyll von Algen, die sich in seinem Fell einnisten.

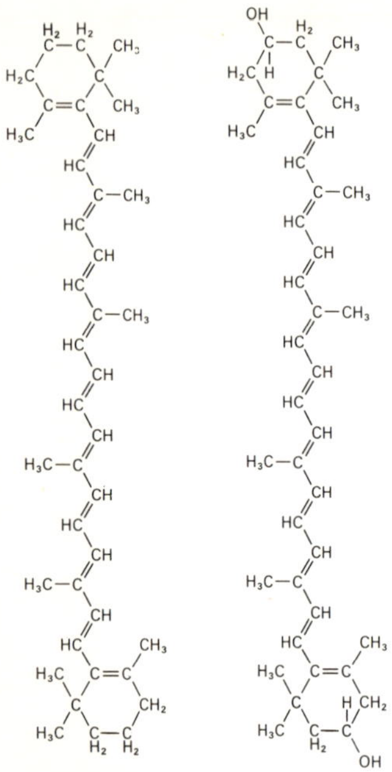

β-Carotin Lutein

Carotinoide

Wie die Formeln zeigen, sind *Carotinoide* ungesättigte Kohlenwasserstoffe. Während die aus den Mohrrüben (Karotten) gewonnenen *α*- und *β-Carotine* (hier ist nur die *β*-Form dargestellt) reine Kohlenwasserstoffe sind, enthalten die im Vogelgefieder gefundenen Carotine zusätzlich Sauerstoff, beim gelben *Lutein* in Form von 2 Hydroxylgruppen, bei den roten *Xanthinen* in Form von je 2 Ketogruppen, die in Konjugation zur Polyenkette stehen und bedeutenden Anteil an der Farbvertiefung von Gelb nach Rot haben.

Euphausia superba, ein 6 cm langer Leuchtkrebs, von den Walfängern als *Krill* bezeichnet, kann in so dichten Schwärmen die oberen Schichten antarktischer Gewässer erfüllen, daß diese geradezu wie von einem rötlichen Brei bedeckt erscheinen. Öfters schimmert an den transparenten Tierchen auch der grüne Mageninhalt (Chromatophoren von Kieselalgen) durch. Krill ist die wichtigste Nahrung der *Bartenwale* und spielt eine zunehmende Rolle für die menschliche Ernährung. Geschätzter Jahresfang 1978: 50000 t.

Das Rot des Seeigels beruht auf einem *Chinon.* Das Gelb der Feuersalamander und Wespen ist von *Pterinen* abhängig. Viele rote, orange und gelbe Farbtöne sind auf *Carotinoide* zurückzuführen. Auch die *Sehpigmente* („Sehpurpur") in den Augen der Wirbeltiere, Gliederfüßer und Tintenfische sind Carotinoide. Da jedoch nur Pflanzen und Mikroorganismen fähig sind, Carotinoide aus den Elementen aufzubauen, sind die Tiere darauf angewiesen, sie als Rohmaterial mit der Nahrung aufzunehmen, z. B. als Vitamin A, um sie dann unmittelbar oder nach Umbau abzulagern. Nicht mit der Nahrung aufgenommen werden offenbar die Carotinoide in den Deckflügeln (Elytren) des Marienkäfers. Sie werden vermutlich im Käfer selbst von endosymbiontischen Mikroorganismen aufgebaut.

Durch *rote Carotinoide* rot gefärbt sind die Beine und Federn vieler Vögel oder die Panzer der Krebse, etwa der Krabben und Garnelen sowie die Weichkörper des „Krills" *(Euphausia superba).* Auch das Blau des Hummers geht auf ein an ein Protein gebundenes Carotinoid zurück. Wenn der Hummer gekocht wird, bricht die Bindung auf, das Protein fällt aus, und zurück bleibt das Carotinoid: der Hummer wird „krebsrot". Das Krebs-Carotinoid wurde chemisch identifiziert und als *Astaxanthin* bezeichnet. Für die Vögel wurde es erstmals in den „Rosen", den roten Papillen der Augenfelder, des Jagdfasans nachgewiesen. Andere rote Carotinoide sind das *Rhodoxanthin* in den scharlachfarbenen Federn des Schmuckvogels *(Phoenicircus nigricollis)* aus Ecuador, das *Canthaxanthin,* das man aus dem Pfifferling isoliert hat und dann im Gefieder des Quesals *(Pharomachrus mocino),* des Roten Sichlers *(Guara rubra),* des Flamingos und anderen wiederfand.

Gelbe Carotinoide sind das *Kanarienxanthophyll* beim Kanarienvogel, Stieglitz, Girlitz und Grünfink und das *Picofulvin* der Spechte und Tangare. Die im Vogelgefieder verbreitetste gelbe Farbe ist jedoch das *Lutein.* Wie *O. Völker* zeigen konnte, werden die roten Farbstoffe von den Vögeln selbst aufgebaut. Über ihre Nahrung erhalten sie direkt oder indirekt von den Pflanzen gelbe Carotinoide, die sie durch oxidative Prozesse (Dehydrierungen) art- oder gattungsspezifisch umbauen. Auch das Kanarienxanthophyll und das Picofulvin entstehen erst im Vogel aus pflanzlichen Carotinoiden. Das Lutein dagegen wird, wie *Völker* am afrikanischen Pirol *(Oriolus auratus)* nachgewiesen hat, nach Aufnahme durch die Nahrung in völlig unveränderter Form in den Federn abgelagert. Ähnliches beobachtet man auch bei vielen marinen Nacktschnecken. Sie nehmen die Farbe der Schwämme, auf denen und von denen sie leben, dadurch an, daß sie deren Farbstoff unverändert in ihrer Haut ablagern.

Haftfarben. Die *Rostfärbung* vieler Entenvögel, der Kraniche und des Bartgeiers wird durch reine Anlagerung (Adhäsion) von hauptsächlich *Eisen(III)-oxid* erreicht. Als Höhlen- und Spaltenbewohner der Gebirge und Hochgebirge nimmt der Bartgeier den Rostfarbstoff vom eisenoxidhaltigen Untergrund seines Biotops auf. Die Hauptquelle der Rostfärbung der Enten und Kraniche sind die eisenhydroxidhaltigen Kahmhäute rostiger Flachmoore und ähnlicher Gewässer, die ja, wie schon *C. von Linné* in seiner „Lappländischen Reise" beschreibt, beachtliche Ausmaße annehmen können. Im Gegensatz zum Bartgeier, bei dem das Eisenoxid an der dafür besonders günstig strukturierten Federoberfläche haftet, wird es bei Enten in netzartig miteinander verbundenen Hohlräumen der Feder-Äste, -Strahlen und -Häkchen eingelagert. Bei den Säugern fand man eine Rostfärbung durch Eisenoxid im Fell des Axishirsches *(Axis axis)* und der Ziege *(Capra domestica)*.

Über eine solche Einfärbung ins Rostrote der an und für sich grauen Rükkenfedern des Kranichs kann man schon in *J. M. Bechsteins* „Gemeinnützige Naturgeschichte Deutschlands" (1801/09) lesen. Auch *Bengt Berg* berichtet darüber, und der Tierfotograf *Helmut Drechsler* beobachtete, wie ein Kranichküken den Schnabel über den Nestrand in das eisenhaltige rötliche Moorwasser tauchte und ihn anschließend am Gefieder abwischte.

Was hat nun diese unermeßliche Fülle von Farben und Farbkombinationen zu bedeuten, welche Aufgaben kommen den Farben am und im Tierkörper zu? Hier lassen sich *physiologische* von *ethologischen Funktionen* unterscheiden.

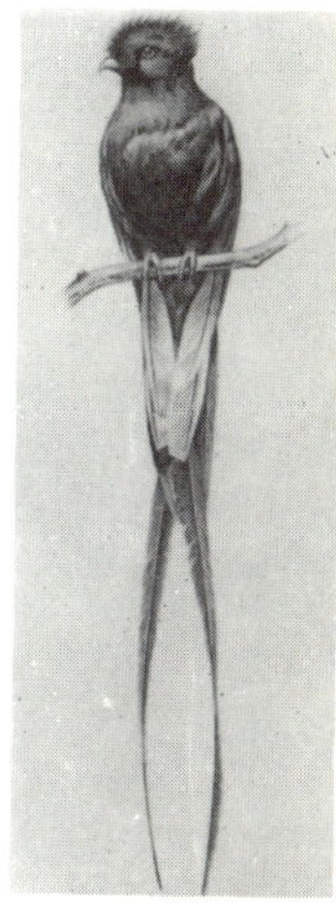

Der *Quesal (Quetzal)*, dessen Federn den Indianern als Schmuck dienten, ist als Wappenvogel Guatemalas bekannt.

Physiologische Funktionen der Farben

Einige Pigmente wirken allein oder vor allem physiologisch. Hinsichtlich der äußeren Gestaltung des Tier- oder Menschenkörpers spielen sie keine, eine geringe oder aber eine sekundär erworbene, zusätzliche Rolle. Ein Beispiel für eine rein physiologische Wirkung eines Pigments ohne Einfluß auf die äußere Gestalt ist der für die Lichtrezeption unerläßliche *Sehpurpur (Rhodopsin* bei Wirbellosen, adulten Amphibien, Meeresfischen, Vögeln, Säugern; *Porphyropsine* bei Süßwasserfischen, Amphibienlarven). Als wesentliche Anpassung an Regionen mit starker Sonneneinstrahlung ist die dunkle Hautfarbe des Menschen zu verstehen. Die Melanin-*Pigmentierung der Haut* ist eine Schutzeinrichtung gegen die verbrennende und krebserregende Wirkung der Ultraviolettstrahlen des Sonnenlichts.

vgl. S. 34

Der rote Blutfarbstoff im *Hämoglobin* dient primär als Atmungspigment beim Sauerstofftransport, sekundär kann er aber bei einigen Tieren und dem Menschen eine zusätzliche Funktion erfüllen. Körperpartien wie die Kämme der Hühner, die kahle Kopfhaut der Geier, das Gesäß der Paviane, die nackten Brustflecken des Dscheladas *(Theropithecus gelada)* – deretwegen er von den Ethologen nicht ohne Ironie, aber funktionell richtig gedeutet, als Dirndl-Affe glossiert wird – oder die Lippen des Menschen sind dadurch rot gefärbt, daß das Hämoglobin der Blutkapillaren durch die an sich unpigmentierte Haut

Hautpigmentierung beim Menschen

In Afrika ist die Sonneneinstrahlung am stärksten im südlichen Sudan; entsprechend findet sich hier die stärkste *Pigmentierung.* Auch die Menschen der Arktis sind dunkler als die der gemäßigten Zonen. Hier sind es der offene Himmel und die Reflexion von Schnee und Eis, die sie besonders intensiv der Ultraviolettstrahlung aussetzen. In den Tropen beobachtet man sogar noch eine unterschiedliche Pigmentierung der Menschen, je nachdem, ob sie im beschattenden Dschungel oder in dem Sonnenlicht stärker ausgesetzten Regionen leben. So sind die zentralafrikanischen Pygmäen heller gefärbt als die Bantus Südafrikas.

Neger, Südinder und andere dunkelhäutige Völker sind weniger empfindlich gegen *Sonnenbrand.* Ultraviolett der Wellenlängen, die Sonnenbrand verursachen, kann bei starker Intensität bei weißen Mäusen und weißen Ratten *Hautkrebs* erzeugen. In Nordaustralien werden Europäer von Hautkarzinomen in einem auffallend stärkeren Ausmaß befallen als in Europa. Bei den Negern der USA und in Südafrika ist Hautkrebs sehr selten. In Argentinien kommen unter den Einwanderern nahezu alle Formen von Hautkrebs vor, während sie bei Indianern oder Negern sehr selten sind.

Auch der hellhäutige Mensch erhält einen Schutz durch *Melanine,* die, durch die Ultraviolettstrahlung ausgelöst, in den unteren Hautschichten gebildet werden und dann an die Oberfläche wandern. Während jedoch die dunkle Farbe der Völker in tropischen und äquatorialen Regionen erblich ist, entsteht die Bräunung der Hellhäutigen erst nach Einwirkung der Sonne.

Truthahn

durchscheint. Alle jene so gefärbten Körperteile dienen als Auslöser und können je nach innerer Stimmung stärker durchblutet werden und so an Farbintensität zunehmen. Wohl jeder kennt die angeschwollenen und knallrot leuchtenden Hautlappen des Truthahns bei der Balz.

Ethologische Funktionen der Farben

Dies führt uns unmittelbar zu den Aufgaben der vielen anderen Pigmente wie auch der Struktur- und Haftfarben. Sie alle spielen eine bedeutende Rolle im Zusammenleben der Tiere. Sie bilden *optische Signale,* Zeichen, die eine richtige oder im Sinne einer Täuschung „bewußt" falsche Nachricht vermitteln. Vielfach sind sie mit auffälligen Formen, Skulpturen und auch Bewegungen kombiniert. Stets wird ein solches Zusammenwirken von Gestalt und Verhalten zum Verbergen oder zum Auffallen „genutzt". Viele Tiere sind zu beidem fähig. Sie besitzen, wie z. B. unsere Tagfalter, gleichzeitig eine auffallende wie eine verbergende Tracht. Große und wehrhafte Tiere haben eine Tarnung als Schutz vor Feinden weniger nötig als kleine und schwache. So sind Jungtiere häufig in ein unscheinbares schützendes Kleid gehüllt, während sie als Erwachsene, wie beispielsweise Möwen, Säbelschnäbler und Austernfischer, recht auffällige Trachten tragen. Andere Tiere, wie das Chamäleon oder Tintenfische, können in z. T. bemerkenswert kurzer Zeit ihre Farbe wechseln.

Tarnung dient vor allem dem Schutz vor Feinden, kann aber auch ein Mittel zur besseren Erlangung der Beute sein. Dem Eisbären, der keine Feinde hat, nützt sein weißer Pelz beim Anschleichen von Robben oder anderem Getier. Die einfachste Form einer Tarnung liegt somit vor, wenn die Tiere in ihrer Far-

Tarnen. *Lytrosia unitaria* (Abb. links), ein nordamerikanischer *Spanner*, erreicht durch seine Zeichnung und die Eigenart, sich quer zu den Rissen der Borke niederzulassen, eine vorzügliche Anpassung an den Hintergrund. Der Schmetterling zieht Nutzen daraus, daß ein hungriger Raubfeind nicht auf den Untergrund zu achten pflegt. — Auch Tarnfärbungen und die oft damit verbundenen Körperhaltungen sind Signale, die durch Ritualisierung entstanden sind. Sie signalisieren z. B. »hier ist nur Borke« oder »hier sind nur Blätter«.

Warnen. Schlechtschmeckende Insekten sind von vornherein wohl gegen das Gefressen-, nicht aber gegen das Getötet-Werden geschützt. Je einprägsamer eine solche Art gefärbt ist, desto rascher lernt ein Vogel nach den ersten unangenehmen Erfahrungen, sie zu meiden, was der Art viele Verluste erspart. Dieser Vorteil hat wohl in der Evolution zur Entwicklung der auffälligen Warnfarben geführt. — Der tropische *Danaidenfalter Lycorella cleobaea* (oben) ist ungenießbar. Abb. links: die widerlich schmeckende Raupe des amerikanischen *Zahnspinners Symmerista canicosta*.

.ebewesen entzieht sich lebensbedro-
len Umständen normalerweise durch
ıt. Da viele Tiere, wie etwa Schmetter-
und andere Insekten, oft nur geringe
cen haben, ihren Freßfeinden (z. B.
ln) zu entfliehen, entwickelten sich bei
ı andere Schutzmethoden.

ırecken
Schmetterlinge tragen auf den Flügeln auf-
Muster, die sie bei Störung plötzlich vor-
ı. Mit Attrappenversuchen hat man nach-
sen, daß unerwartet neben dem Futter
einende Zeichen Singvögel erschrecken.
ärkste Wirkung hatten paarweise gebotene
ormen, die an Wirbeltieraugen erinnern. Die
n, meist paarigen Augenflecken von Schmet-
en sind wohl Anpassungen an diese im
n noch unerklärte Schreckreaktion ihrer
inde. — Abb. rechts: das *Nachtpfauenauge*
neris acutissima in Schreckstellung, die
flügel mit den Augenflecken zeigend.
unten zeigt die *Gabelschwanzraupe Di-*
a vinula. In Ruhe ist sie unscheinbar (links);
ie gestört, zeigt sie plötzlich die Gesichts-
und schleudert aus den Hinterleibs-
gen rote Fäden aus (rechts).

Somatolyse

Vor allem bei Wirbeltieren kann die plastische Wirkung des Körperschattens durch Gegenschattierung (dunkle Rücken-, helle Bauchseite) aufgehoben werden.
Wenn Zonen heller und dunkler Färbung aufeinanderprallen, entsteht ein Kontrast, der das Auge bannt und so vom Umriß der Gesamtgestalt ablenkt. Das läßt sich besonders eindrucksvoll an den Gazellen (Abb.) der ostafrikanischen Savannen beobachten.

be mit der ihres Lebensraums übereinstimmen. Fennek und Wüstenluchs sind ebenso sandfarben wie ihr Biotop. Da den Sandwüsten und Schneeflächen ähnlich gleichförmige, ungegliederte Räume sonst in der Natur so gut wie nicht vorkommen, müßten alle Körper ohne Zeichnung und Musterung im Gelände sofort auffallen. Das ist der Grund, warum die Streifen des Tigers oder die Flecken im Fell des Rehkitzes im Licht- und Schattenspiel von Gras und Unterholz die Körperkonturen auflösen.
Solche Gestaltauflösung *(Somatolyse)* kommt durch das je nach Verhalten unterschiedliche Zusammenstimmen von Zeichnungsmustern, durch Ausnutzung von Grenzflächenkontrasten, durch Aufhebung des Schlagschattens und durch Gegenschattierung zustande. In einigen Fällen wird eine Tarnung durch Maskierung erreicht. Die Krabbe der Gattung *Hyas* bildet eigens zu diesem Zweck auf ihrem Rückenschild kleine Chitinhäkchen aus, an denen sie mit Hilfe ihrer Scheren Algenfäden verankert. Solche Chitinhäkchen finden sich nur in jenem Bereich des Rückenschildes, der von den Scheren erreicht werden kann.
Fast unüberschaubar ist die Vielfalt der Tarn- und Täuschungsmöglichkeiten durch gestaltliche Ähnlichkeit *(Mimese)*. Mittels Farbe und Form werden Rinden, Äste, Blätter, Blüten, Flechten, Steine, ja sogar Vogelkot nachgeahmt (vgl. Abb. S. 35). Die Methode des mimetischen Nachahmens kann aber auch durch *auffällige Gestaltung* zur Täuschung führen. Bei Schlangen und auch Insekten, wie etwa dem Zipfelfalter *(Thecla linus)* aus Trinidad, kann auf höchst raffinierte Art am Körperende ein zweiter Kopf gemimt werden.
Auffällige Zeichnungen oder besondere Farbkombinationen können bei Gefahr als *Schrecktrachten* zur Schau gestellt werden. Am bekanntesten sind die Augenflecken bei Insekten, besonders auf den Hinterflügeln von Schmetterlingen (vgl. Abb. S. 35). Ein plötzliches Vorzeigen solcher „Augen" bei Gefahr schreckt insektenfressende Vögel ab. Der afrikanische Perlkauz trägt im Gefieder seines Hinterkopfes zwei Augenflecke und hält sich so all jene auf ihn „hassenden" Kleinvögel vom Leib, die ihn, der nur ein Winzling ist, sonst möglicherweise von hinten angreifen würden.
Viele Tiere, die durch Gift oder widerlichen Geruch oder Geschmack vor Feinden geschützt sind, tragen leuchtende *Warnfarben*. Häufigste Kombinationen sind Schwarz-Gelb (Wespen, Feuersalamander, Skunk) und Schwarz-Rot (viele Käfer, Wanzen, Frösche). Warntrachten können einen Angreifer erst nach einer schlechten Erfahrung von einem weiteren Zugriff abhalten.

Das „zweite Gesicht" des Perlkauzes kommt dadurch zustande, daß auf dem bräunlichen, weißgeperlten Gefieder des Hinterkopfes genau im Augenabstand schwarze Federn zwei runde Flekken bilden, die von Ringen heller Federn umstellt sind.

Werden nun solche Warntrachten wehrhafter oder ungenießbarer Tiere zu Vorbildern, d. h., werden sie von harmlosen oder genießbaren Arten nachgeahmt, dann sprechen wir von *Mimikry* (vgl. Abb. S. 39). Weit verbreitet sind die verschiedenen Mimikry-Formen im Reich der Insekten. Besonders genutzt wird die Mimikry auch von Vögeln im Rahmen eines Brutparasitismus. Hier ist bereits der Übergang zu jener Art von Nutzung eines Vorbilds angedeutet, die als *Angriffsmimikry* bezeichnet wird. Gottesanbeterinnen oder Fangschrecken *(Mantidae),* als Insektenräuber gut bekannt, lauern dort, wo ihre Beute am häufigsten auftaucht, nämlich in Blüten. Viele Fangschrecken sind daher solchen Blüten sehr ähnlich geworden. Andere aber „spielen selbst Blüte". Ein besonders raffinierter Täuscher ist die afrikanische Teufelsblume *(Idolum diabolicum).* Bei den sog. *Putzerfischen,* die davon leben, daß sie den Korallenfischen die Hautparasiten absammeln, werden Körperbau, Färbung und Verhalten von den räuberischen Nachahmern nahezu vollständig kopiert. Äußerlich als Freund getarnt, nähern sie sich den Korallenfischen, um ihnen dann Flossen- und Hautstückchen zu entreißen. Unter den Reptilien dürften sich die interessantesten Fälle von Mimikry bei den *Korallenschlangen* des tropischen und subtropischen Amerika finden.

Bei Säugern ist Mimikry weitgehend unbekannt. Lediglich auf Borneo soll jeweils eine bestimmte Eichhörnchenart eine für Greifvögel schlecht schmeckende Spitzhörnchenart *(Tupaidae)* nachahmen. Wohl bisher einmalig dürfte der Fall sein, daß ein Wirbeltier einen Wirbellosen nachahmt. Die in der Kalahari des südlichen Afrika heimische Eidechse *Eremias lugubris* stimmt als Adultus in ihrer rotbraunen Farbe gut mit der ihres Lebensraums überein. Als zartes Jungtier jedoch ahmt sie Laufkäfer der Gattung *Anthia* nach, die bei Gefahr ein ätzendes Säuregemisch verspritzen. Die Jungtiere von Eremias bleiben, bis sie die Körpergröße der Laufkäfer von 3–5 cm erreicht haben, anthiahaft schwarz-weiß gefärbt und bewegen sich auch wie die Käfer. Erst dann nehmen sie die rotbraune Erwachsenenfarbe an und bewegen sich nach Eidechsenart. Viele Farb- und Formmuster haben große Bedeutung für den *sozialen Kontakt* innerhalb der Art. Sie dienen dem gegenseitigen Erkennen, dem Anlocken des Geschlechtspartners, werden im Revier- und Brutpflegeverhalten (vgl. Abb. S. 38) sowie bei der Aufrechterhaltung der Rangordnung eingesetzt.

Ungeklärt ist die Bedeutung der Farben der *Tiefseetiere.* In der Finsternis ihres Lebensbereichs können die Farben kaum eine ökologische Bedeutung besitzen. Es ist nicht auszuschließen, daß die Farbpigmente Speicher von Abbauprodukten oder auch notwendige Zwischenprodukte des Stoffwechsels

Die Farbkombinationen „schwarz-rot" sowie „schwarz-gelb" sind offenbar auch für das menschliche Auge im Sinne der Gestaltwahrnehmung (vgl. S. 81) prägnant, sonst hätten sie sich wohl kaum als Verkehrszeichen bewährt.

Bei der häufig nur an zwei Beinen im Geäst hängenden, 15 cm großen afrikanischen Teufelsblume *(Idolum diabolicum)* ist der Hinterrand des vorderen Bruststücks mit schwärzlichen Flecken versehen, die von Ferne durchaus an kleine Insekten erinnern. Da aber, wie nachgewiesen, Fliegen u. a. eine Futterquelle ausmachen, indem sie sich dort einfinden, wo bereits Art- oder Stammesgenossen sind, ist die Annahme nicht ausgeschlossen, daß Idolum eine bereits besuchte Blüte imitiert.

Bei den Rangstreitigkeiten der *Vögel* spielt das Prachtkleid der Männchen eine bedeutende Rolle. Buchfinkenweibchen, denen man die Bauchseite rötlich einfärbte und sie dadurch den Männchen ähnlicher machte, dominierten über normal gefärbte Weibchen, wenn man sie mit ihnen zusammenbrachte. Sogar handaufgezogene Weibchen, die nie zuvor ein Männchen gesehen hatten, wichen den am Bauch rot gefärbten Weibchen aus. Bei Wassertretern und Laufhühnchen haben die Geschlechter geradezu die Rollen vertauscht: Die Weibchen sind die schmuckeren, übernehmen die Führung bei der Balz und überlassen den Männchen das Ausbrüten der Jungen.

Eismöwe Silbermöwe Polarmöwe

Artgenossen erkennen sich meist an ganz bestimmten Merkmalen; häufig sind dies Farbmarkierungen. Hierdurch wird die Bastardierung mit anderen Arten verhindert. Bei manchen *Möwen* dient die Färbung der Augenregion als Artkennzeichen. Verändert man im Experiment die Iris oder den Augenring, so kann die Möwe plötzlich von Angehörigen einer fremden Art umworben werden.

Innerhalb einer Art gleicht kein *Zebra* dem anderen. Die individuellen Unterschiede in der Streifung ermöglichen eine „persönliche" Kenntnis des Sozialpartners. Beim Menschen, der, vom Lippenrot und Hauttönungen abgesehen, ja „farblos" ist, dienen die vielfältigen Ausprägungen des Gesichts diesem Zweck.

Tiere, die in einem allseits dicht bevölkerten Biotop leben, müssen bei der Verteidigung ihres Reviers mit ihren Kräften haushalten. Rein energiemäßig können sie es sich gar nicht leisten, jeden Eindringling zu verjagen. Es ist ja auch für sie nur von Nutzen, den Nahrungskonkurrenten, also den Artgenossen, zu vertreiben. Deshalb ist es, wie *Konrad Lorenz* schreibt, „im Interesse aller auf dem Korallenriff ansässigen territorialen Arten, daß jede von ihnen ihre eigene unverwechselbare Kriegsflagge führt". Sie signalisiert dem Artgenossen, wen er angreifen muß und wer friedlich passieren darf. Nur so ist die Plakatfarbigkeit der *Korallenfische* zu verstehen.

Man hat bisher keine Veranlassung, im Tierreich *funktionslose Farben* oder *Farbmuster* annehmen zu müssen. Farben, soweit sie nicht physiologische Aufgaben haben, sind da, um gesehen zu werden. Dort, wo es wirklich nichts zu sehen gibt, werden auch keine Farben oder besondere Oberflächenskulpturen gebildet. Endoparasiten, Höhlen- und Erdbewohner, die im Dauerdunkel leben, sind weiß. Weiße, d. h. pigmentlose Formen werden hin und wieder auch bei im Normalfall gefärbten Tieren als Folge eines rezessiv vererbbaren Defekts geboren. Diese *Albinismus* genannte Erscheinung ist von Wirbellosen wie Wirbeltieren und auch vom Menschen bekannt. Vermutlich entstehen derartige *Albinos* häufiger, als man sie bisher entdeckte. Im allgemeinen haben sie als äußerlich abartige Mutanten keine oder nur eine sehr geringe Überlebenschance. Ähnliches gilt auch von jenen Tieren, die, wie die kürzlich in Timbavati (Südafrika) aufgetretenen weißen Löwen, zwar keine echten Albinos sind, deren Pigmentarmut sie aber so auffällig macht, daß jede Beute frühzeitig reißaus nehmen kann. Dies bestätigt erneut, daß auch Tiere, die keine Feinde haben, sich tarnen müssen.

sind. *Euphausiaceen* (vgl. S. 32) werden durch ihre rote Farbe in jener Dämmerungszone, in die kein rotes Licht dringt, völlig unsichtbar. Einigen Fischen gelingt es aber, sie aufzuspüren, indem sie sie mit Hilfe von Leuchtorganen rot anstrahlen. So könnte die Färbung mancher Tiefseetiere vielleicht dazu dienen, die Reflexion des von Räubern ausgesandten Lichts zu verhindern.

Körperachsen und Symmetrieverhältnisse

Der tierische Organismus ist eine dreidimensionale Ganzheit, die sich aus mehreren und im allgemeinen gleichartigen Untereinheiten (Körperteilen) aufbaut. Da bei fast allen Tieren diese Teile gesetzmäßig in allen drei Raumrichtungen angeordnet sind, lassen sich entsprechend dieser Richtungen gedachte Linien als aufeinander senkrecht stehende und sich in einem Punkt schneidende Körperachsen erkennen. So ist etwa ein Hund durch eine vom Kopf zum Schwanz verlaufende *Körperlängsachse,* eine die linke mit der rechten Körperhälfte verbindende *Querachse* und eine vom Rücken zur Bauchseite ziehende *Tiefenachse* gekennzeichnet. Wenn eine Achse zwischen zwei gleichartigen Körperteilen verläuft, nennt man sie *isopol,* im anderen Fall *heteropol.* Die Querachse zwischen den beiden Schultergelenken des Hundes ist demnach isopol, die von der Schnauzen- zur Schwanzspitze ziehende heteropol. Je nachdem, wie sich gleichartige oder doch wenigstens ähnliche Körperteile in einem Tier wiederholen, d. h. je nach der spiegelbildlichen Zuordnung der Organe oder Organbildungen zu den Achsen, entstehen unterschiedliche Symmetrien. Aufgrund dieser Symmetrieverhältnisse lassen sich im Tierreich sechs Grundformen unterscheiden, die im Laufe der Evolution als optimale Anpassungen an die jeweilige Fortbewegungsweise entstanden sind. Tiere ohne Ortsbeweglichkeit (z. B. Hohltiere) oder

Mimikry bedeutet Signalfälschung und äußert sich darin, daß der Empfänger durch Nachahmung eines Signals, das für ihn eine ganz bestimmte Bedeutung hat, getäuscht wird. Voraussetzung für die Entstehung und Erhaltung einer Mimikry sind ein Vorbild, das ein Signal sendet, ein Empfänger, der dieses in arterhaltender Weise beantwortet, und ein Nachahmer, der das Signal des Vorbilds imitiert und aus der Reaktion des Empfängers einen Nutzen zieht.

Der harmlose und für Vögel genießbare *Hornissenschwärmer (Aegeria apiformis)*, ein Schmetterling, imitiert die Warntracht der *Hornisse (Vespa crabro)* und ist dadurch gegen Freßfeinde weitgehend geschützt. Er parasitiert gewissermaßen am Verhalten des Signalempfängers (Feind). — Vorbild, Empfänger und Nachahmer gehören in diesem Fall drei verschiedenen Arten an.

erwachsene Männchen

ʼlanchmal sind Vorbild und Empfänger von der ʼleichen Art, und der artfremde Nachahmer zieht ʼlutzen aus dem vorgegebenen Senden und ʼerstehen der Signale.
ʼaradieswitwen *(Steganura paradisaea)* sind, wie ʼlle Witwenvögel, Brutparasiten: Sie legen ihre ʼier in die Nester des *Buntastrilds (Pytilia melba)*. ʼa aber die jungen Witwen, im Gegensatz zum ʼuckuck, ihre Stiefgeschwister nicht aus dem ʼlest werfen, müssen sie genauso aussehen wie ʼiese, damit sie von den Wirtseltern gefüttert ʼverden. — In diesem Mimikrysystem sind die ʼingen Buntastrilde die Vorbilder, ihre Eltern die ʼmpfänger und die jungen Witwen die Nachahmer.

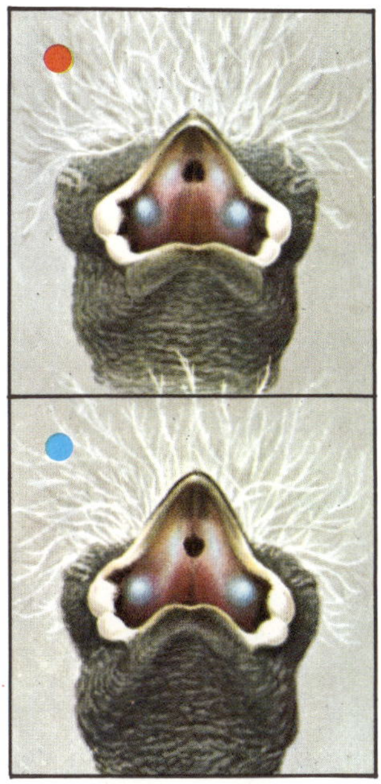

Nestlinge

Jungvögel

Paradieswitwe
Buntastrild

Sogar der Nachahmer kann zur gleichen Art wie Vorbild und Empfänger gehören. Natürlich muß dann das »Hereinfallen« auf das gefälschte Signal für die Art von Vorteil sein, da sich sonst das Mimikrysystem nicht hätte entwickeln können. — Beim afrikanischen *Buntbarsch (Haplochromis burtoni)* besamt das Männchen mit Hilfe eines Tricks die Eier im Maul des Weibchens, wo sie erbrütet werden. *Ei-Attrappen*, d. h. Flecken auf der Afterflosse, die wie Eier aussehen, spielen dabei eine wichtige Rolle. Wenn das Weibchen Eier in die Laichgrube des Männchens gelegt hat, dreht es sich sofort um und schlürft sie vom Boden auf. Sobald keine Eier mehr zu sehen sind, drückt sich das Männchen auf den Grund der Grube, spreizt die Afterflosse mit den Ei-Attrappen und besamt den leeren Boden. Das Weibchen aber hält die Eiflecken für echte Eier und versucht sie aufzunehmen. Dabei saugt es das spermienreiche Wasser aus der Nähe der männlichen Geschlechtsöffnung auf. Auf diese Weise gelangen die Spermien zu den Eiern. Hier sind die Eier die Vorbilder, das Weibchen der Empfänger und das Männchen der Nachahmer.

solche, die sich nach allen Seiten gleich gut fortbewegen (z. B. einige Stachelhäuter), sind architektonisch anderen Bedingungen (Lage des Schwerpunkts, Strömungswiderstand u. a.) ausgesetzt als waagerecht dahingleitende (z. B. viele „Würmer", Fische) oder senkrecht aufsteigende (z. B. Quallen).

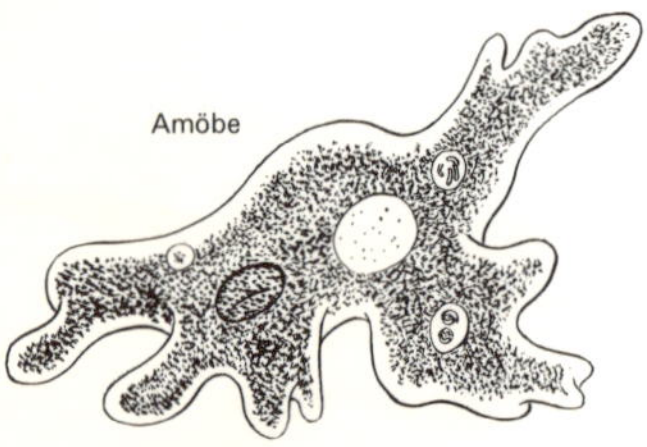

asymmetrische Form

Asymmetrische Formen. Tiere, bei denen die Körperteile in keiner Richtung des Raums gesetzmäßig angeordnet sind, keine Achsen und also auch keine Symmetrie aufweisen, werden als *asymmetrisch* bezeichnet: viele Amöben unter den Protozoen, einige Schwämme unter den Metazoen.

Kugelsymmetrische Formen. Hat der Körper die Form einer echten Kugel, dann sind alle durch den Mittelpunkt gehenden Achsen gleichwertig und isopol. Alle durch diese Achsen verlaufenden Ebenen teilen den Körper in spiegelbildliche Hälften. Solche Tiere werden *kugelsymmetrisch* genannt: einige Protozoen, vor allem die Strahlentierchen (Radiolarien).

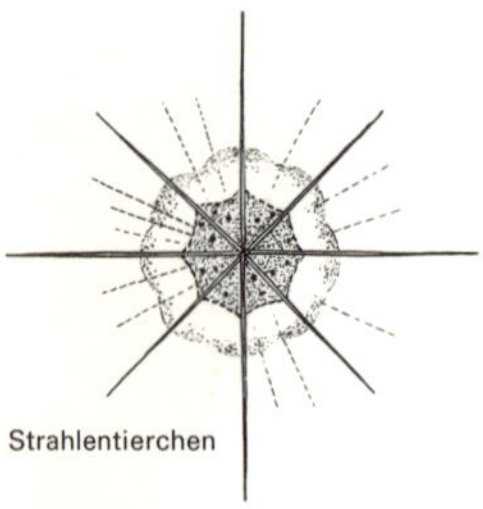

kugelsymmetrische Form

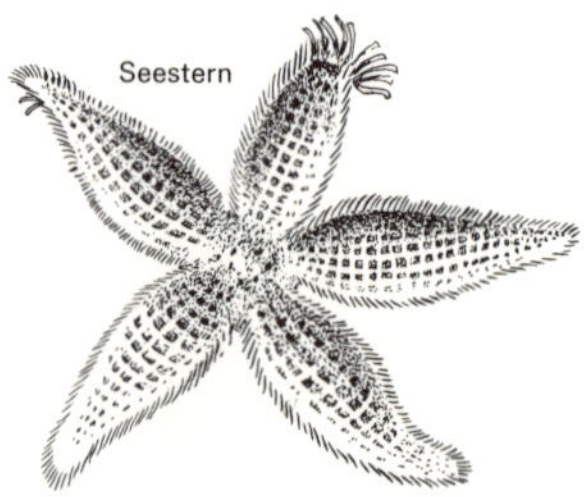

radiärsymmetrische Form

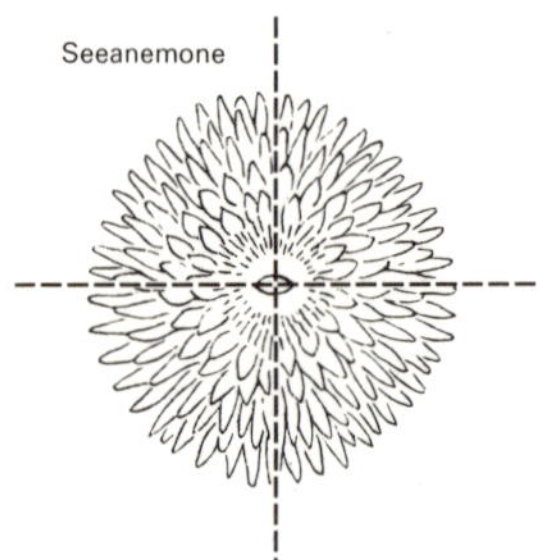

disymmetrische Form

Radiärsymmetrische Formen. Ist nur eine heteropole Hauptachse vorhanden, um die sich gleichartige Organe gesetzmäßig anordnen, haben die Tiere demnach die Form eines Zylinders oder eine ähnliche, apfel- oder birnenförmige Gestalt, dann ergeben sich mehrere isopole Nebenachsen. Die Anzahl dieser als *Radien* und *Interradien* benannten Nebenachsen entspricht der Zahl der jeweils gleichartigen gegenüberliegenden Körperteile. Jede Ebene, die durch die Haupt- und eine Nebenachse verläuft, schneidet den Organismus in symmetrische Hälften. Solche Tiere sind *radiärsymmetrisch* gebaut: die meisten Hohltiere, die meisten Stachelhäuter.

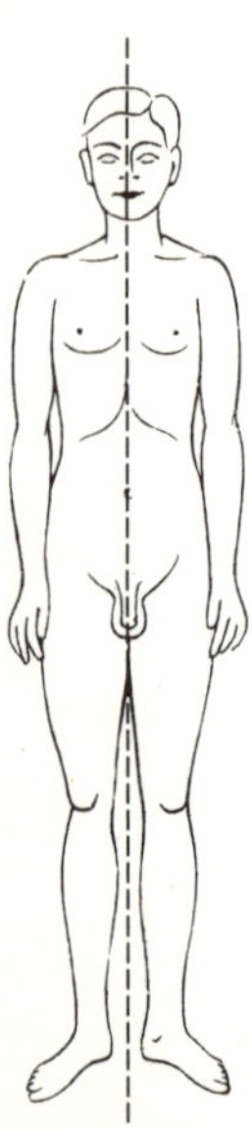
bilateralsymmetrische Form

Disymmetrische Formen. Sind neben der heteropolen Hauptachse nur zwei isopole Nebenachsen vorhanden, von denen die eine andersartige Körperteile miteinander verbindet als die andere, dann sind die Spiegelhälften der einen Symmetrieebene nicht denen der anderen gleich. Solche Tiere heißen *disymmetrisch:* Aktinien, Korallen, Rippenquallen.

Nomenklatur

Da die Anordnung der Organe von zentraler Bedeutung für eine stammesgeschichtliche, eine phylogenetische Wertung einer jeden Tierform (vgl. S. 87) ist, hat *F. E. Schulze* (1893) eine einheitliche Nomenklatur zur Benennung der Orte und Lagebeziehungen im Tierkörper geschaffen. Sie soll anhand der *bilateralsymmetrischen* Grundform vorgestellt werden. Zur Beschreibung der Lageverhältnisse im bilateralsymmetrischen Tier dienen 5 Richtungsbezeichnungen, 3 Achsen und 3 Ebenen.

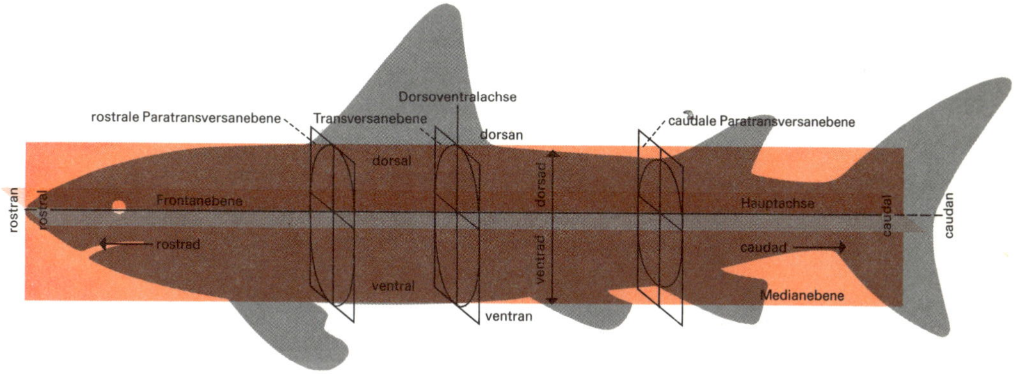

Definitionsgemäß ist die Körperpartie, in der die Mundöffnung liegt, als *Bauch-* oder *Ventralregion*, die gegenüberliegende als *Rücken-* oder *Dorsalregion* eingeführt. Der *Kopf-* oder *Rostralregion* steht die *Schwanz-* oder *Caudalregion* gegenüber. Rechte und linke Körperhälfte werden als *Lateralregionen* bezeichnet. Alle Organe, die in der Bauchregion liegen, werden als *ventral*, alle, die an ihrer Grenze liegen, als *ventran*, alle, die bauchwärts ausgerichtet sind, als *ventrad* benannt. Entsprechendes gilt für die Richtungsbezeichnungen *dorsal, lateral, rostral*, und *caudal*. Was einem Bezugspunkt (meist die Hauptachse) genähert ist, heißt *proximal*, was von ihr entfernt ist, wird *distal* genannt.

Kopf- und Schwanzspitze werden durch die *Hauptachse* (Körperlängsachse) verbunden. Durch die Mitte der Hauptachse und senkrecht zu ihr verläuft von der Rücken- zur Bauchseite die *Dorso-Ventralachse* (Tiefenachse). Im jeweils rechten Winkel zu Haupt- und Dorso-Ventralachse und durch beider Schnittpunkt geht die *Dextro-Sinistral-* oder *Lateralachse* (Querachse).

Die Ebene, die – durch die Hauptachse geführt – den Körper in eine rechte und linke Hälfte teilt, ist die *Medianebene (Mediosagittalebene)*. Alle zu ihr parallelen Ebenen werden als *Paramedian-* oder *Sagittalebenen* bezeichnet. Senkrecht zur Medianebene verläuft durch die Hauptachse vom Kopf- zum Schwanzende die *Frontanebene*. Sie teilt den Körper in eine Rücken- und eine Bauchhälfte. Alle zu ihr parallelen Ebenen sind *Parafrontanebenen*. Die Ebene, die senkrecht zu Median- und Frontanebenen durch die Dorso-Ventralachse geht, heißt *Transversanebene*. Sie teilt den Körper in eine Kopf- und eine Schwanzhälfte. Alle zu ihr parallel verlaufenden Ebenen sind *Paratransversanebenen*.

Bilateralsymmetrische Formen. Wird eine der beiden isopolen Nebenachsen heteropol, dann kann der Körper nur noch durch einen Schnitt durch die Haupt- und eben diese heteropole Nebenachse in zwei im wesentlichen spiegelbildliche Hälften zerlegt werden. Solche Organismen sind *bilateralsymmetrisch:* die weitaus meisten Tiere von den Plattwürmern bis zu den Säugern.

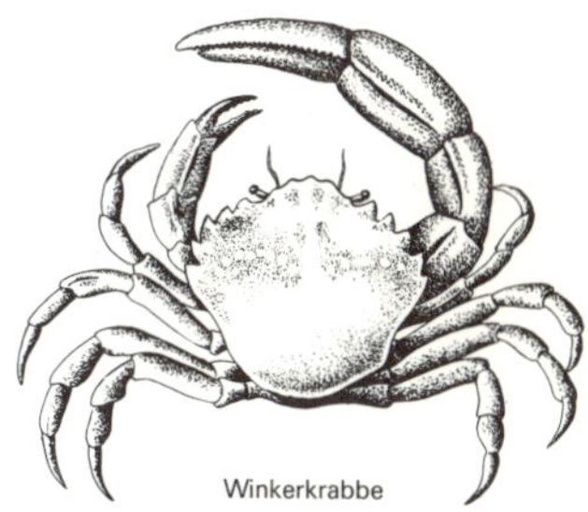

abgewandelte bilateral-symmetrische Form

Abgewandelt bilateralsymmetrische Formen. Die bilaterale Symmetrie kann dadurch abgewandelt werden, daß nun auch noch die zweite Nebenachse heteropol wird. Eine Schnittebene, die den Körper in streng symmetrische Hälften zerlegen könnte, ist jetzt nicht mehr möglich. Eine solcherart geringfügig *abgewandelte Bilateralsymmetrie* findet sich z. B. bei den Männchen der Winkerkrabben, eine stärker veränderte bei den Schnecken.

stärker abgewandelte bilateralsymmetrische Form

Die innere Gestalt (Anatomie)

Wie jedes andere Lebewesen muß das Tier, wenn es seine Gestalt, also sich als Individuum erhalten will, ständig Bau- und Betriebsstoffe gewinnen und es muß, wenn es sich auf Dauer, d. h. seine Art erhalten will, sich fortpflanzen.

Während bei den *Protozoen* (Einzellern) beide Aufgaben ja von einer einzigen Zelle bewältigt werden, tritt bei den *Metazoen* (Vielzellern) eine Arbeitsteilung ein, die sich anatomisch in einer Sonderung von Körper- und Fortpflanzungszellen äußert (vgl. S. 15). Die *Körperzellen* dienen der Erhaltung des Individuums und bauen entsprechende *Organsysteme* auf. Solche Systeme, die die Zufuhr und Verteilung von Baustoffen und Energie sowie die Ausscheidung von Schadstoffen sicherstellen, können als *Betriebsapparat* (vgl. S. 16), jene, die diese Vorgänge wie auch den Kontakt mit der Umwelt regeln, als *Koordinations-* oder *Integrationsapparat* und die, die die Bewegung – besonders die Fortbewegung –, ermöglichen, als *Bewegungsapparat* zusammengefaßt werden. Die Arterhaltung gewährleisten allein die *Fortpflanzungszellen.* An ihrer Entwicklung, Aufbewahrung und Übertragung sind jedoch Körperzellen beteiligt. Zusammen bilden sie den *Fortpflanzungsapparat.*

Die meisten Organsysteme sind vollständig oder zu einem guten Teil ins Innere des Tierkörpers verlagert, und sie alle sind artspezifisch weitaus weniger unterschiedlich als seine äußere Erscheinungsform. Häufig sind sie innerhalb von Gattungen, Familien, Ordnungen verblüffend ähnlich gebaut.

Die Käfer als artenreichste Gruppe unter den Insekten sind in ihrer inneren Organisation geradezu eintönig gegenüber ihrer äußeren Mannigfaltigkeit. Ein Rückenwirbel der Maus auf die Maße eines entsprechenden Walwirbels gebracht, ist von diesem kaum zu unterscheiden.

Der Betriebsapparat

Verdauungssysteme

Bau- und Betriebsstoffe erhalten die Tiere aus ihrer *Nahrung,* Produkten, die in anderen Lebewesen hergestellt worden sind und in dieser Form nicht direkt in den eigenen Körper eingebaut werden können. Vielmehr müssen sie häufig mechanisch, in allen Fällen aber chemisch so weit zerkleinert werden, bis Moleküle vorliegen, aus denen die körpereigenen Stoffe gebildet werden können. So werden *Kohlenhydrate* in einfache Zucker (Monosaccharide), *Proteine* (Eiweißstoffe) in Polypeptide und schließlich in Aminosäuren und *Fette* (Lipide) über Di- und Monoglyceride in Glycerin und Fettsäuren gespalten. Um gezielt bestimmte chemische Bindungen der Nahrungssubstanzen zu lösen, haben die Tiere spezifisch wirkende Stoffe

Proteinspaltende Enzyme *(Proteinasen, Proteasen, proteolytische Enzyme),* zu denen z. B. aus dem Magensaft *Pepsin* und aus der Bauchspeicheldrüse *Trypsin* und *Chymotrypsin* gehören, spalten das Proteinmolekül in Polypeptide, die von Peptidasen, wie Carboxy- und Aminopeptidase, schließlich in Aminosäuren zerlegt werden. Im Gegensatz zu den Proteinasen greifen die Peptidasen auch endständige Aminosäuren an, Carboxypeptidase am Carboxyl-, Aminopeptidase am Aminoende der Polypeptidkette.

zur Verfügung, Katalysatoren, die man allgemein als *Enzyme* bezeichnet und die durch die Endung „ase" gekennzeichnet werden. Das sind in diesem Fall Hydrolasen, die unter Aufnahme und Spaltung von Wasser (Hydrolyse) Kohlenstoff-Sauerstoff- und Kohlenstoff-Stickstoff-Bindungen lösen. Jeder einzelne Vorgang des stufenweisen Abbaus eines Nahrungsbestandteils wird von einem anderen Enzym katalysiert. Die Gesamtheit der Enzym-Einwirkungen nennen wir *Verdauung.* Der Reaktionsraum, in dem sich das alles vollzieht, ist bei den Protozoen eine *Nahrungsvakuole,* bei den Vielzellern der *Verdauungstrakt* oder das *Gastral-* bzw. *Darmsystem.*

Bei den *Protozoen* werden die Enzyme im Bereich des rauhen endoplasmatischen Reticulums oder des Golgi-Apparats gebildet und als membranbegrenzte Bläschen, sog. *Lysosomen,* der Nahrungsvakuole einverleibt. Bei den Vielzellern werden die Enzyme von den großen Anhangsdrüsen des Verdauungstrakts *(Speichel-* und *Mitteldarmdrüsen),* von Drüsenzellen der Darm- oder Gastralwand sowie den in die Darmwand eingelagerten kleinen Drüsen bereitgestellt, bei einer Reihe von Tieren auch von *symbiontischen Mikroorganismen,* die häufig in besonderen Kammern des Wirtsdarms leben.

Die Nahrung nehmen die Protozoen durch Permeation und Endocytose auf. *Permeation* heißt, daß gelöste Stoffe die Zellmembran durchdringen. Ihre einfachste Form ist die *Diffusion,* durch die Stoffe passiv in die Zelle gelangen. In den meisten Fällen ist die Permeation jedoch ein energieabhängiger, also aktiver Vorgang, bei dem bestimmte Proteine als Trägersubstanzen *(Carrier)* wirksam sind. Diese Art der Stoffaufnahme ist offenbar nur bis zu einer noch nicht näher bekannten Molekülgröße möglich. Größere Nahrungspartikel werden durch *Endocytose,* d. h. durch Einstülpung der Zellmembran und Abschnürung der so gebildeten Nahrungsbläschen, ins Zellinnere ge-

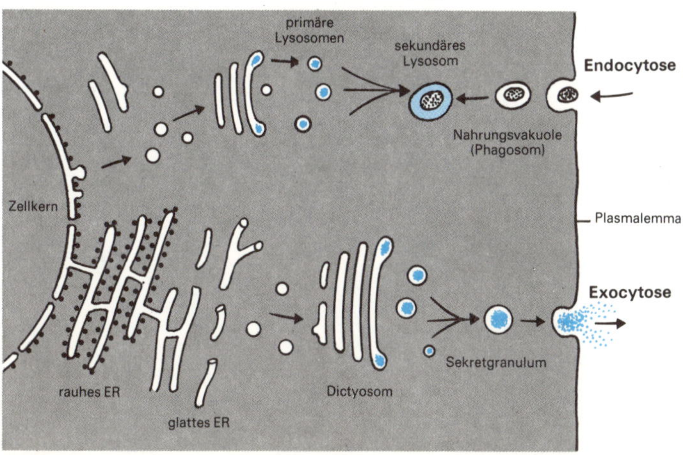

Die *Lipasen* sind Esterasen. Sie spalten die Esterbindungen zwischen Glycerin und Fettsäuren.

Endocytose – Exocytose

Bei den allgemein als *Endocytose* bezeichneten *Pino-* und *Phagocytose*-Vorgängen werden die an der Außenseite der Zelle angelagerten Stoffe vom Plasmalemma umhüllt und als dann membranbegrenzte Bläschen *(Nahrungsvakuolen, Phagosomen)* ins Zellinnere befördert. Die zum Abbau dieser Substanzen erforderlichen Enzyme werden in Form von ebenfalls membranumschlossenen Bläschen *(primäre Lysosomen)* von den *Dictyosomen* des Golgi-Apparats abgeschnürt und vereinigen sich mit den Phagosomen zu *sekundären Lysosomen.* Von den Golgi-Vesikeln lassen sich die Enzyme vielfach noch bis ins endoplasmatische Reticulum zurückverfolgen, wo ihre Synthese an den Ribosomen beginnt.

In dem zur Endocytose umgekehrten Vorgang, der *Exocytose,* werden die vom endoplasmatischen Reticulum und Golgi-Apparat aufgebauten Substanzen als Sekrete nach außen abgegeben.

Von *Cytopempsis* oder transzellulärer Passage spricht man, wenn an einer Seite der Zelle Stoffe in Vesikel eingeschlossen, durch die Zelle transportiert und an einer anderen Seite wieder entlassen werden.

Alle diese Erscheinungen zeigen, daß die Zellmembranen und damit auch die von ihnen gebildeten Kompartimente nicht stabile Bausteine sind, sondern die gesamte lebende Zelle einem ständigen *Membranfluß* (membrane flow, *H. S. Bennett,* 1956) unterworfen ist.

Die Ausbildung des Gebisses und der Kiefermechanik ver-
rät die Art der Nahrungsaufnahme und Nahrungszerkleine-
rung.

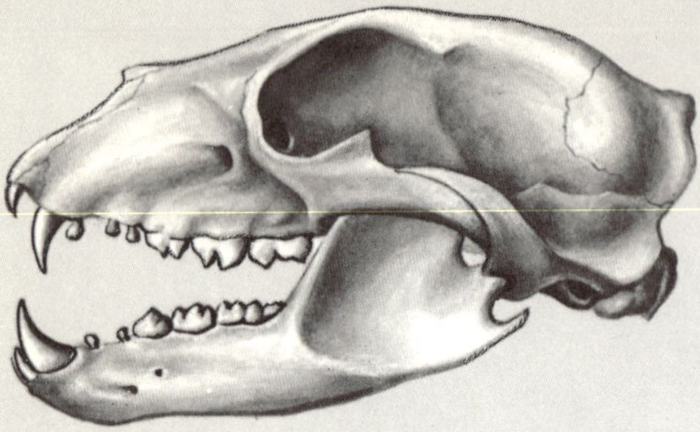

Schädel eines *Bären*, der als *Allesfresser* eine gleichmäßige Zahnabfolge unterschiedlicher funktioneller Zahntypen ausbildet.

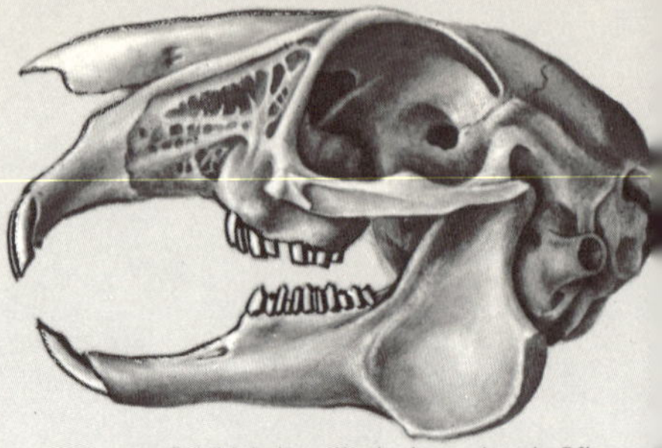

Schädel eines *Kaninchens*, das als *Pflanzen-fresser* seine Nahrung mit den Backenzäh-nen fein zerreibt.

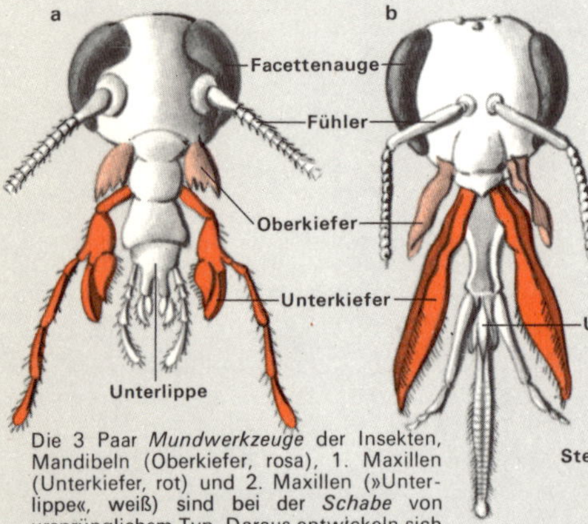

Die 3 Paar *Mundwerkzeuge* der Insekten, Mandibeln (Oberkiefer, rosa), 1. Maxillen (Unterkiefer, rot) und 2. Maxillen (»Unterlippe«, weiß) sind bei der *Schabe* von ursprünglichem Typ. Daraus entwickeln sich bei *Biene*, *Mücke* und *Schmetterling* durch Verschmelzung und Verlängerung spezialisierte Saugorgane.

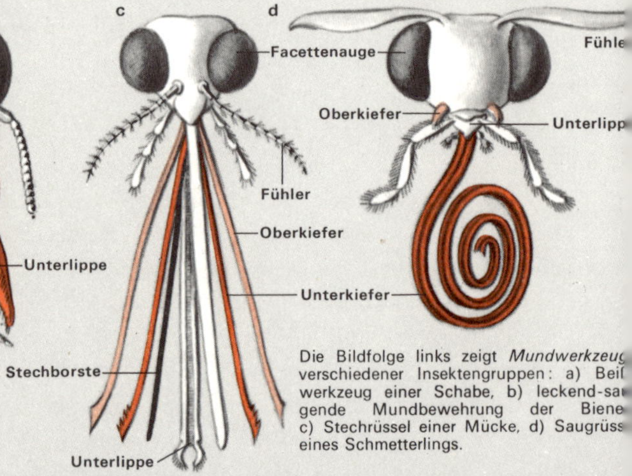

Die Bildfolge links zeigt *Mundwerkzeug* verschiedener Insektengruppen: a) Beiß-werkzeug einer Schabe, b) leckend-sa-gende Mundbewehrung der Biene c) Stechrüssel einer Mücke, d) Saugrüss eines Schmetterlings.

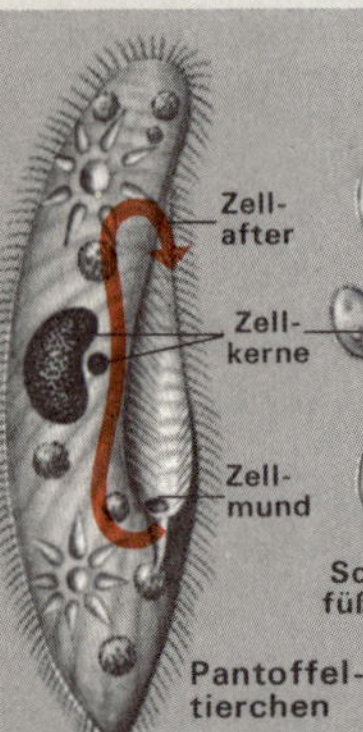

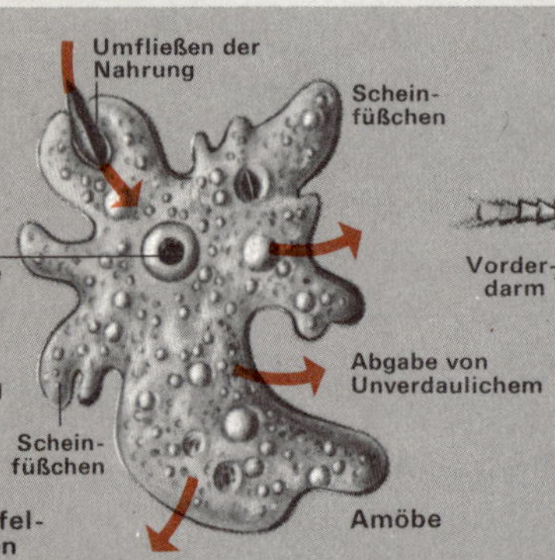

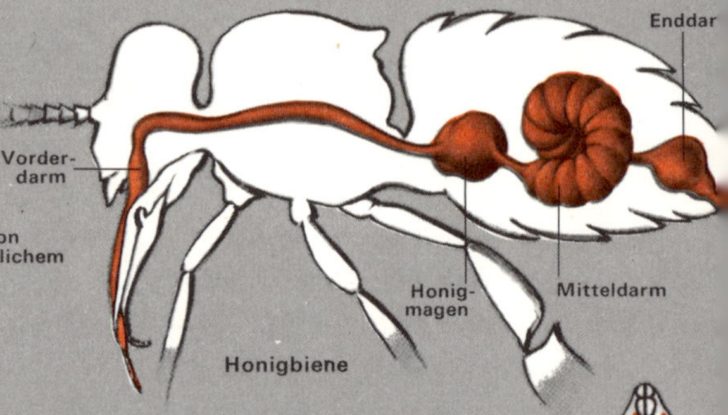

Beim einzelligen *Pantoffeltierchen* wird die Nahrung über den Zellmund in eine membranbegrenzte Vakuole (Phagocytose) aufgenommen, in der zunächst Enzyme des sauren, später des alkalischen Milieus den schrittweisen Abbau bewirken.
Die *Amöbe* kann praktisch an jeder Stelle ihres Körpers die Nahrung aufnehmen, indem die Scheinfüßchen die Teilchen umfließen.
Die Unterteilung der Därme von *Biene* und *Weinbergschnecke* in funktionell verschiedene Abschnitte, die mit besonderen Hilfseinrichtungen (Speicheldrüsen, Mitteldarmdrüse) ausgerüstet sind, ist morphologischer Ausdruck der zeitlichen Abfolge des Verdauungsvorgangs.
Beim *Großen Leberegel (Fasciola hepatica)*, dem ein Blutgefäßsystem fehlt, übernimmt der Darm neben der Verdauung und Resorption auch die Nährstoffverteilung (Gastrovaskularsystem).

Weinbergschnecke

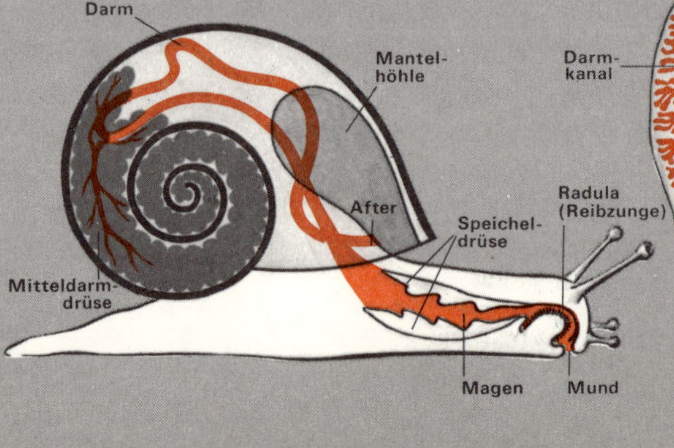

Leberegel

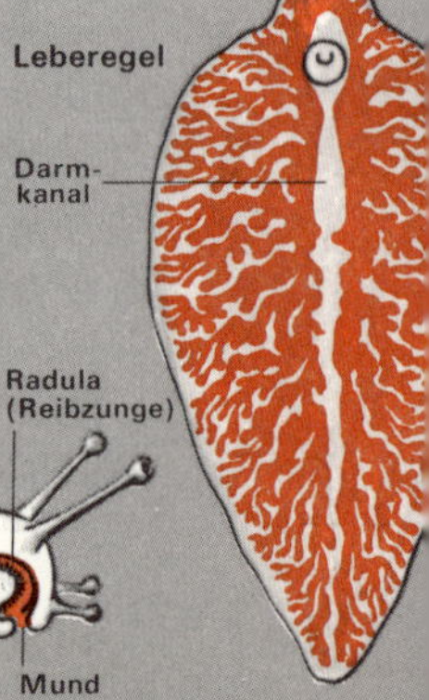

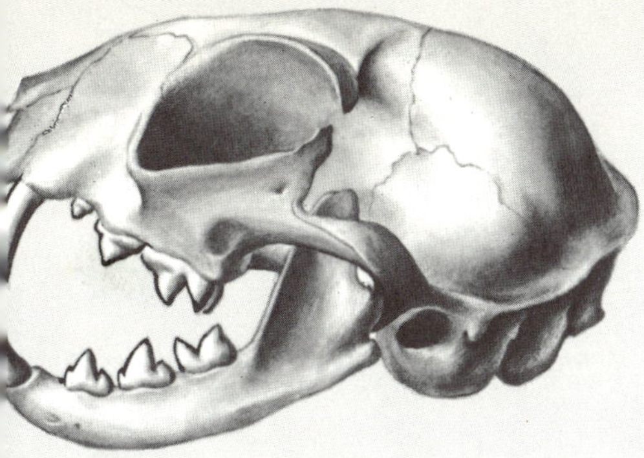

chädel einer *Katze*. Das *Raubtier* reißt
oße Stücke aus seiner Beute, die es un-
rkleinert schluckt.

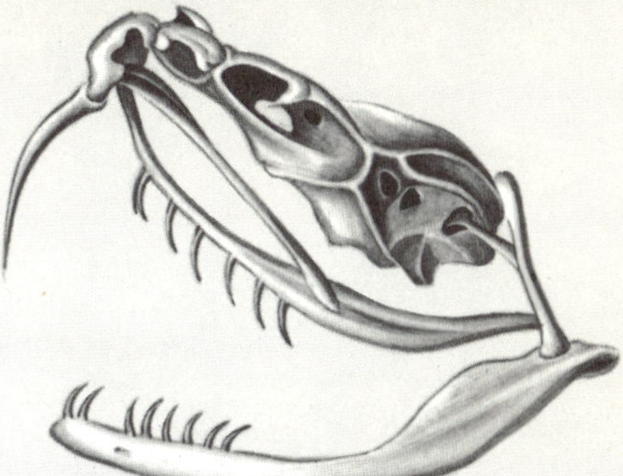

Schädel einer *Otter*. Das durch das Gift der beweglichen Giftzähne gelähmte Beutetier wird als Ganzes durch Schlingbewegungen in den Darm gewürgt.

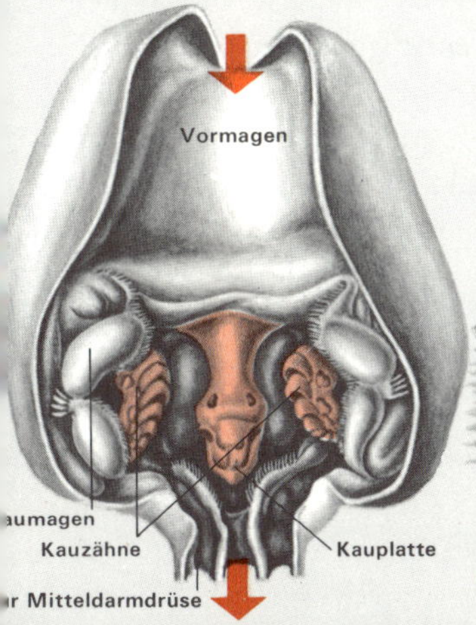

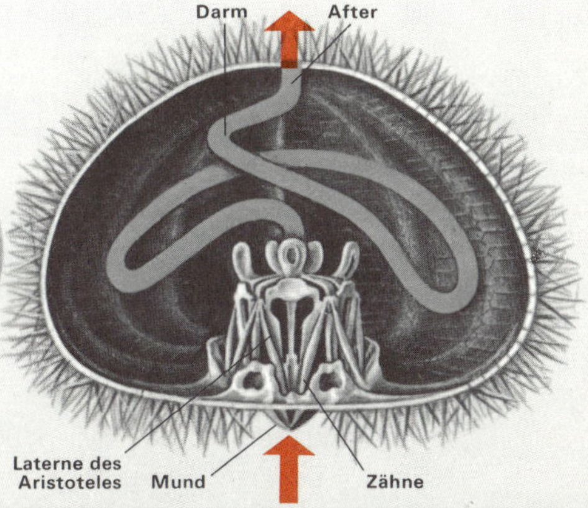

Im *Kaumagen* eines *Flußkrebses* (ganz links) wird die vorzerkleinerte Nahrung zerrieben und nach feineren und gröberen Teilchen sortiert. Die feineren Partikel werden Kanälen der *Mitteldarmdrüse* zugeführt. Dort findet der größte Teil der Resorption und eine umfangreiche intrazelluläre Verdauung statt.

Ein aus komplizierten Skeletteilen konstruierter *Raspelapparat* gestattet den *Seeigeln* (links), von unterseeischen Felsen Algen abzukratzen. Die Naturforscher der Renaissance nannten diese Mundbewehrung die *Laterne des Aristoteles*.

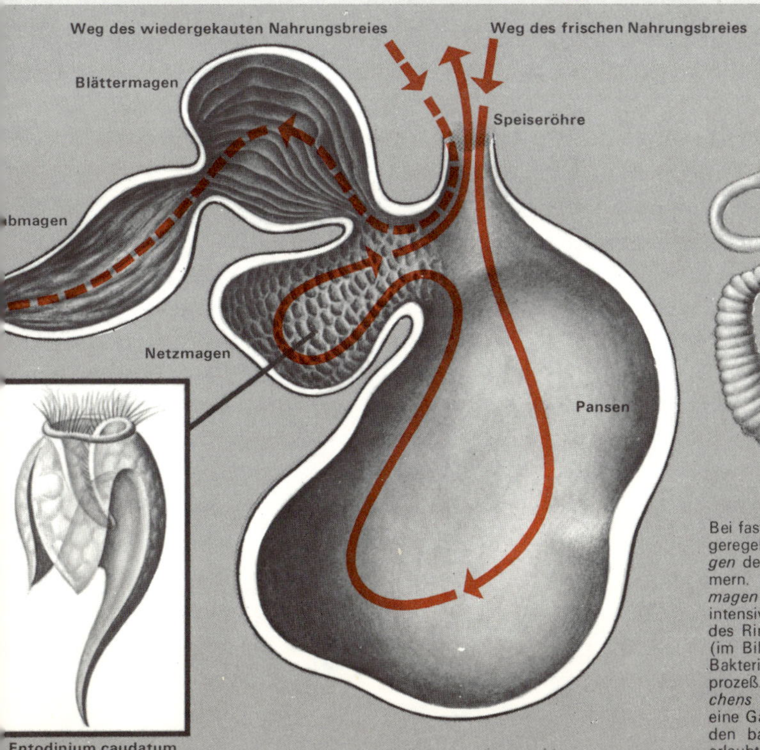

Entodinium caudatum aus dem Wiederkäuermagen

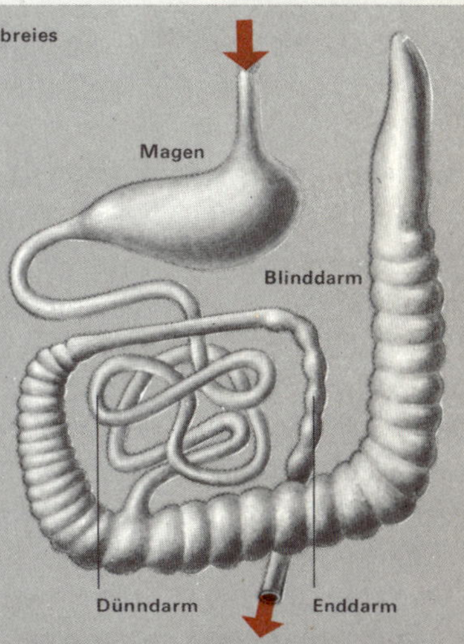

Bei fast allen Organismen wird die Nahrung geregelt transportiert und verdaut. Der *Magen* der *Wiederkäuer* enthält mehrere Kammern. Über *Pansen*, *Netzmagen*, *Blättermagen* und *Labmagen* gelangt die sehr intensiv aufbereitete Nahrung in den Darm des Rindes. Symbiontische *Wimpertierchen* (im Bild links: *Entodinium caudatum*) und Bakterien unterstützen den Verdauungsprozeß. Auffällig am Darmtrakt des *Kaninchens* (oben) ist der riesige Blinddarm, eine Gärkammer, die diesem Pflanzenfresser den bakteriellen Aufschluß von Cellulose erlaubt.

Bei den Vögeln, deren Kiefer zahnlos sind, wird die Nahrung in einem stark muskulösen Abschnitt des Magens zerkleinert. Dieser *Muskelmagen* arbeitet wie eine Mühle, in der auch noch die härtesten Brocken zerrieben werden. Körner- und Pflanzenfresser nehmen zusätzlich Steinchen als Mahlwerkzeuge in ihren Muskelmagen auf. Der Druck, der in einem solchen Magen entwickelt werden kann, ist beachtlich. Beim Huhn kann er 130–200 mbar, bei der Gans 350–370 mbar erreichen. *R.A.F. de Réaumur* hat 1752 gezeigt, daß ein Truthahn eine Metallröhre, die erst bei einem Druck von 36 kp/cm^2 (≈ 35 bar) bricht, in seinem Muskelmagen zermahlen kann. *Kaumägen* finden sich auch bei Rädertierchen, Krebsen, Insekten, Krokodilen.

bracht. Werden auf diese Weise größere Teilchen in gelöstem Zustand aufgenommen, spricht man von *Pinocytose* („Zelltrinken"). Die Aufnahme fester, geformter Nahrung wird dagegen als *Phagocytose* bezeichnet. Gleichgültig, ob die Nahrung über Pino- oder Phagocytose aufgenommen wird, sie gelangt in jedem Fall in eine Nahrungs- oder Verdauungsvakuole *(Phagosom),* in der sie aufgearbeitet wird.

Bei den *Metazoen* wird die Nahrung im allgemeinen mit Hilfe besonderer *Mundwerkzeuge, Kau-, Raspel-* oder *Schlundapparate* erworben und vielfach auch zerkleinert, mit dem *Mund* aufgenommen, durch die *Speiseröhre (Oesophagus)* weitergeleitet und in einem *Magen* gesammelt. Von hier aus gelangt sie zur weiteren Aufarbeitung in den eigentlichen *Darm.* Während ähnlich wie bei den Protozoen Schwämme, einige Hohltiere, Strudel- und Schnurwürmer, Rädertierchen und manche Weichtiere Nahrungsstoffe durch Pino- oder Phagocytose direkt in die Zellen ihres Gastral- bzw. Darmsystems aufnehmen und *intrazellulär* verdauen, geben alle höheren Tiere ihre Verdauungsenzyme in das Lumen des Darmtrakts und bauen die Nahrung *extrazellulär* ab.

Die Endprodukte dieses Prozesses sowie die in der Nahrung enthaltenen niedermolekularen Substanzen wie Vitamine und Mineralstoffe werden von den Darmzellen aufgenommen und an die *Blut-* bzw. *Gewebeflüssigkeit* weitergeleitet. Diesen Vorgang bezeichnet man als *Resorption.* Sie erfolgt passiv (durch Diffusion) und aktiv (durch Transportmechanismen). Ein *aktiver Transport* ist dann gegeben, wenn mit Hilfe von Energie Stoffe entgegen ihrem chemischen oder elektrochemischen Gefälle durch Membranen transportiert werden. Die einen solchen Transport bewirkenden Systeme liegen in den durch Mikrovilli in ihrer Oberfläche stark vergrößerten Zellmembranen des Darmepithels. In Einzelfällen können aber auch höhermolekulare Stoffe bis zu einer Größe von 0,1 μm durch *Cytopempsis* (vgl. S. 43) transportiert werden. Auf diesem Wege erhält z. B. der Säugling mit der Muttermilch artspezifische Antikörper der Mutter.

Orte der Verdauung sind der *Magen* und vor allem die vorderen Abschnitte des *Mitteldarms,* während die Resorption hauptsächlich im hinteren Mitteldarm-Abschnitt erfolgt. Der *Enddarm* dient der Rückgewinnung von Wasser, was vor allem für die Landtiere von größter Bedeutung ist. Dabei wird der unverdauliche Nahrungsrest eingedickt und als *Kot* nach außen abgegeben.

Bei den meisten Tieren wird im Mitteldarm ein besonderer Schleim abgeschieden, der die grobe Nahrung umhüllt und so das Darmepithel gegen Verletzungen schützt. Viele Gliedertiere und auch andere Wirbellose bilden statt dessen sog. *peritrophische Membranen* aus. Das sind meist gitter- oder netzartige Lamellen aus Proteinen und Kohlenhydraten, mit eingelagerten Chitinfibrillen. Wie ein weitmaschiger Korb umschließen sie die Nahrung, später auch den Kot und werden mit diesem ausgeschieden.

Stammesgeschichtlich wird der Verdauungstrakt als sackförmiger *Urdarm* angelegt (vgl. S. 17). Eine solch einfache Form des Darms findet sich bei den Polypen der Hydrozoen, etwa beim Süßwasserpolypen *Hydra.* Die Scyphozoen- und Anthozoenpolypen haben zwar durch Faltenbildungen die Darmoberfläche stark vergrößert, doch ist auch bei ihnen nur eine einzige Öffnung vorhanden, die die Nahrung aufnimmt und die unverdauten Reste abgibt. Einen ähnlichen *Sackdarm* haben auch die Strudel- und Saugwürmer. Bei den Schnur- und den Fadenwürmern tritt dann als wesentlicher Fortschritt zum ersten Mal im Tierreich ein *After* auf. Jetzt kann die Nahrung wie auf einem Fließband durch den Darm befördert werden und der physiologische Ablauf von Verdauung, Resorption und Abscheidung des Unverdaulichen als Einwegsystem auch örtlich und zeitlich hintereinander geschaltet werden.

Während bei den Fadenwürmern die Nahrung noch durch ein ständiges Nachpumpen und Nachstopfen vom muskulösen Schlund (Pharynx) her durch den Darm transportiert wird, entwickelt sich von den Ringelwürmern an aus den inneren Coelomwänden eine darmeigene Muskulatur, die durch *Peristaltik* (wellenförmig fortschreitende Kontraktionen) den Nahrungsbrei durch den Darm treibt. Ebenso wird im Lauf der Stammesgeschichte durch eine Vergrößerung der inneren Darmoberfläche bewirkt, daß immer mehr Nährstoffe gleichzeitig dem Körper zugeführt werden können. Das zeigt sich besonders schön in der Reihe der Wirbeltiere. Bei den Haien, Rochen und Lungenfischen wird eine solche *Oberflächenvergrößerung* durch eine in den Darm vorspringende Spiralfalte, bei den Vögeln durch mehrere feine Fältchen und bei den Säugern durch fingerartig nebeneinanderstehende *Darmzotten* erreicht.

Entsprechend seiner vielfältigen Aufgaben ist das Darmsystem bei den meisten Tieren erheblich länger als die Körperhöhle und muß daher in Form von Schlingen und Windungen in ihr untergebracht werden. Es ist, wie überhaupt jedes andere Organ, genau auf seine spezifischen Anforderungen hin konstruiert. Bei Kenntnis der Ernährungsweise, ob Fleischfresser *(Carnivor),* vielleicht sogar reiner Insektenfresser *(Insectivor),* ob Pflanzenfresser *(Herbivor)* oder Allesfresser *(Omnivor),* läßt sich der Bau des Verdauungstrakts, selbstverständlich in Grenzen, vorhersagen, wie man umgekehrt aus der Anatomie

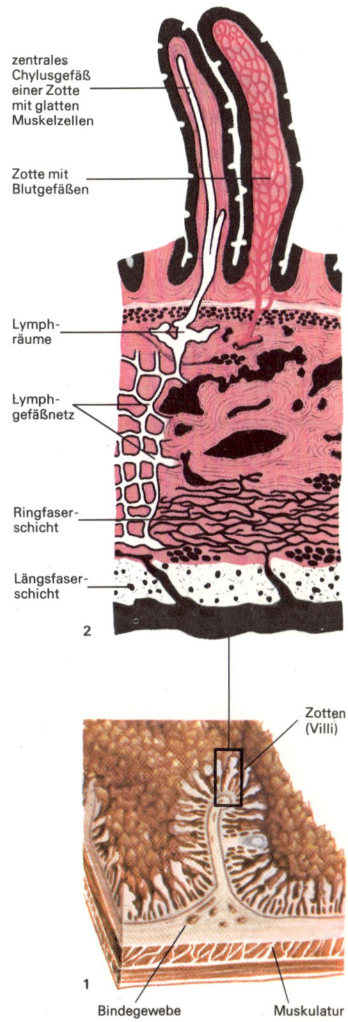

Dünndarmschleimhaut (1, im Querschnitt), 2 Blockdiagramm von Darmzotten.

Der menschliche Verdauungstrakt ist fast 9 m lang.

Häufiger als gemeinhin angenommen, wird im Tierreich Energie auch ohne Sauerstoff gewonnen, durch *Anaerobiose (Anoxibiose)*. Dabei wird Glykogen oder Glucose zu Lactat oder anderen Endprodukten abgebaut *(Glykolyse)*. Anaerobiose findet man bei Tieren, die sich zeitweise oder ständig in einem sauerstoffarmen oder -losen Lebensraum (Biotop) aufhalten, wie etwa Parasiten, Schlamm-, Erd- und Gezeitenbewohner *(biotopbedingte Anaerobiose)*. Aber selbst bei Sauerstoffatmern können dann, wenn die Sauerstoffversorgung nicht mehr ausreicht, einige Gewebe vorübergehend anaerob arbeiten. Das ist z. B. in Muskeln während extrem hoher Leistungen der Fall, beim Menschen etwa beim 100 m-Lauf oder ähnlichen Belastungen *(funktionsbedingte Anaerobiose)*. Das entstehende Lactat wird vorläufig abgelagert; sowie der Sauerstoffmangel behoben ist, wird es wieder in Glucose und Glykogen überführt.
Bis vor kurzem war man noch der Meinung, *Muskelkater* sei auf Lactatablagerungen im Muskelgewebe zurückzuführen. Es ist zwar richtig, daß nach starker körperlicher Belastung die Anhäufung von Salzen der Milchsäure in der Arbeitsmuskulatur sehr groß ist, die bisher vermuteten Zellschädigungen, insbesondere an den Mitochondrien, treten aber nicht auf. Nach neueren Anschauungen soll es sich beim Muskelkater um eine Mikrotraumatisierung des die Muskelfasern umschließenden Bindegewebes handeln. Hierfür sprechen die hohen Konzentrationen der Aminosäuren Prolin und Hydroxyprolin, die bei Muskelkater im Blut nachweisbar sind und auf eine gesteigerte Umsatzrate im Bindegewebe deuten.

Als *innere Atmung* bezeichnet man die *Zellatmung*, d. h. die von einem in den Mitochondrien lokalisierten System verschiedener Enzyme (Atmungskette) gesteuerten Stoffwechselvorgänge, die der Energiegewinnung in der Zelle dienen. Entsprechend des unterschiedlichen Energiebedarfs ist die innere Atmung je nach Zelltyp verschieden.

des Darms auf die Ernährungsweise schließen kann. Funktionell sind hier auch Mundwerkzeuge, Gebiß, Kau- und Raspelapparate mit einzubeziehen (vgl. Abb. S. 44–45). Die Darmlänge und damit auch die Verdauungszeit geben deutlich Auskunft über Nährstoffreichtum und Aufschließbarkeit der Nahrung. Wie oben erwähnt, haben Pflanzenfresser stets einen längeren Darm als Fleischfresser. Einen besonders umfangreichen Verdauungstrakt haben die Mistkäfer, die von nährstoffarmem Kot von Säugern leben. Der Darm des *Scarabaeus* ist um das 13fache länger als das ganze Tier.

Atmungssysteme

Die Energie gewinnt das Tier im Normalfall durch *biologische Oxidation*, d. h. durch „Verbrennung" der aufgenommenen Nahrung mittels Sauerstoff. So muß dem Körper laufend *Sauerstoff* (O_2) zugeführt und das bei der Energieproduktion ständig anfallende *Kohlendioxid* (CO_2) abtransportiert werden. Dieser stete Gaswechsel heißt *Atmung*, strenggenommen äußere Atmung, und wird im allgemeinen von besonderen *Atmungsorganen* besorgt. Sie nehmen den Sauerstoff aus dem umgebenden Milieu – bei Wassertieren entsprechend aus dem Wasser, bei Landtieren aus der Luft – auf und leiten ihn direkt oder über die Körperflüssigkeiten an die Verbrauchsorte weiter. Umgekehrt gelangt in gleicher Weise ein großer Teil des in den Zellen freiwerdenden Kohlendioxids wieder nach außen. Dabei handelt es sich in beiden Fällen um rein physikalische Vorgänge, um *Diffusion*, die man als *Permeation* bezeichnet, weil die Stoffe (O_2 und CO_2) Membranen durchdringen müssen. Da aufgrund ihrer Wärmebewegung die Moleküle eines Gases vom Ort des höheren zu dem des niedrigeren Drucks diffundieren, kann der Sauerstoff überall dort in das Tier eindringen und das Kohlendioxid dort entweichen, wo ein entsprechendes Konzentrationsgefälle herrscht. Durch ständige Erneuerung des Außenmediums (Wasser, Luft) mit Hilfe von Atembewegungen *(Ventilation)* wie durch einen ständigen Abtransport des Sauerstoffs, meist durch die Strömung der Körperflüssigkeit im Innern *(Zirkulation)*, wird das Gefälle und damit die Diffusion aufrechterhalten. Bei Wasseratmern muß das Ventilationsvolumen wesentlich größer sein als bei Luftatmern; denn aus dem Wasser kann nur der gelöste, nicht aber der chemisch gebundene Sauerstoff aufgenommen werden, und dessen Konzentration ist geringer als 1 %.

HAUT. Diffusion oder Gasaustausch kann überall dort stattfinden, wo die Grenzflächen entsprechend durchlässig sind. So können die *Einzeller* allseits über die *Zellmembran* und die *Vielzeller* über die *Haut* atmen. Bei Formen, in denen nur kurze Diffusionsstrecken zu überwinden sind, wie bei Schwämmen, Hohltieren, Würmern, einigen Nackt- und Gehäuseschnecken, niederen Krebsen, Milben und Mückenlarven, kann sogar die Haut allein alle Gewebe ausreichend versorgen. Selbst bei den Wirbeltieren erfolgt noch ein Teil der Atmung über die Haut. Beim Menschen werden immerhin noch 1,5 % des Sauerstoffs über die Haut aufgenommen und 2,7 % des Kohlendioxids durch sie abgegeben.

Kiemen, Tracheen, Lungen. Da jedoch mit wachsender Körpergröße die sauerstoffaufnehmende Oberfläche im Verhältnis zum sauerstoffverbrauchenden Volumen immer kleiner wird und zudem viele Tiere eine feste und damit in der Regel weniger durchlässige Körperdecke benötigen, sind die meisten Metazoen auf besondere Atmungsorgane angewiesen. Dem Gaswechsel dienende Organflächen aber müssen groß und dünnhäutig, meist auch gut durchblutet und vor allem feucht sein – feucht, damit sich der Sauerstoff lösen kann, denn nur gelöster Sauerstoff kann Membranen durchdringen. Diese Bedingungen werden am besten von den Haut- und Darmepithelien erfüllt; entsprechend sind die *Atmungsorgane* auf den Gasaustausch spezialisierte Haut- und Darmbildungen, bei den Wassertieren im allgemeinen Ausstülpungen, bei den Landtieren Einstülpungen.

Die Atmungsorgane der Wassertiere sind im Normalfall *Kiemen.* Bei Ringelwürmern, einigen Weichtieren, den meisten Krebsen und den Larven der Amphibien sind das zarte Hautduplikaturen, häufig fein verästelte oder vielblättrige Anhangsgebilde. Bei anderen erfordert die leichte Verletzbarkeit der empfindlichen Kiemen einen gewissen Schutz, so daß sie bei den meisten Weichtieren und den höheren Krebsen in Atemhöhlen eingeschlossen sind. Bei den Fischen werden sie an den sog. *Kiemenspalten* des Vorderdarms *(Kiemendarm)* angelegt, der ursprünglich (Manteltiere, vgl. S. 134; Lanzettfischchen, Abb. S. 133) als Nahrungsfilter diente und erst sekundär Atmungsfunktion übernahm.

Die *Ventilation* wird bei Muscheln und Schnecken durch den Schlag von Wimpern (Cilien) auf Kiemen und innerer Mantelfläche bewirkt, bei Ringelwürmern und niederen Krebsen durch Lokomotionsbewegungen – hier sitzen die Kiemen an den Fortbewegungsorganen – und bei den Knochen- und Knorpelfischen durch einen Druck- und Saugmechanismus der Mundhöhle.

Voll ins Innere verlagert sind die Luftatmungsorgane der Land-

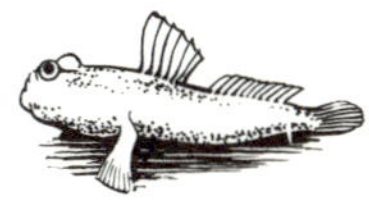

Als *Hautatmung* kann auch der Gaswechsel angesehen werden, der im Enddarm einiger *Oligochaeten* (Wenigborster) aus den Familien *Naididae, Tubificidae* und *Enchytraeidae* und in der Mund- und Rachenhöhle der Amphibien und Schlammspringer (Abb.) stattfindet. Schlammspringer sind tropische Fische aus den Schlickzonen der Küstengebiete, die bei Ebbe atmosphärischen Sauerstoff atmen.

Kiemen

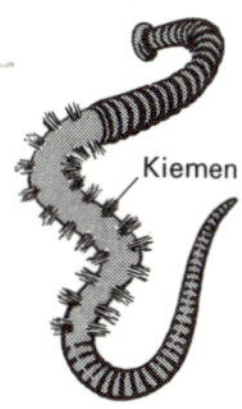

Wattwurm *(Arenicola marina)*

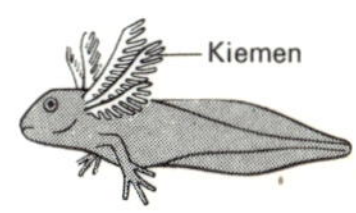

Molchlarve

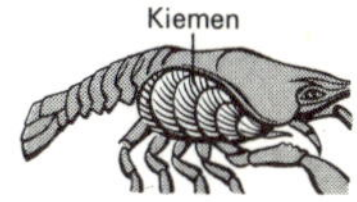

Flußkrebs *(Astacus fluviatilis)* (rechter Teil des Kopfbruststücks entfernt)

Tintenfisch

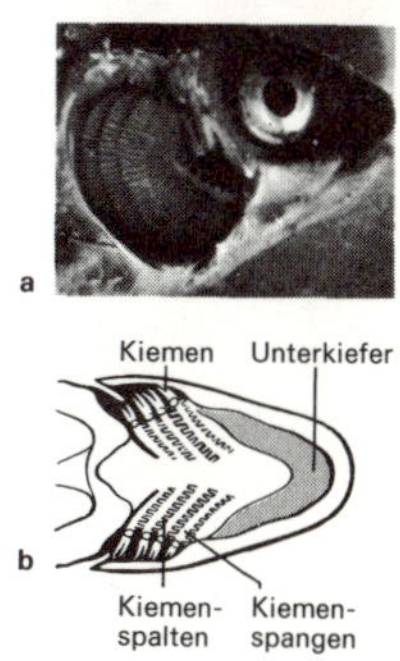

Rotauge *(Rutilus rutilus)*
a von der Seite, Kiemendeckel entfernt; **b** Mundhöhle von oben, Hirnschädel entfernt

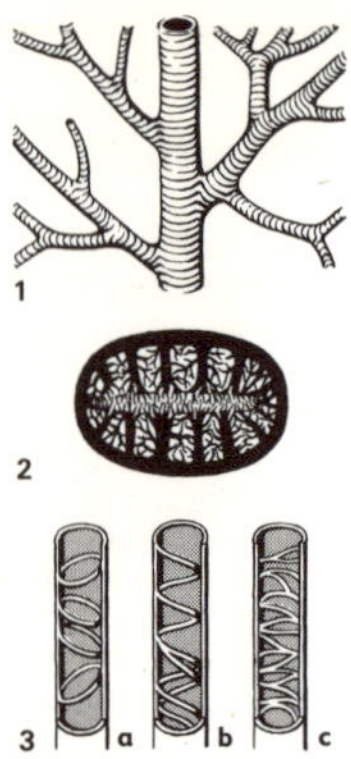

1 Tracheenstamm mit Abzweigungen, **2** Stigma, **3** Tracheenäste mit Wandversteifungen; **a** Ring-, **b** Schrauben-, **c** Netztrachee

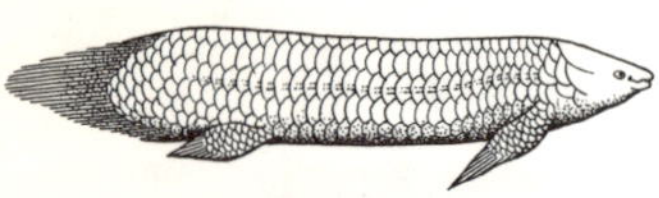

Neoceratodus forsteri

Wissenschaftlich werden die Lungenfische *Dipnoi* genannt, d. h. „Doppelatmer". Der ca. 90 cm lange *Neoceratodus* hat eine unpaare Lunge, die ihm dann, wenn die zurückgehenden Flüsse nicht mehr genug Sauerstoff für eine Kiemenatmung enthalten, Luftsauerstoff zuführt. Wesentlich besser an sauerstoffarme Bedingungen sind *Protopterus* und *Lepidosiren* angepaßt. Sie haben eine paarige Lunge, die ihnen einen Sommerschlaf während der Trockenperiode ermöglicht. Dabei graben sie sich außerhalb der Gewässer in Schlammkapseln ein und sind dann reine Lungenatmer.

und einiger Süßwasserbewohner. Freie Atmungsorgane würden aufgrund ihrer Dünnhäutigkeit an der Luft sofort austrocknen; in Körperhöhlen aber läßt sich eine relativ hohe Feuchtigkeit erhalten, was vielfach durch Schleimabsonderungen unterstützt wird.

Einstülpungen des Integuments sind die *Tracheen* der Stummelfüßer, Tausendfüßer, Insekten und vieler Spinnentiere. Sie beginnen in durch Reusen vor Staub und Fremdkörpern geschützten oder auch durch Muskeln verschließbaren Körperöffnungen *(Stigmen)* und durchziehen als Röhrensystem mit vielfältigen Verzweigungen den gesamten Körper. Die Röhren sind zwar äußerst fein, aber durch Ringe und Spiralen ähnlich versteift, wie wir es von Schläuchen aus der Technik kennen. Zur Ventilation werden die Tracheen durch die normalen Körperbewegungen, bei Formen mit intensivem Stoffwechsel, etwa Bienen, durch rhythmische Hinterleibskontraktionen oder beim Fliegen durch die Tätigkeit der Flugmuskulatur zusammengedrückt und durch ihre eigene Elastizität wieder ausgeweitet. Die Einatmung erfolgt also passiv, die Ausatmung aktiv.

Alle Land- und einige Süßwasserschnecken, die Landformen der Zehnfußkrebse, zeitweilig auch die Lungenfische sowie alle Wirbeltiere von den Amphibien bis zu den Säugern atmen durch *Lungen.* Das sind oberflächenreiche innere Aussackungen, an deren Wänden sich der Gasaustausch zwischen Luft und Blut vollzieht. Bei den Schnecken und Krebsen wurde der Übergang zum Landleben ermöglicht, indem die Wände der Atemhöhlen den Gaswechsel übernahmen und sich so zu Lungen ausbildeten, während die Kiemen schrittweise reduziert wurden. Als Folge einer ökologisch ähnlichen Situation sind auch die *Lungen der Wirbeltiere* zu deuten. Sie sind als Abkömmlinge des Kiemendarms bei Fischen entstanden, als diese in sauerstoffarmem Wasser neben der Kiemenatmung auf eine zusätzliche Nutzung von Luftsauerstoff angewiesen waren. Man stellt sich vor, daß der Sauerstoff, ähnlich wie wir es an jedem in Atemnot geratenen Aquarienfisch beobachten können, durch „Luftschnappen" an der Wasseroberfläche aufgenommen wurde. Die geschluckte Luft sammelte sich in den hinteren Kiementaschen, die, wie entwicklungsgeschichtliche Untersuchungen zeigen, ihre Kiemenspalten verloren hatten und deren Epithel sich der Luftatmung anpaßte.

Solche *„Fischlungen"* finden wir bei den heute noch lebenden drei Gattungen *Neoceratodus* (Australien), *Protopterus* (Afrika) und *Lepidosiren* (Südamerika) unter den Lungenfischen und beim Schlammfisch *(Amia)* und den Flösselhechten *Polypterus* und *Calamoichthys* unter den Strahlenflossern. Auch wenn weder die Lungenfische noch die Strahlenflosser die Ahnen der

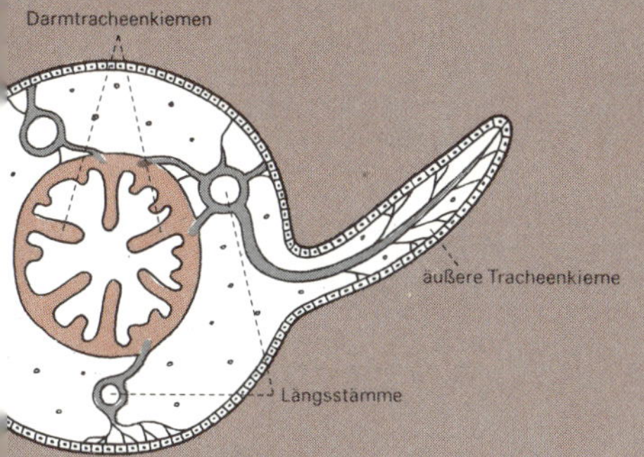

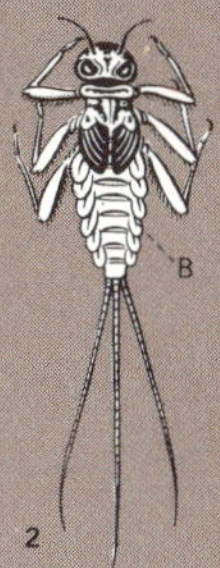

Tracheenkiemen. Die *inneren Tracheenkiemen* (Darmkiemen) der Libellenlarven sind zusammen mit einer *äußeren Tracheenkieme* einer Eintagsfliegenlarve kombiniert (**1**). Die äußere Tracheenkieme entspricht einem Kiemenblättchen (B) am Hinterleib der in (**2**) abgebildeten Eintagsfliegenlarve.

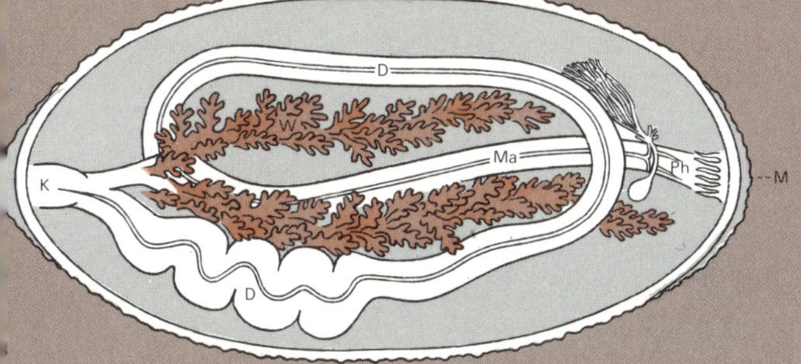

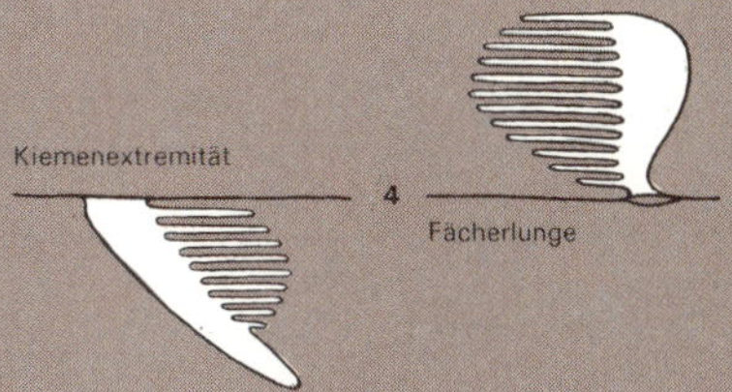

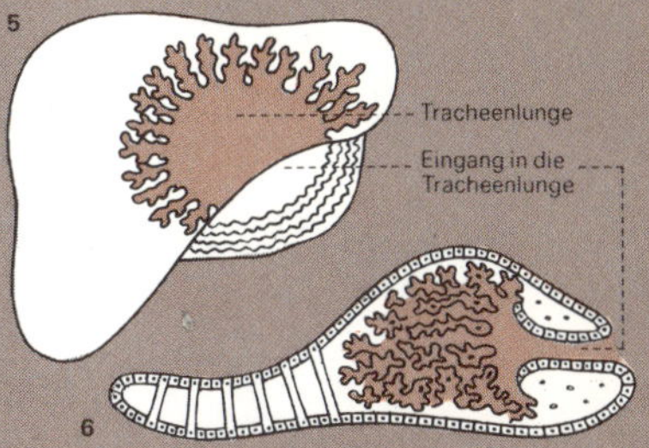

3 *Wasserlungen* (W) einer Seewalze (M = Mund, Ph = Pharynx, Ma = Magen, D = Darm, K = Kloake). **4** Ableitung der *Fächerlunge* aus kiementragender Extremität bei Spinnen. **5, 6** *Tracheenlunge* in einer Hinterleibsextremität bei Kellerasseln. **6** Querschnitt durch **5**.

ei wasserbewohnenden Insektenlarven sind Kiemen und Traheen zu sog. Tracheenkiemen vereinigt. Das sind bei Larven von öcher-, Stein- und Eintagsfliegen schlauch- oder blattförmige nhänge an Hinterleib oder Beinen *(äußere Tracheenkiemen)* oder ei Libellenlarven Einfaltungen der Wand des Enddarms *(innere racheenkiemen* = Darm- oder Rectalkiemen). In jedem Fall sind e von einem dichten Tracheennetz durchzogen (**1** und **2**). ildungen des Enddarms sind auch die Wasserlungen der Seeurken oder Seewalzen unter den Stachelhäutern. Sie entspringen Form zweier außerordentlich stark aufgefächerter Schläuche an er Kloake (**3**). Während des Atmungsvorgangs ist die Mündung es Darms in die Kloake geschlossen. Das Wasser wird in die loake eingelassen, indem sich der After öffnet und der Lungenngang schließt. Durch die Kontraktion von Ringmuskulatur wird ie Kloake voll Wasser gesaugt, das dann, nachdem sich der After eschlossen hat, in die Lungen hineingepreßt wird. Bei der Ausmung verengen sich die Wasserlungen und treiben so das Wasser in die sich dadurch erweiternde Kloake. Der Lungeneingang schließt sich, und das Wasser wird ausgestoßen.

Bei den Spinnentieren haben sich auf dem Weg vom Wasser- zum Landleben die Kiemen direkt zu Luftatmungsorganen, *Kiemenlungen (Fächerlungen, Fächertracheen)*, umgebildet, indem die Abdominalbeine mit den Kiemen in den Körper eingezogen wurden. Dabei blieben die Kiemenlamellen voll erhalten, ihre Zwischenräume wurden zu Luftschächten. Ursprüngliche Formen wie die Skorpione haben 4 Paar, die echten Spinnen dagegen nur noch 2 oder 1 Paar Fächerlungen. Daneben kommen bei den Spinnen die üblichen Röhrentracheen vor, die entweder aus den Fächerlungen hervorgegangen oder aber Neubildungen sind (**4**).

Als *Tracheenlungen* werden die Atemorgane der Landasseln bezeichnet. Durch tiefe Einstülpungen an den Hinterleibsextremitäten ist ein Luftsack entstanden, von dem aus verästelte und blind endende Röhren in den bluterfüllten Binnenraum der Extremität ziehen (**5** und **6**).

Amphibien sind – die Amphibien stammen von den *Rhipidistia* der *Quastenflosser*, die wahrscheinlich ebenfalls Lungen besaßen, ab –, so haben ihre Fischlungen doch Modellcharakter, indem sie uns veranschaulichen, wie sich aus Luftsäcken am Vorderdarm einerseits die Schwimmblase der Fische und andererseits die Lunge der Landwirbeltiere entwickelte (S. 52).

Die Zunahme an Differenzierung innerhalb der Reihe der Vierfüßer (Tetrapoda) bedingt eine entsprechende Steigerung des Stoffwechsels. Dies wiederum erklärt, warum von den Amphi-

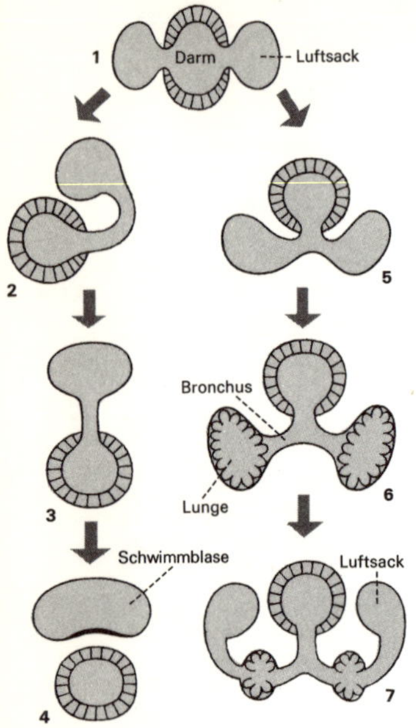

Stammesgeschichtliche Ableitung von *Schwimmblase* (links) und *Lunge* (rechts) aus seitlichen Ausstülpungen des Vorderdarms, die zu Luftsäcken geworden waren (**1**). Nur der rechte Luftsack wird zur Schwimmblase, der linke reduziert (**2**). Die dorsad, über den Darm verlagerte Schwimmblase bleibt bei einem Teil der Fische (Karpfen, Hecht, Forelle, Hering) zeitlebens durch einen Gang *(Ductus pneumaticus)* mit dem Darm verbunden (**3**). Bei anderen (Flußbarsch, Stichling, Dorsch, Seepferdchen) wird der Gang zurückgebildet und die Schwimmblase dadurch zu einem geschlossenen Sack, in dem ein gasbildendes Epithel entsteht (**4**). Die Lungen werden ventrad verlagert (**5**) und bleiben über einen unpaaren Gang, die *Luftröhre* (Trachea), mit dem Vorderdarm verbunden (**6**). Die Luftröhre geht in die beiden Hauptlungenäste *(Bronchien)* über. Bei den Vögeln werden den Lungen Luftsäcke angegliedert (**7**).

bien bis zu den Säugern die Innenauskleidung der Lungen durch Leisten, Kammern, Bläschen (Alveolen) deutlich an Oberfläche zunimmt. Beim Menschen umfaßt die gesamte Atmungsfläche der Lungen 80–100 m^2.

Im Gegensatz zu den Insekten (vgl. S. 50) atmen die Wirbeltiere aktiv ein und passiv aus. Die Atembewegungen werden bei den Lungenfischen und Amphibien von der Mundhöhle durch Schlucken *(Druckpumpenwirkung)*, bei den Reptilien, Vögeln und Säugern durch Erweiterung des Brustraums *(Saugpumpenwirkung)* erzeugt.

Die zweifellos leistungsfähigsten Atemorgane besitzen die *Vögel.* An das komplizierte System der Bronchialäste in den paarigen Lungen sind große *Luftsäcke* angeschlossen, die sich zwischen den Organen ausdehnen und auch in einige hohle Röhrenknochen eindringen *(Pneumatisierung der Knochen).* Die Luft wird von vorn nach hinten durch die Lunge gepumpt und strömt in die Luftsäcke. Beim Ausatmen arbeiten diese Säcke als Blasebälge und treiben die Luft ein zweites Mal durch die Lungen, jetzt von hinten nach vorn. Dadurch wird bei den Vögeln die Atemluft fast doppelt so stark ausgenutzt wie die des Menschen und so der erhöhte Sauerstoffbedarf beim Fliegen sichergestellt. Außerdem verringern die Luftreservoire das spezifische Gewicht des Vogels; das gesamte Luftsystem nimmt etwa 15 % des Körpervolumens eines Vogels ein.

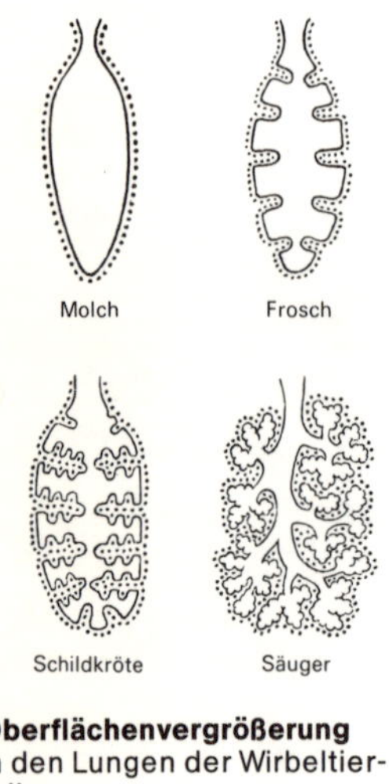

Oberflächenvergrößerung in den Lungen der Wirbeltierreihe

Verteiler- oder Transportsysteme

Gastrovaskularsysteme. Bei den Einzellern sind die Orte von Aufnahme, Herstellung und Verbrauch der Nährstoffe kaum voneinander getrennt. Zum Stofftransport genügen Diffusion und Plasmaströmung. Bei den Vielzellern werden von den einfachen Hydrozoen bis zu den Wirbeltieren infolge der zunehmenden Arbeitsteilung diese Vorgänge räumlich immer weiter voneinander entfernt. Bei Süßwasserpolypen können die von der inneren Zellschicht, der Gastrodermis, erarbeiteten Nährstoffe unmittelbar durch die Stützlamelle in die äußere Epidermis gelangen. Bei den ihnen nächstverwandten Quallen ist das schon nicht mehr möglich; die beiden Zellagen sind durch eine dicke Gallertschicht getrennt. Die Verteilung der Stoffe wird dadurch erreicht, daß der Magen oder Gastralraum zu einem Röhrenleitungssystem erweitert ist, das den gesamten glockenförmigen Körper durchzieht. Die Zellen dieser Kanäle tragen Cilien, durch deren Schlag die Nährstoffe durch das gesamte System getrieben werden. Ein ähnliches *Gastrovaskularsystem* durch stärkste Verzweigung der Darms wird auch bei einigen Plattwürmern (vgl. S. 107) ausgebildet.

Blutgefässsysteme. Alle höheren Tiere haben die Transportprobleme dadurch gelöst, daß sie zwischen dem Darm und der Körperdecke einen flüssigkeitserfüllten Hohlraum ausbilden, die sog. *primäre Leibeshöhle.* In diese treten die Nährstoffe durch die Darmwand ein und werden in ihr weitergeleitet. Die primäre Leibeshöhle ist zunächst recht weiträumig; im Laufe der Stammesgeschichte wird sie immer mehr verkleinert, indem sich Bildungen der inneren wie auch der äußeren Körperschicht in sie hineinverlagern. Besonders durch die von der inneren Schicht aufgebaute *sekundäre Leibeshöhle (Coelom)* und deren Abkömmlinge wird sie so verengt, daß schließlich nur noch röhren- oder kanalartige Anteile übrigbleiben, die man als *Blutgefäße* bezeichnet. Sind alle diese Kanäle direkt miteinander verbunden, sprechen wir von einem *geschlossenen Blutgefäßsystem* (Ringelwürmer, Wirbeltiere). Die Körperflüssigkeit ist dann in das auf die Gefäße beschränkte *Blut* und die die Interzellularräume und Gewebslücken erfüllende *interstitielle Flüssigkeit* getrennt. Sind dagegen nur in bestimmten Körperregionen Gefäße ausgebildet, die in offener Verbindung mit den interzellulären Flüssigkeitsräumen (Lakunen) der anderen Regionen stehen, dann liegt ein *offenes Blutgefäßsystem* vor, und die Transportflüssigkeit wird als *Hämolymphe* bezeichnet (Gliederfüßer, Weichtiere, Manteltiere).

Gegenüber dem Gastrovaskularsystem hat ein *Blutgefäßsystem* den Vorteil, daß nun nicht mehr der gesamte Nahrungsbrei befördert werden muß, sondern nur die an bestimmte Stellen zu liefernden Substanzen. Das ist weniger aufwendig, kann schneller geschehen, und außerdem können größere Strecken bewältigt werden. Ein solches Verteilersystem war Voraussetzung zur Entwicklung von Tierformen mit größerem Körpervolumen, zumal es sich eignete, neben dem Transport von Nähr- und Schlackenstoffen noch weitere Aufgaben, wie Hormon- und Wärmetransport, Abwehrfunktion und Homöostase (Aufrechterhaltung relativ konstanter Bedingungen im Körper), zu übernehmen. Die größte Bedeutung kommt, mit Aus-

Blut

Das Blut der Wirbeltiere macht etwa 5–10 % des Körpergewichts aus – ein 70 kg schwerer Mensch hat 5–6 Liter Blut. Es besteht zu ca. 55 Vol. % aus dem flüssigen *Blutplasma* und 45 Vol. % aus *festen Bestandteilen.*

Blutplasma

Wasser	90 %
Proteine (Globuline, Albumine)	7–8 %
Lipide	0,5–0,8 %
Glucose	0,1 %
NaCl	0,6 %

Feste Bestandteile

Rote Blutkörperchen *(Erythrocyten)* 5–20 Mill./mm³

Weiße Blutkörperchen *(Leukocyten)* 5000–9000/mm³

Blutplättchen *(Thrombocyten)* 500–20000/mm³

Während die *Erythrocyten* als Sauerstoffträger an die Blutgefäße gebunden sind, können die *Leukocyten* diese verlassen und im Sinne ihrer Aufgabe, Fremd- und Abbaustoffe zu beseitigen, in die Gewebe eindringen. Nach Bau und Herkunft unterscheidet man bei ihnen *Granulo-, Lympho- und Monocyten.* Die besonders großen (14–22 μm) Monocyten, die hauptsächlich umfangreichere Fremdkörper vernichten, werden *Makrophagen* genannt. Die *Thrombocyten* sind keine echten Zellen, sondern Bruchstücke von Riesenzellen des Knochenmarks und dienen der Blutgerinnung.

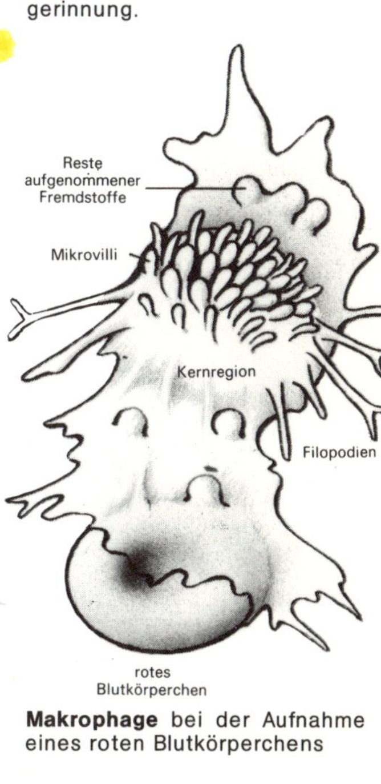

Makrophage bei der Aufnahme eines roten Blutkörperchens

Atmungspigmente

Da *Sauerstoff* nur schwer wasserlöslich ist und so von der Körperflüssigkeit nur geringfügig befördert wird, bedarf es besonderer Transportmittel, sog. *Atmungspigmente,* die ihn chemisch locker binden, ihn in dieser Form an die Verbrauchsorte bringen und ihn dort abgeben. Das häufigste Atmungspigment ist das *Hämoglobin,* ein roter Farbstoff, der, soweit er bei Wirbellosen vorkommt, im Blutplasma gelöst ist, bei den Wirbeltieren dagegen in den roten Blutkörperchen liegt. Das Hämoglobin (Abb. rechts) besteht aus dem Porphyrin *Häm,* das über ein komplex gebundenes zweiwertiges Eisenatom (Fe^{2+}) mit einem Protein (Globin) verknüpft ist. Das *Globin,* das allein 96% der relativen Molekülmasse (Molekulargewicht) einnimmt, ist über 2 Histidinreste an das zentrale Eisenatom gebunden. Ist die Sauerstoffkonzentration hoch, dann belädt sich das Hämoglobin mit Sauerstoff, indem einer der beiden Histidinreste durch ein Sauerstoffmolekül (O_2) ersetzt wird.
Das Häm ist bei allen Tieren gleich, das Globin dagegen von Art zu Art, ja manchmal sogar von Individuum zu Individuum verschieden. Neben dem Hämoglobin sind 3 weitere Blutfarbstoffe im Tierreich bekannt: *Chlorocruorin, Hämocyanin, Hämerythrin.*
Das Blut dient auch dem Abtransport des *Kohlendioxids* (CO_2), das zum geringeren Teil direkt im Blutplasma, zum größeren Teil jedoch in den Erythrocyten mit Hilfe des Enzyms Carboanhydrase in Kohlensäure überführt wird. Die Kohlensäure aber zerfällt sehr schnell in Hydrogencarbonat- (HCO_3^-) und Wasserstoffionen (H^+). Die H^+-Ionen reagieren mit dem sauerstofffreien Hämoglobin, werden, sowie dieses sich in der Lunge mit Sauerstoff belädt, wieder frei und verbinden sich mit den HCO_3^--Ionen unter Bildung von H_2O und CO_2, das nunmehr ausgeatmet wird.

Arterien, Venen, Kapillaren

Alle Gefäße, in denen das Blut bzw. die Hämolymphe vom Herzen in den Körper fließt, heißen *Arterien,* alle Gefäße, die Blut oder Hämolymphe zum Herzen bringen, *Venen.* Das gilt auch bei Wirbeltieren, unabhängig davon, ob die Gefäße sauerstoffreiches (arterielles) oder -armes (venöses) Blut führen. In der Lungenarterie (Lungenschlagader) der Vögel und Säugetiere z. B. fließt venöses, in den Lungenvenen arterielles Blut. Im geschlossenen Blutkreislauf der Wirbeltiere sind zwischen Arterien und Venen feinste Haargefäße (*Kapillaren*) ausgebildet, deren Durchmesser im allgemeinen nicht größer ist als der eines roten Blutkörperchens. Diese Haargefäße sind zu geschlossenen Netzen verästelt. An ihnen vollzieht sich der Stoffaustausch.

Durch Recken, Strecken und auch Gähnen werden in der Muskulatur abgesackte Blutmengen wieder in den Kreislauf befördert. Jeder kennt die meist sogar mit einem Gähnen verbundenen Streckübungen des Hundes, der hinter dem Ofen geschlafen hat.

nahme der meisten Gliederfüßer, dem *Atemgastransport* zu. Der Antrieb zum Umlauf der Körperflüssigkeit *(Blutkreislauf)* wird bei den Schnurwürmern von kontraktilen Längsgefäßen und der allgemeinen Körpermuskulatur bewirkt. Bei den Ringelwürmern wird das Blut in einem kontraktilen Rückengefäß nach vorn getrieben, gelangt über Ringgefäße in das Bauchgefäß und fließt in diesem zurück. Ein derartiges System ließ sich leicht dadurch verbessern, daß bestimmten Gefäßanteilen Körpermuskeln angegliedert wurden. Dadurch entstanden kleine Pumpstationen, wie etwa die *Lateralherzen* beim Regenwurm oder die *Kiemenherzen* des Lanzettfischchens. Strömungstechnisch erwies sich jedoch ein zentrales Pumpwerk günstiger als eine gleichmäßige Verteilung des Antriebs über das ganze System. So entstand das *Herz* der höheren Tiere, bei den Gliederfüßern als röhren- oder beutelförmige Saug-Druckpumpe aus dem Rückengefäß, bei den Wirbeltieren als gekammerte Druck-Saugpumpe aus einem Teil des Bauchgefäßes im vorderen Brustabschnitt. In beiden Fällen wird das Blut bzw. die Hämolymphe durch rhythmische Herz-Kontraktionen *(Systole)* und -Dilatationen *(Diastole)* durch den Körper transportiert, und zwar stets in der gleichen Richtung (Ausnahme Manteltiere).
Die meisten Kreislaufsysteme besitzen *Ventile* (Segel- und Taschenklappen), die sich je nach Flüssigkeitsdruck öffnen oder schließen. Kontraktile Gefäße und Herzen sind aber nicht die einzigen Motoren, die das Blut bewegen. Jede Art von Muskeltätigkeit kann den Druck in den Gefäßen ebenso erhöhen wie erniedrigen. Auch hier garantieren Ventile, daß das Blut nur in einer Richtung strömt.

LYMPHGEFÄSSYSTEM. Das *Lymphgefäßsystem* hat sich erst innerhalb der Wirbeltierreihe von den Knochenfischen an herausgebildet. Blind beginnende Kanäle (Gewebespalten) stehen mit Kapillarnetzen des Blutgefäßsystems im Stoffaustausch. Sie sammeln die aus dem Blutplasma stammende interstitielle Flüssigkeit (Wasser und darin gelöste Substanzen) und leiten sie als *Lymphe* über zunächst feine und dann größere Gefäße in das Venensystem weiter. Bei der Mehrzahl der Säuger vereinigen sich die Gefäße zu einem großen Kanal, dem *Milchbrustgang (Ductus thoracicus),* der dann an der Halsbasis in die obere Hohlvene mündet. Das Lymphgefäßsystem ist also kein Kreislauf-, sondern ein Einwegsystem, das die Venen beim Rücktransport der Flüssigkeit aus den Geweben zum Herzen entlastet. Der Lymphstrom wird hauptsächlich durch die Bewegung der den Gefäßen benachbarten Skelettmuskeln unterhalten. Klappen in den Gefäßen verhindern ein Rückströmen. Die *Lymphe* vermittelt den Stoffaustausch zwischen Blut und Geweben, dient der Drainage der Abfallstoffe und der damit verbundenen Abwehr von Infektionen und Giften und bringt in ihren vom Dünndarm kommenden Gefäßen (Chylusgefäße) die resorbierten Fettsäuren in das Blutgefäßsystem, in das die anderen resorbierten Substanzen direkt abgegeben wurden. Zum Lymphgefäßsystem der höheren Wirbeltiere gehören auch die *lymphatischen Organe,* wie Thymus, Milz, Lymphknoten und reticulo-endotheliales System. Bei den niederen Wirbeltieren sind solche Organe oft nur als wenig abgegrenzte Zellhaufen zu finden. In der Entwicklung (Ontogenie) der höheren Wirbeltiere wird zuerst der *Thymus* angelegt. Er veranlaßt – offenbar durch ein Hormon – die Ausbildung der weiteren lymphatischen Organe.

Bei Säugern wird der Thymus nach der Geschlechtsreife rückgebildet. Die *Milz* dient vor allem dem Abbau der roten Blutkörperchen und führt deren Zerfallsprodukte (Aminosäuren, Eisen, Bilirubin) dem Körper wieder zu. Die *Lymphknoten* liefern Antigene, die die Inaktivierung von Fremdstoffen besorgen, und das *reticulo-endotheliale System* phagocytierende Zellen (Makrophagen), die eingedrungene Bakterien und andere Fremdkörper entfernen.

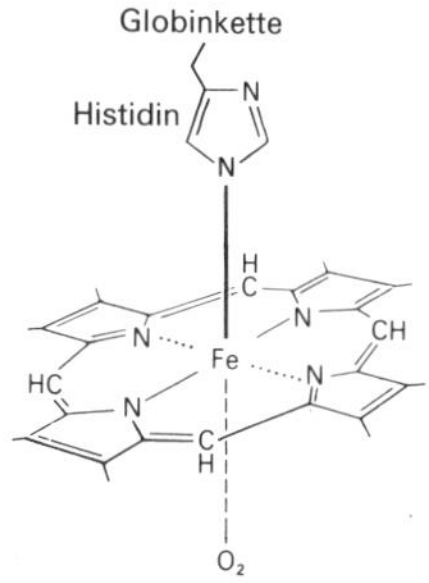

Hämoglobin

Anordnung und O_2-Bindung der Häm-Gruppe im Hämoglobin.

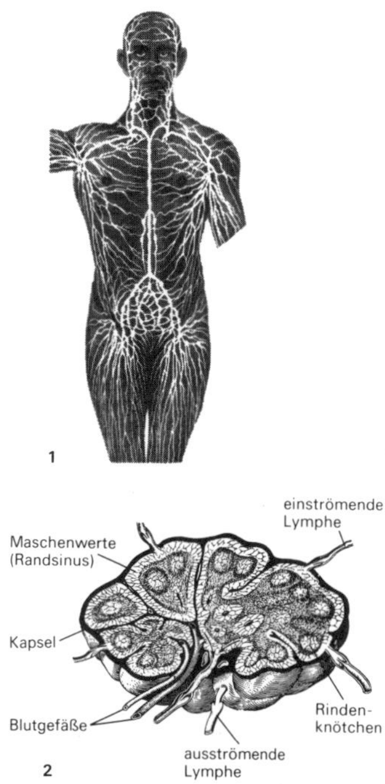

Lymphbahnen **(1)** und *Lymphknoten* (**2**, vergrößerte Darstellung) des Menschen

LUFTGEFÄSSYSTEM. Bei den Ringelwürmern und Krebsen transportiert das Blut bzw. die Hämolymphe die Atemgase. Bei den landbewohnenden Gliederfüßern wurde dagegen mit der Erfindung und Entwicklung der *Tracheen* ein *Luftgefäßsystem (Aerovaskularsystem)* geschaffen, das nicht nur den Gasaustausch mit der Luft vornimmt, sondern auch den Sauerstoff direkt – ohne Vermittlung durch die Körperflüssigkeit – an die Verbrauchsorte bringt und das Kohlendioxid von ihnen wegführt. Die feinsten Endverzweigungen der Tracheen, die *Tracheolen*, bilden an den Zellen ein Geflecht oder dringen gar in sie ein, wie etwa in die Muskelzellen. Die Endstücke der Tracheolen (Durchmesser höchstens 0,2–0,3 μm) sind mit Flüssigkeit gefüllt. Bei Sauerstoffmangel steigt der osmotische Druck in der Hämolymphe, die zum Ausgleich den Tracheolen die Flüssigkeit entzieht und damit die Luft nachsaugt.

Bei verschiedenen Insekten (z. B. Maikäfer) sind die Tracheen regional zu kleinen Blasen oder Säkken erweitert. Sie können dann besonders viel Luft fördern, was für entsprechende Flugleistungen notwendig ist. Nach *W. Nachtigall* (1968) verbraucht eine 30 mg schwere Fliege im Flug bei normaler Geschwindigkeit (2 m/s) 14mal so viel Sauerstoff wie in Ruhe. Eine Biene erhöht im Flug ihren Grundumsatz um das 19-, eine Rinderbremse um das 26- und ein Maikäfer gar um das 107fache.

Doch das Luftgefäßsystem ist nicht nur Kompressor, es ist auch Auspuff zugleich; denn 75% des Kohlendioxids werden über die Tracheolen und Tracheen aus dem Körper herausgeschafft. Die restlichen 25% diffundieren aus den Geweben in die Hämolymphe und von dort nach außen.

Korrelativ mit der Entwicklung des Tracheensystems tritt die Körperflüssigkeit als Sauerstoffträger zurück. Atmungspigmente werden nicht mehr ausgebildet und das Kreislaufsystem meist bis auf ein Rückengefäß (Herz und Aorta) reduziert. Die *Hämolymphe* transportiert im wesentlichen nur noch Nahrungsstoffe und dient durch die in ihr gelösten Salze der Aufrechterhaltung des inneren Milieus.

Ausscheidungssysteme

Die beim Stoffwechsel zurückbleibenden Reste unverdauter oder unverdaubarer Nahrung können relativ einfach beseitigt werden, indem sie als *Kot* (Exkremente, Faeces) aus dem Darm ausgestoßen werden. Aufwendiger ist die Reinigung von Verdauungs- und Transportsystem von jenen Produkten, die bei den biologischen Verbrennungsprozessen entstehen und überwiegend nutzlos oder gar schädlich sind *(Exkretion)*. Da sich alle Vorgänge des Stoffwechsels in wäßriger Phase abspielen und die Zellmembranen stärker durchlässig (permeabel) für Wasser sind als für die in ihm gelösten Stoffe, muß zur Konstanthaltung des Konzentrationsgefälles zwischen den Zellen und ihrer Umgebung *(Homöostase)* der Ionen-, bei vielen Tieren auch der Wasserhaushalt reguliert werden *(Ionen-* und *Osmoregulation)*.

Der *Kot* wird in meist für jede Tierart charakteristischer Form (Losung) abgegeben. Bei Säugern kann neben den Nahrungsresten die Trockensubstanz bis zu 50% aus Bakterien und bis zu 25% aus abgestoßenen Darmepithelien bestehen, was erklärt, warum auch bei Hungerzuständen noch Kot abgeschieden wird. Die Färbung des Säugerkots ist auf die Abbauprodukte der Gallenfarbstoffe (Sterco- und Urobilin), der Geruch auf Indol, Skatol und niedere Fettsäuren zurückzuführen. Der Geruch des Kots, den häufig noch Sekrete aus Duftdrüsen in der Darmöffnung verstärken oder differenzieren, wird bei den Säugern zur Reviermarkierung oder zum Auffinden des Geschlechtspartners genutzt.

EXKRETION. Als Endprodukte der Kohlenhydrat- und Fettverdauung treten Kohlendioxid und Wasser auf. Das Kohlendioxid wird, wie bereits beschrieben, über die Haut und die Atmungsorgane abgegeben, kann aber auch, in Exkrete eingebaut, mit dem Harn (Urin) aus dem Körper herausgeschafft werden. Das überschüssige Wasser wird durch die Atmungsorgane, den Darm und die Haut, vor allem aber durch besondere *Ausscheidungs-* oder *Exkretionsorgane* im Harn ausgeschieden. Endprodukte des Proteinabbaues sind Ammoniak und/oder

Exkrete

Einzeller, Schwämme, Hohltiere und Würmer, einige marine Weichtiere und Stachelhäuter, viele Knochenfische und Amphibien scheiden als energiearme Stickstoffschlacken überwiegend *Ammoniak*, meist als Ammoniumsalze aus. Vielfach aber wird das giftige Ammoniak (NH_3) in die ungiftigen Exkrete *Harnstoff* und *Harnsäure* überführt. Die Giftigkeit des Ammoniaks beruht hauptsächlich darauf, daß es in nicht allzu geringer Konzentration in der Zelle Veränderungen des pH-Werts bewirkt und dem Citratzyklus Substrat (α-Ketoglutarat) entzieht. Letztlich sind dies wohl auch die Eigenschaften, weshalb der bei uns heimische kleine Aaskäfer *Phosphuga atrata* sich des Ammoniaks „bedient", indem er einen Tropfen 4,5%ige wäßrige NH_3-Lösung ausstößt, um Feinde abzuhalten. Harnstoff, der gut wasserlöslich ist, wird von Haien, terrestrischen Amphibien und Säugern abgeschieden. Der Säugerurin jedoch enthält neben dem Harnstoff auch noch geringe Mengen Harnsäure, die wahrscheinlich nur das Endprodukt des Nucleinsäurestoffwechsels sind. Der erwachsene Mensch scheidet täglich neben 30 g Harnstoff auch 1 g Harnsäure ab. Harnsäure, die kaum wasserlöslich und damit osmotisch unwirksam ist, wird vor allem von jenen Tieren gebildet, denen wenig Wasser zur Verfügung steht, wie Insekten, Landlungenschnecken, Reptilien, Vögeln. Die unter dem Namen *Guano* als Düngemittel bekannt gewordenen Exkremente von Meeresvögeln (Braunpelikan, Kormoran, Tölpel) etwa der Küsten Perus und Chiles bestehen zu 25 % aus dem Ammoniumsalz der Harnsäure. *Adenin* und *Guanin* werden von Regenwürmern, Guanin auch von Spinnen ausgeschieden. Exkretionsprodukt vieler mariner Knochenfische ist *Trimethylaminoxid*. Auf das aus Trimethylaminoxid bei bakterieller Zersetzung freiwerdende *Trimethylamin* ist der allseits bekannte Geruch toter Meeresfische zurückzuführen. Bei Pferden und Paarhufern tritt als Exkret *Hippursäure* auf, die aus der mit der pflanzlichen Nahrung aufgenommenen Benzoësäure und Glykokoll (Aminoessigsäure) aufgebaut wird.

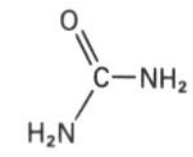

Harnstoff

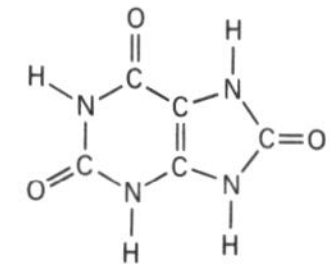

Harnsäure

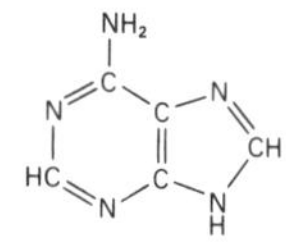

Adenin

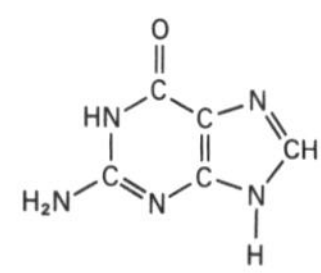

Guanin

andere stickstoffhaltige Verbindungen (Adenin, Guanin, Xanthin, Hypoxanthin, Trimethylaminoxid, Hippursäure), für deren Beseitigung meist besondere Mechanismen entwickelt wurden, auch wenn Organsysteme mit anderem Aufgabenbereich an der Stickstoffausscheidung beteiligt sein können, wie etwa die Kiemen von Mollusken, Krebsen und Fischen.

Während bei manchen Einzellern, Schwämmen und Hohltieren, wenigen Strudelwürmern, den Stachelhäutern und Seescheiden die *Exkrete* durch die Zellwände, bei den Fadenwürmern vor allem über Integument und Darm nach außen abgegeben werden, sind bei den übrigen Tieren für die Ausscheidung besondere Einrichtungen entwickelt. Bei einer Reihe von Einzellern wird der größte Teil der Exkrete über *kontraktile Vakuolen* nach außen gebracht, bei den meisten Vielzellern durch *Exkretionsorgane*, die als Proto- und Metanephridien, Malpighische Gefäße und Nieren bezeichnet werden.

Protonephridien entstehen als Einstülpungen der Haut, *Metanephridien* und die *Nephronen*, die Bauelemente der Wirbeltiernieren, als Abkömmlinge der sekundären Leibeshöhle, des Coeloms, und die *Malpighischen Gefäße* als Ausstülpungen des Darms. Allen gemeinsam ist das gleiche Bau- und Funktionsprinzip: Sie bestehen aus Kanälen, von denen bestimmte Ab-

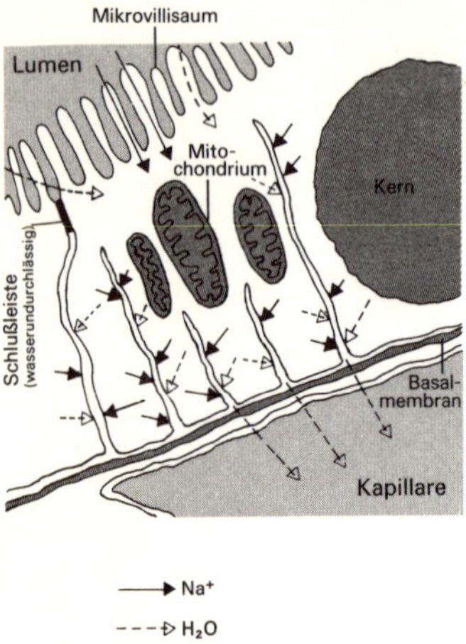

Transportierende Epithelzelle

Die Abb. zeigt einen Ausschnitt aus dem *proximalen Tubulus* der Niere einer Maus. Typische und bei allen *Transportepithelien* wiederkehrende Elemente sind der Mikrovillisaum, der sich auf der Stoffaufnahmeseite (Lumen der Tubuli) befindet, und das basale Labyrinth. Der größte Teil des Flüssigkeitstransports verläuft über die Kanälchen des basalen Labyrinths (parazellulär). Angegeben ist nur der aktive Natriumtransport, dem passiv Wasser folgt.

schnitte die Exkrete durch *Filtration* und/oder *Sekretion* aus der Körperflüssigkeit aufnehmen und sie als *Primärharn* an andere Abschnitte weiterleiten, die der Rückgewinnung, der *Reabsorption,* dienen. Reabsorbiert werden Stoffe, die vom Körper noch verwertet werden können und außerdem eine bedeutende Rolle für die Konstanthaltung der osmotischen Verhältnisse der Körperflüssigkeit (Homöostase) spielen. Erst der so entstandene *Sekundärharn* wird über Ausfuhrgänge, eine *Harnblase* oder den *Enddarm* aus dem Körper beseitigt.

Die Zellschicht des Kanals, an der der Primärharn durch *Ultrafiltration* gebildet wird, weist meist besondere Strukturen *(Filtrationsstrukturen)* auf. Im allgemeinen sind finger- oder zungenförmige Zellfortsätze mit ebensolchen Ausläufern von Nachbarzellen verzahnt und sparen zwischen sich nur feine Spalten (25–30 nm) aus, die von den Basallamellen erfüllt sind. Man nennt solche Zellen *Füßchenzellen (Podocyten).* Das eigentliche Filter stellen offenbar die Basallamellen dar; der Transport der Exkrete erfolgt rein extrazellulär.

Bei der *Sekretion* werden die Ionen und/oder Moleküle entweder durch direkte Membranpassage aktiv aus den Zellen in die extra- oder parazellulären Kanäle befördert, oder sie werden durch *Cytopempsis* (vgl. S. 43) transportiert. Bei letzterer gelangen aus der Körperflüssigkeit kleinmolekulare Stoffe durch die auch hier als Ultrafilter wirkende Basallamelle in die Faltenräume des sog. basalen Labyrinths, werden hier in Membranbläschen eingeschlossen, als solche durch die Zelle geschleust und an deren apikaler Seite in das Kanallumen entleert. Der gesamte Transport ist stark energieabhängig, was die große Zahl der über die Zelle gleichmäßig verteilten Mitochondrien erklärt.

Bei der *Reabsorption* hat die Kanalzelle der Exkretionsorgane ähnliche Anforderungen zu erfüllen wie eine resorbierende Darmzelle. Entsprechend ähnlich ist sie auch gebaut. Einem basalen Labyrinth steht ein die Oberfläche vergrößernder Mikrovillisaum gegenüber. Die Reabsorption von Stoffen aus dem Kanallumen zurück in die Körperflüssigkeit ist ein energieabhängiger Vorgang, da der osmotische Wert des Primärharns im Lumen höher ist als der der Körperflüssigkeit. So finden sich die Mitochondrien vorwiegend an den beiden Transmembranpassagen, im Bereich des basalen Labyrinths und unmittelbar unterhalb des Mikrovillisaums.

Protonephridien sind als ein häufig durch den gesamten Körper verzweigtes Kanalsystem angelegt, dessen Äste mit einer Terminalzelle oder einem aus einer Terminal- und wenigstens einer Kanalzelle gebildeten Terminalorgan blind enden. Die Terminalzelle trägt jeweils eine aus vielen Geißeln aufgebaute *Wimperflamme*, durch deren Schlag ein Unterdruck entsteht, der stark genug sein soll, um die Flüssigkeit in die Kanäle einzusaugen, in denen der Sog durch die Tätigkeit zusätzlicher Wimperflammen erhalten wird. An den Terminalzellen wie an den Terminalorganen finden sich Strukturen, die auf Filtration schließen lassen. An den Terminalzellen sind es *Reusen*, in deren Schlitzen Diaphragmen und/oder Basallamellen als mögliche Filter ausgespannt sind *(Reusengeißelzellen = Cyrtocyten)*. Bei den Terminalorganen greift die Terminalzelle mit ihren stäbchenartigen Fortsätzen fingerförmig in die Fortsätze der anschließenden Kanalzelle. Auch hier wird ein zwischen den Fortsätzen vorhandenes Material als Filter gedeutet. Protonephridien sind bei Platt- und Schnurwürmern, den Rädertierchen und den Larven von Ringelwürmern und Weichtieren ausgebildet. Bei einigen Polychaeten enthält die Terminalzelle nur eine Geißel und wird daher als *Solenocyte* bezeichnet.

Metanephridien. Offen mit einem Wimpertrichter in der Leibeshöhle (Coelom) beginnen die meist in Schlingen gelegten Kanäle der *Metanephridien* und münden über einen Nephroporus nach außen. Vermutlich durch Filtration an den Coelomwänden wird der *Primärharn* gebildet – er muß also mit der Coelomflüssigkeit identisch sein – und wird auf dem Weg durch das Nierenkanälchen in Sekundärharn umgewandelt. Metanephridien kommen hauptsächlich bei Ringelwürmern, Weichtieren und auch Armfüßern vor. Umgebildete Metanephridien sind die Ausscheidungsorgane der Weichtiere, aber auch die Schalen- bzw. Kiefer- und Antennendrüse der Krebse sowie die Hüft(Coxal-)drüsen der Spinnen. Bei den *Antennendrüsen* ist der Coelomanteil auf den Sacculus reduziert, der durch Filtration den Primärharn bereitet. Der ableitende Kanal ist in verschiedene Abschnitte gegliedert und dient der Resorption wie auch einer weiteren Stoffausscheidung durch Sekretion.

Nieren. Ausscheidungsorgane der Wirbeltiere sind die aus Nephronen aufgebauten *Nieren*. Die *Nephronen* selbst bestehen aus einem *Tubulus*, der durch eine kapselartige Bildung *(Bowmansche Kapsel)* blind geschlossen ist. In die Kapsel ist ein Knäuel von Blutgefäßen *(Glomerulus)* eingelassen. Beide zusammen, Bowmansche Kapsel und Glomerulus, werden als *Malpighisches Körperchen* bezeichnet. Der abführende Kanal gliedert sich in einen *proximalen Tubulus*, die dünne *Henlesche Schleife* und einen wieder weitlumigen *distalen Tubulus*, der über *Sammelrohre* in das Nierenbecken einmündet. Das Nephron läßt sich in Bau und Funktion mit der Antennendrüse der Kreb-

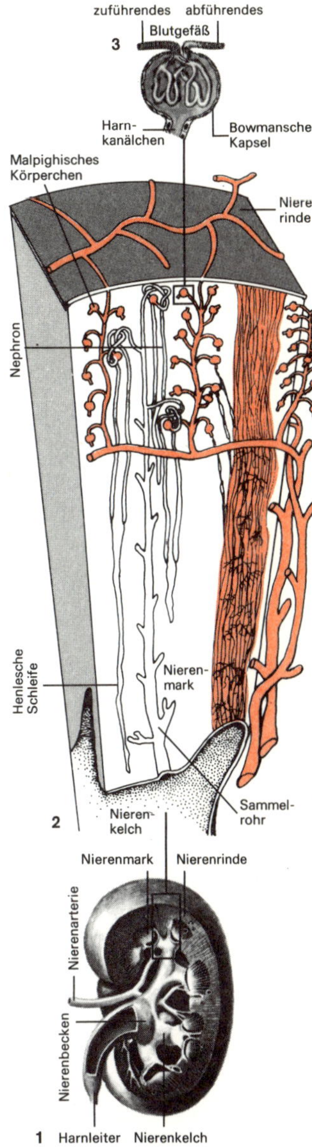

Aufbau der Niere beim Menschen

1 Darstellung einer aufgeschnittenen *Niere* mit den Bereichen Nierenmark und Nierenrinde.
2 Vergrößerter Bereich, der die Anordnung der Glomeruli, Tubuli und Henleschen Schleifen sowie die Blutversorgung zeigt.
3 Am Glomerulus des Malpighischen Körperchens ist die Verbindung von Blutgefäßsystem und Nierentubulus (Filtrationseinrichtung) zu erkennen.

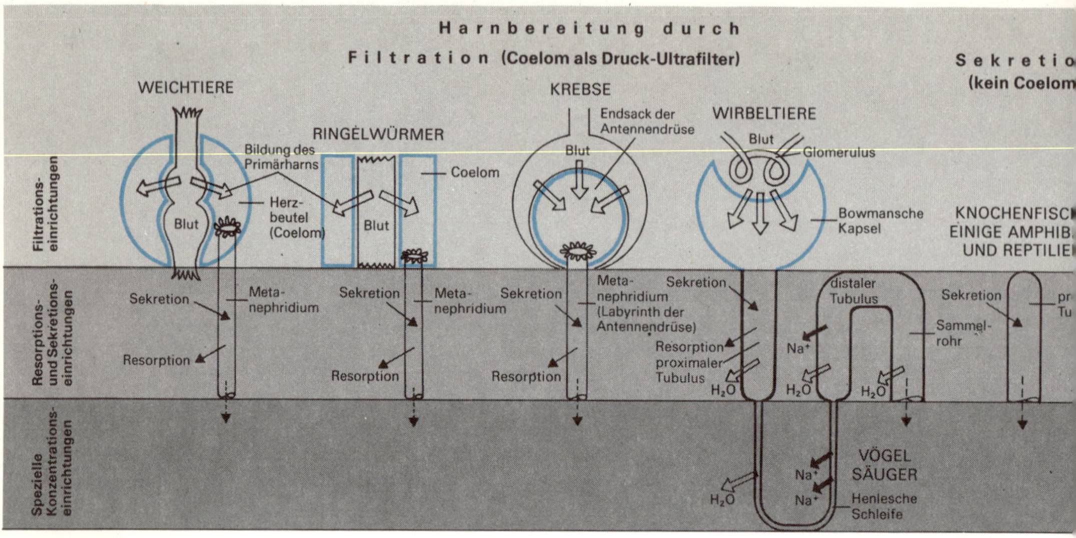

se vergleichen. Das Malpighische Körperchen entspricht dem Sacculus und dem proximalen und distalen Tubulus, das Übergangsstück den verschiedenen Abschnitten des Antennendrüsenkanals.

Malpighische Gefäße. Bei Insekten, Tausendfüßern, Spinnen und Skorpionen wird die Exkretion von blind beginnenden und am Anfang des Rectums in den Darm mündenden Schläuchen, den *Malpighischen Gefäßen,* besorgt. Sie liegen frei in der Leibeshöhle oder sind den Zellen des Fettkörpers (s. unten) angeheftet. Muskelzellen, die die Gefäße voll oder teilweise umfassen, transportieren den Harn durch peristaltische Pumpbewegungen

Exkretwanderzellen

Vielfach können schwerlösliche Exkrete in besonderen Zellen gesammelt werden, die dann aus ihrem Gewebeverband heraustreten und als *Exkretwanderzellen (Atrocyten)* die Schlackenstoffe über die Leibeshöhle zu den Exkretionsorganen transportieren. Atrocyten finden sich bei Krebsen, Spinnentieren und Insekten. Bei den Stachelhäutern, die keine Nierenorgane haben, können die Exkrete von in der Leibeshöhle schwimmenden sog. *phagocytären Coelomocyten* aufgenommen werden und mit ihnen den Körper über die Haut verlassen.

Exkretspeicher

Abfallstoffe können aber auch dadurch aus dem Verkehr gezogen werden, daß sie der Körper *als unschädliche Konkremente oder Pigmente* speichert. Das Weiß der Schmetterlingsschuppen, das „Kreuz" der Kreuzspinne und der Silberglanz der Fischschuppen sind auf Guaninablagerungen zurückzuführen. Reptilien lagern Exkrete im Integument ein und beseitigen sie mit der nächsten Häutung. Bei den Wenigborstern unter den Ringelwürmern ist das *Chloragog-Epithel* (griech.: grüntragendes Epithel, aufgrund der grünen Einschlüsse), bei den Blutegeln das *Botryoid-Gewebe* (griech.: traubenförmiges Gewebe) zu Exkretträgern geworden. Einige Weichtiere speichern granuläre oder kristalline Konkremente im Bindegewebe, z. B. des Mantels. Die Vorderkiemerschnecke *Pomatias* besitzt ein leuchtendweißes Speicherorgan, in dem neben symbiontischen Bakterien Harnstoff, Xanthin und Hypoxanthin nachgewiesen wurden. Die Seescheiden, denen besondere Exkretionsorgane fehlen, lagern Harnsäure und Xanthin in hierfür spezialisierten *Nephrocyten* ab. In abgeleiteteren Formen können solche Nephrocyten *Speichernieren* bilden, die in einem flüssigkeitserfüllten Lumen geschichtete Konkremente ansammeln. Als Speicherniere arbeitet u. a. auch der Fettkörper der Insekten, wobei er offenbar nicht nur die Exkrete anhäuft, sondern sie sogar aufbaut.

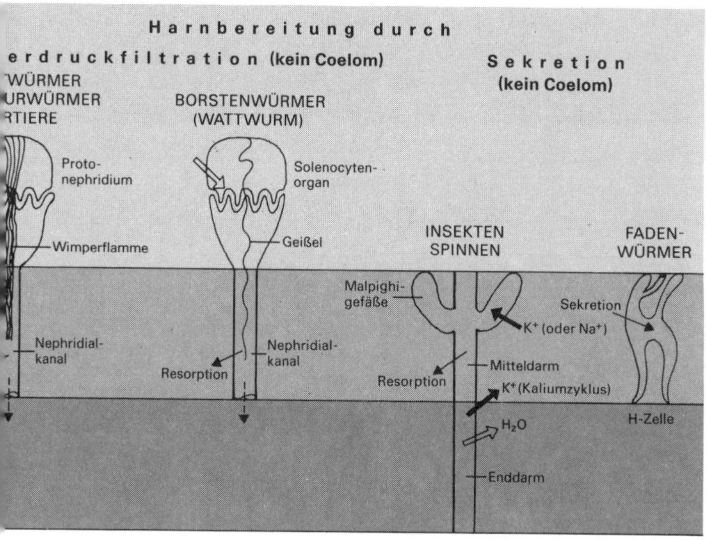

in den Enddarm. Malpighische Gefäße sind sekretorisch arbeitende Ausscheidungsorgane. Bei fast allen Insekten sind sie regional gegliedert, bei den Larven von Drosophila läßt sich eine Region der Primärharnbildung von einer Region der Reabsorption unterscheiden. Bei anderen Formen wird die Reabsorption von noch verwertbaren Stoffen (Salze, Zucker, Aminosäuren, Wasser) vom letzten Abschnitt des Enddarms in Form von Rectaldrüsen übernommen.

Ionen- und Osmoregulation. Obgleich die Stoffwechselvorgänge ständig den Stoffbestand einer Zelle verändern, muß doch gewährleistet sein, daß die Zusammensetzung des Cytoplasmas annähernd konstant bleibt; denn die meisten biochemischen Prozesse sind an ganz bestimmte Reaktionsbedingungen (pH-Wert, Membranpermeabilität, Ionenverhältnisse, osmotischer Druck) gebunden, und diese wiederum hängen von den Konzentrationen der gelösten Teilchen in der Zelle ab. So muß sowohl das gegenseitige Mengenverhältnis der einzelnen in den Zell- oder Körperflüssigkeiten gelösten Ionen *(Ionenverhältnisse)* als auch die Gesamtheit der in den Körperflüssigkeiten gelösten Stoffe *(Osmolarität) konstant* gehalten werden.

Während die Fähigkeit zur *Ionenregulation* allgemein bereits auf Zellebene vorhanden ist, gilt dies für die *Osmoregulation* nur bei den Süßwasserprotozoen. Bei den Metazoen wurde das Vermögen zur Osmoregulation für jene Tiere entwickelt, bei denen ein Konzentrationsgefälle zwischen Körperflüssigkeit und Außenmedium (Meerwasser, Süßwasser) herrscht. So ist der Konzentrationsunterschied zwischen Innen- und Außen-

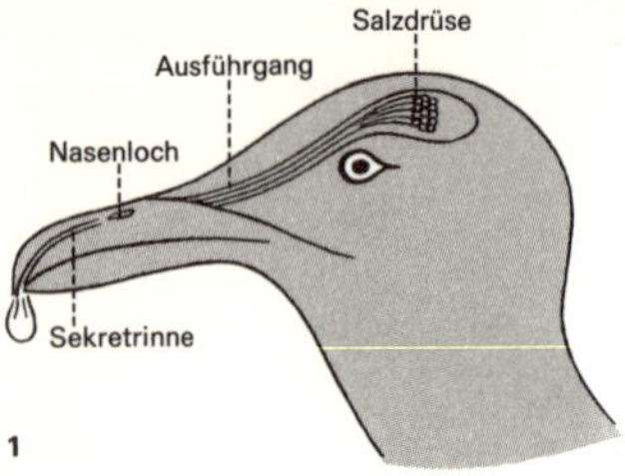

1

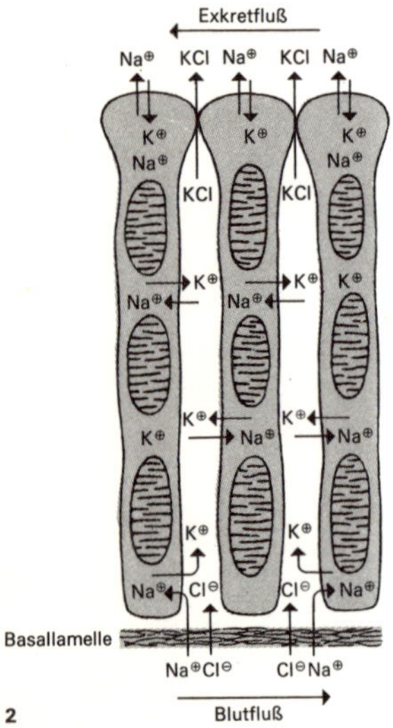

2

Salzdrüse

1 Salzdrüse einer *Möwe.* Das Sekret, das einen Salzgehalt von 5 % gegenüber dem Meerwasser von 3 % aufweist, wird über Ausfuhrgänge und die Nasenlöcher auf den Oberschnabel gebracht und tropft an der Schnabelspitze ab.

2 Funktionsschema der Salzdrüse. Aufgrund des Konzentrationsgefälles zwischen Blut und Drüsenzellen gelangen die Na^+-Ionen passiv in die Zellen und werden gegen die K^+-Ionen ausgetauscht, die zusammen mit den Cl^--Ionen in den Interzellularräumen das Epithel durchlaufen und in den Ausfuhrgang übertreten. An den Zellmembranen, die dem Ausfuhrgang zugekehrt sind, werden die extrazellulären K^+-Ionen gegen intrazelluläre Na^+-Ionen ausgetauscht. Da dies gegen das Konzentrationsgefälle, also aktiv, erfolgt, wird Energie benötigt. Dies erklärt die hohe Zahl von Mitochondrien in den Drüsenzellen.

medium der im Süß- und zeitweilig im Brackwasser lebenden Wollhandkrabbe derart ausgeprägt, daß in ihren Zellen ein osmotischer Druck von 14,3 bar erreicht würde – zum Vergleich: der Luftdruck in einem Autoreifen beträgt ungefähr 2 bar –, wenn sie nicht in der Lage wäre, ihren Wasserhaushalt zellgerecht zu regulieren. Bei den meisten Wirbellosen unter den Meerestieren und dem Schleimaal oder Inger ist die Konzentration der in der Körperflüssigkeit gelösten Stoffe etwa der des Meerwassers gleich; Schutzeinrichtungen gegen unangemessenen Wasserein- oder -austritt sind nicht erforderlich. Da die Osmolarität aber nicht von der Natur der gelösten Teilchen, sondern von deren Zahl abhängt, muß gleiche Osmolarität in Körperflüssigkeit und Meerwasser keineswegs bedeuten, daß auch die Einzelkonzentrationen aller osmotisch wirksamen Teilchen innen und außen gleich sind. Vielmehr sind die meisten Meerestiere in der Lage, eine vom Meerwasser abweichende ionale Zusammensetzung ihrer Körperflüssigkeit aufrechtzuerhalten.

Regulationsorgane. Die *Regulation* vollzieht sich durch Wasser- oder Ionenaufnahme bzw. -abgabe über die Körperoberfläche, Kiemen, Darm und Lunge, die Exkretionsorgane und eigens entwickelte Salzdrüsen. Die Protozoen des Süßwassers besitzen in der kontraktilen Vakuole ein Organell, das neben Exkreten überwiegend Wasser ausscheidet. Bei Strudelwürmern und Rädertieren wird die Osmoregulation von den Protonephridien, bei Süßwasserkrebsen von der Antennendrüse übernommen. Die Ionenkonzentration in der Körperflüssigkeit der meisten im Meer lebenden Knochenfische ist nur 1/3 bis 1/2 so hoch wie die des Meerwassers. Zum osmotischen Ausgleich schlucken die Tiere Wasser, zum Teil in einer täglichen Menge von 10–14 % des Körpergewichts, und scheiden die überschüssigen Salzmengen durch die Kiemen aus. Das Blut der Haie und Rochen weist etwa die gleiche Salzkonzentration wie das der Knochenfische auf. Dadurch, daß sie aber ihr Exkretionsprodukt Harnstoff in entsprechender Menge im Blut gelöst halten, ist dieses etwa isoosmotisch mit dem Seewasser. Die aus der Nahrung stammenden Salze werden durch eine Drüse des Enddarms abgegeben. Die luftatmenden Seeschildkröten gleichen ihre Wasserverluste durch Trinken von Seewasser aus und scheiden das überschüssige Salz in Tränen einer Drüse der Augenhöhlen ab. Seevögel ergänzen ihren Wasserverlust ebenfalls durch Trinken von Meerwasser. Das Salz wird durch eine *Nasendrüse,* die über den Augen liegt und sich oberhalb des Schnabels öffnet, aus dem Körper herausgeschafft.

Während so bei vielen Meeresbewohnern Salze ausgeschieden

werden müssen, sind einige Süßwassertiere gezwungen, Ionen aus dem Waser aufzunehmen. Das geschieht bei Süßwasserkrebsen und -fischen über die *Kiemen* und bei Mückenlarven durch Afterfortsätze *(Analpapillen)*. Auch Frösche nehmen aktiv Ionen über die Haut auf. Bei rein terrestrisch lebenden Tieren gibt es keinen Ionenaustausch mit der Umgebung, doch müssen sie sich vor Wasserverlusten durch Verdunstung schützen. Hierzu dienen ebenso Integumentbildungen – wachshaltige Cuticulae (Insekten), Schuppen (Reptilien), Federn (Vögel) und Haare (Säuger) – wie eine Beschränkung auf feuchte Lebensräume (Würmer, Stummelfüßer, Krebse, Landschnekken) oder temperaturniedrige Tageszeiten (Nachtaktivität) (Tausendfüßer).

Daß der Mensch zugrunde geht, wenn er Seewasser trinkt, ist seit altersher von dürstenden Schiffbrüchigen bekannt.

Koordinations- oder Integrationsapparat

Alle Vorgänge im Tierkörper müssen geregelt ablaufen, Aktivitäten mit der Außenwelt aufgenommen und überwacht werden. Selbst die Protozoen kommen ohne ein derartiges Vermögen nicht aus. Umwelteinflüsse werden wahrgenommen und mit Verhaltensänderungen beantwortet. Während bei den Protozoen für die Reizaufnahme besondere Organelle ausgebildet sein können, sind Strukturen einer Reizleitung, einer innerzelligen Informationsweitergabe, bei ihnen bisher nicht nachgewiesen.

Bei den *Metazoen* müssen alle Zellen und Organe so zusammenwirken, daß die zum Teil räumlich und zeitlich weit auseinanderliegenden Einzelereignisse miteinander koordiniert und zu einem Ganzen integriert werden. Handelt es sich dabei um schnelle Aktionen und Reaktionen, dann werden sie mit Hilfe elektrischer Impulse vom Nervensystem gesteuert *(neuronale Koordination* oder *Integration)*. Müssen die Vorgänge dagegen über längere Zeit und unter genauer gegenseitiger Abstimmung im Rahmen des Stoffwechsels, des Wachstums und der Entwicklung kontrolliert werden, dann geschieht dies auf chemischem Weg durch vom endokrinen System produzierte Hormone *(hormonale Koordination* oder *Integration)*.

Leitungsgeschwindigkeit von Nervenimpulsen

Die Geschwindigkeit eines *Nervenimpulses* ist zwar mit über 100 m/s im Vergleich zum Elektrizitätstransport in unseren Lichtleitungen mit etwa 300000 km/s verschwindend gering, im Rahmen der Ansprüche des Tieres aber beachtlich. Im allgemeinen ist die Leitungsgeschwindigkeit bei gleichwarmen Tieren (Vögel, Säuger) größer als bei wechselwarmen (Fische, Amphibien, Reptilien), ebenfalls bei schnellbeweglichen größer als bei langsamen.

Leitungsgeschwindigkeit in den motorischen Fasern

Säuger	30 – 120 m/s
Fische	50 – 60 m/s
Schlangen	10 – 35 m/s
Regenwurm	0,6 m/s
Schnecken	0,4 m/s

Gegenüber den Nerven beansprucht die Informationsübermittlung durch *Hormone* wenigstens Minuten, nicht selten sogar Stunden.

Neuronale Koordination. Die *Nervensysteme* bestehen im wesentlichen aus *Nervenzellen (Neuronen)*. Darüber hinaus enthalten sie *Gliazellen*, die den Transport von Sauerstoff, Nähr- und Abfallstoffen von und zu den Neuronen besorgen. Alle Nervenzellen haben einen Zellkörper *(Perikaryon)*, von dem Fortsätze *(Nervenfasern)* ausgehen. Über diese sich verzweigenden Fasern sind die Neuronen strukturell miteinander verbunden, funktionell stehen sie untereinander durch elektrische Signale

in Wechselbeziehung. Mehrere zu Leitungsbahnen gebündelte Fasern nennt man allgemein *Nerven.*
Im einfachsten Fall sind alle Fortsätze von gleicher Struktur und Funktion. Auf jedem Fortsatz können Impulse zum Perikaryon wandern und von ihm aus wieder in alle Richtungen abgehen. An den höher entwickelten Nervenzellen, besonders denen der Wirbeltiere, lassen sich meist mehrere kurze Fortsätze *(Dendriten)* von einem langen Fortsatz *(Neurit, Axon)* unterscheiden (multipolares Neuron).
Über die Dendriten erhalten die Nervenzellen von den *Rezeptoren* (Sinneszellen, Sinnesorgane) aus der Umwelt oder dem Körperinnern Daten in Form elektrischer Impulse, die sie zu einem Erregungsmuster integrieren und dieses, wiederum als Impulse, über den verzweigten Neuriten (Axon) weiterleiten und auf die Erfolgsorgane oder *Effektoren* (Muskelzellen, Drüsenzellen) übertragen. Grundlage dieser bioelektrischen Aktivität sind elektrische Potentialdifferenzen an den Nervenzellmembranen.
Neuronen, die die Information von den Rezeptoren übernehmen, werden als *sensorisch* bezeichnet, solche, die sie auf Muskelzellen übertragen, als *motorisch.* Zwischen Rezeptoren und Effektoren liegen *Schaltneuronen,* die zwischen ein- und ausgehenden Nachrichten vermitteln.
Alle Zellen des Nervensystems sind über besondere Kontaktstellen *(Synapsen)* miteinander verbunden. Bei einigen Nervenzellen ist dieser Kontakt so eng und großflächig, daß es zu einer direkten elektrischen Übertragung der Erregung kommt *(elektrische Synapsen).* Meist sind jedoch an den Kontaktstellen die Zellmembranen durch einen wenige Nanometer (10^{-9} m) breiten Spalt (synaptischer Spalt) getrennt. Hier erfolgt die Nachrichtenübermittlung (Transmission) durch Überträgersubstanzen, *Transmitterstoffe,* wie z. B. Acetylcholin oder Noradrenalin *(chemische Synapsen).*
Die Nervenzellen können von unterschiedlicher Größe sein. Besonders die Axone, die im Durchmesser vielleicht nur 20–25 nm messen, erreichen mitunter extreme Längen. Beim Elefanten werden die Axone meterlang, wenn sie sich vom Rückenmark bis in den Fuß erstrecken. Vereinigen sich mehrere Perikaryen und Faserendigungen zu einem Komplex, so spricht man von einem *Ganglion.* Große Ganglien sind in der Lage, Information zu speichern, Lernvorgänge zu ermöglichen und komplexe Verhaltensweisen zu steuern. Solche Ganglien werden als *Gehirne* bezeichnet.

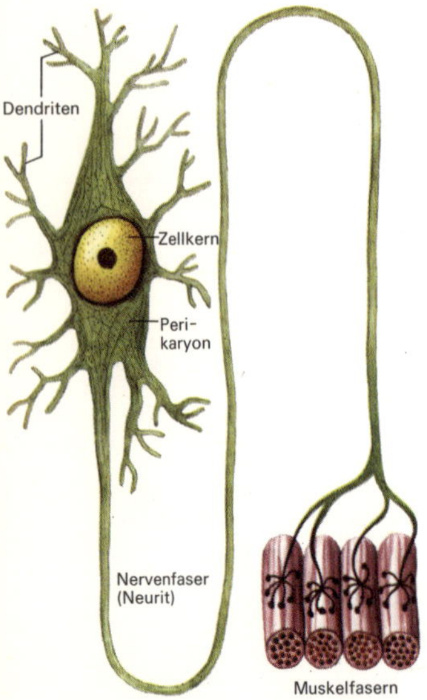

Nervenzelle und ihre erregungsleitende Verbindung, die Nervenfaser, mit den Muskelfasern

Nervensysteme. Für die einfachsten Metazoen, die Schwämme, konnte man erst in den letzten Jahren eindeutig Nervenzellen nachweisen. Seit langem bekannt sind dagegen die Nervennetze der Hohltiere. Beim Süßwasserpolypen ist das diffuse Netz noch ohne jede Polarität. Eine punktförmige Erregung strahlt in alle Richtungen aus. Bei anderen Hohltieren sind bi- und multipolare Neuronen ebenfalls zu Netzen, bei den Medusen häufig zu Ringen vereinigt. Aus solchen *Nervennetzen* haben sich die komplizierten *Nervensysteme* der höheren Tiere entwickelt. Die in den Netzen noch mehr oder minder gleichmäßig über den Körper verteilten Nervenzellen erfahren von den Plattwürmern an eine Sonderung. Zum einen ordnen sie sich in Längssträngen, die durch Querstränge miteinander verbunden werden und im Kopfbereich ein Gehirn entwickeln, zum anderen bilden sie einen die peripheren Körperregionen versorgenden Nervenplexus.

Nach diesem Organisationsprinzip sind alle Nervensysteme der höheren Tiere einschließlich des Menschen aufgebaut: eine zentrale Konzentrierung von Nervenzellen wird von einem peripheren Nervenplexus getrennt. Das *periphere Nervensystem* vermittelt die Informationen aus den distalen Körperregionen zum *zentralen Nervensystem* (ZNS) und umgekehrt. Im Zentralnervensystem laufen die Nachrichten ein und werden geordnet (koordiniert) und verteilt. Dadurch, daß das Zentralnervensystem aber auch Erregung selbsttätig (autonom) erzeugen kann und in der Lage ist, Information zu speichern, kann es den Organismus bis zu einem artspezifisch unterschiedlichen Grad unabhängig von äußeren Reizen und deren Schwankungen machen.

Während in den *Marksträngen* der Plattwürmer noch Perikaryen und Fasern vereinigt sind, werden im *Strickleiternervensystem* der Ringelwürmer und Gliederfüßer die Perikaryen auf die Ganglien beschränkt. Untereinander und mit den Sinnes- und Erfolgsorganen bleiben sie durch zu Kabeln zusammengefaßte *Axone* verbunden. Das Zentralnervensystem der Ringelwürmer besteht aus einem Gehirn und einem ventral liegenden Nervendoppelstrang mit je einem Ganglienpaar pro Körperring (Segment). Die Anordnung der Zellen im Nervenstrang gestattet eine Leitung in beiden Richtungen, so daß die Bewegungen benachbarter Segmente koordiniert werden können und der Wurm als Ganzes reagieren kann. Bei den *Gliederfüßern* verschmelzen 3 Rumpfganglien mit dem Oberschlundganglion zu einem *Komplexgehirn;* in der Bauchganglienkette finden ebenfalls Verschmelzungen statt. Auch bei den ursprünglichen *Weichtieren,* den Käferschnecken, sind Markstränge vorhanden, die bei den höheren Formen durch Ganglien und Nerven ersetzt werden. Meist sind ein *Oberschlundganglion* und jeweils besondere Ganglien für den Fuß *(Pedalganglion),* die Eingeweide

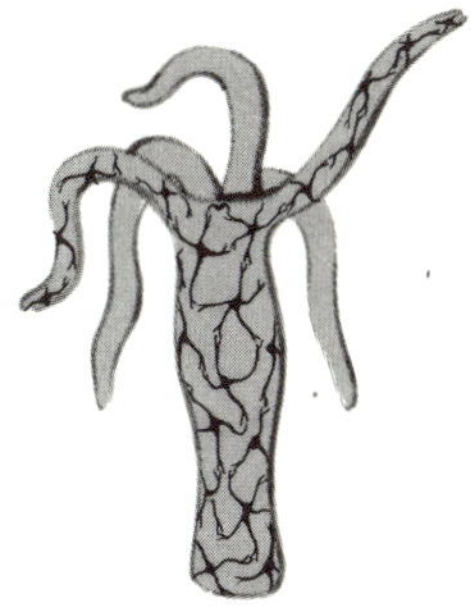

Nervennetz beim Süßwasserpolypen

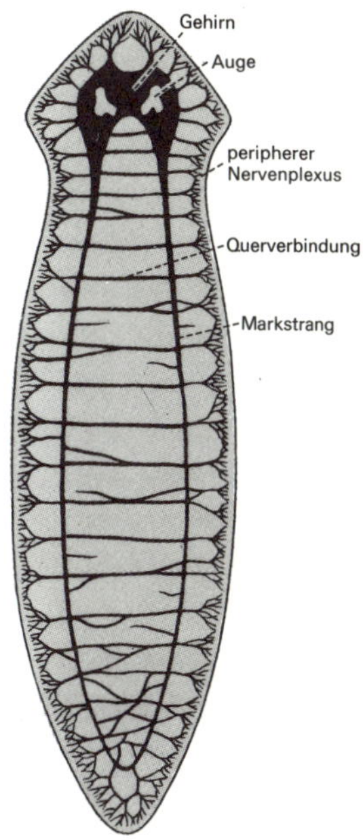

Nervensystem einer Bachplanarie (Strudelwürmer)

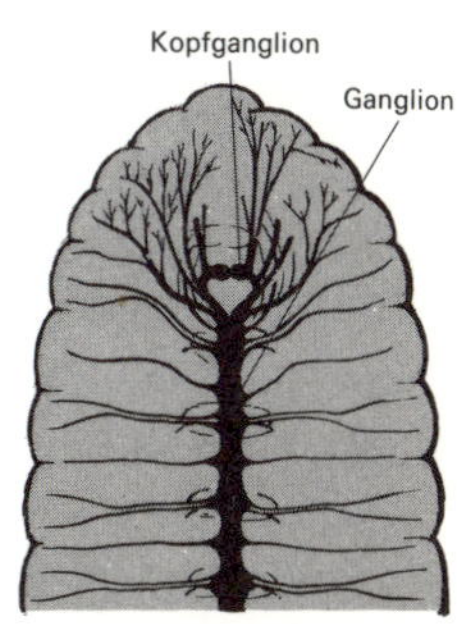

Strickleiternervensystem beim Regenwurm (Kopfbereich)

VEGETATIVES NERVENSYSTEM

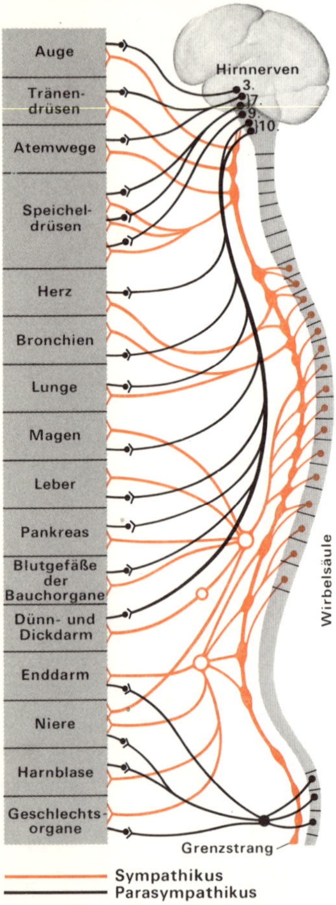

Das *autonome* oder *vegetative Nervensystem* setzt sich zusammen aus dem *sympathischen (Sympathikus)* und dem *parasympathischen* Nervensystem *(Parasympathikus),* die die von ihnen innervierten Organe meist in jeweils entgegengesetztem (antagonistischem) Sinne beeinflussen. Bei körperlicher Belastung werden z. B. durch die sympathische Erregung die Herz- und Kreislauftätigkeiten gesteigert und die Blutzufuhr zu den Verdauungsorganen zugunsten der Körpermuskulatur reduziert. Danach regt der Parasympathikus die Verdauungstätigkeit wieder an und hebt so die einseitige Belastung wieder auf.

(Visceralganglion) und die seitlichen Körperregionen *(Pleural- und Parietalganglien)* ausgebildet. Das höchstorganisierte Nervensystem nicht nur der Weichtiere sondern der Wirbellosen überhaupt haben die *Tintenschnecken* und *Kalmare* mit einem ausgeprägten *Gehirn* und Leistungen, die denen der Wirbeltiere gleichkommen.

Das Nervensystem der *Wirbeltiere* wird embryonal als dorsal abgefaltetes *Neuralrohr* angelegt und in seinem zentralen Teil (Zentralnervensystem) in Gehirn und Rückenmark gegliedert. Beide werden, gut geschützt, in einem Kanal der Wirbelsäule bzw. in der Schädelkapsel untergebracht und sind in allen Wirbeltiergruppen gleich gebaut: Das *Gehirn* besteht aus 5 Teilen (Vorder-, Zwischen-, Mittel-, Hinter- und Nachhirn, vgl. Abb. S. 138), von denen 10, bei höheren Formen 12 Gehirnnervenpaare abgehen. Das *Rückenmark* wird von einem Zentralkanal durchzogen, der sich im Gehirn zu Hohlräumen (Hirnventrikel) erweitert. Ventrikel und Zentralkanal sind mit Lymphe angefüllt. Umschlossen ist der Zentralkanal von der *grauen Substanz,* einer Konzentrierung von vor allem Perikaryen und deren Dendriten, der nach außen die *weiße Substanz* aus Axonen von Rückenmarks- und Hirnneuronen folgt.

Der Teil des Nervensystems, der zwischen dem Organismus und der Umwelt vermittelt, der die Sinneseindrücke aufnimmt und die Skelettmuskulatur aktiviert, also dem Willen unterworfen ist, wird als *animales Nervensystem* vom *autonomen* oder *vegetativen Nervensystem* unterschieden. Letzteres steuert all jene inneren Organe, deren Funktionen vom Willen weitgehend unabhängig verlaufen. Über das Rückenmark sind beide Systeme miteinander verbunden. Sie überdecken und beeinflussen sich gegenseitig.

Sinneszellen und Sinnesorgane, allgemein auch *Rezeptoren* genannt, sind Meßinstrumente, die dem Organismus ebenso Auskünfte über die Umwelt (Licht, Temperatur, Sauerstoff- und Salzgehalt, Nahrung, Artgenossen, Feinde) wie über die Zustände im eigenen Körper (Blutdruck, Muskeltätigkeit, Körpertemperatur, Lage im Schwerefeld, Stellung der Gliedmaßen) geben. Entsprechend kann man zwischen *Außen-* und *Innen-(Proprio-)rezeptoren* unterscheiden.

Rezeptorzellen können sich entweder von Neuronen oder von Körperzellen, wie Epithel-, Muskel- oder Bindegewebszellen, ableiten. Abkömmlinge von Neuronen sind die *primären Sinneszellen* und die *freien Nervenendigungen (Sinnesnervenzellen).* Sie sind durch ein eigenes, die Nachricht ans Zentralnervensystem übermittelndes Axon gekennzeichnet. Bei den primären Sinneszellen sitzt das Perikaryon im Sinnesepithel, bei den

Nervensystem einer Schnecke und eines Kopffüßers

A = Auge (man beachte die w-förmige Pupille des Tintenfisches), AN = Armnerven, C = Cerebralganglion, G = Gehirn, Pa = Parietal-, Pe = Pedal-, Pl = Pleuralganglion (alle sind paarig), SG = Stellarganglion, St = Statocyste, V = Visceralganglion (unpaar). (Nach *P. Meglitsch*).

freien Nervenendigungen am oder im Zentralnervensystem; bei den primären Sinneszellen wird der Reiz von sensiblen Zellfortsätzen empfangen, bei den freien Nervenendigungen von den stark verzweigten Endfasern, denen sie ja ihren Namen verdanken. Die Abkömmlinge von obengenannten Körperzellen liegen im Sinnesepithel, haben kein eigenes Axon und dienen nur der Reizaufnahme. Die Erregung wird über *Synapsen* von einer nachgeschalteten Nervenzelle abgegriffen.

Bei Wirbellosen kommen nur primäre Sinneszellen und freie Nervenendigungen vor, bei Wirbeltieren hingegen auch *sekundäre Sinneszellen*. Häufig sind die Sinneszellen mit anderen Körperzellen zu *Sinnesorganen* zusammengefaßt. Je nach Reizqualität unterscheidet man *Mechano-*, *Photo-*, *Chemo-*, *Thermo-*, *Hygro-* und *Elektrorezeptoren*.

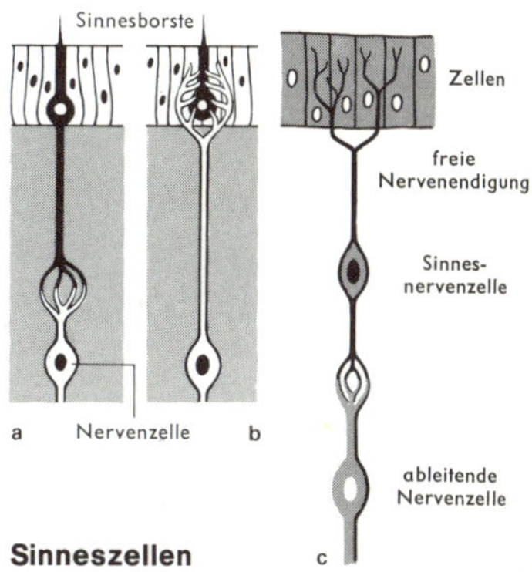

Sinneszellen

a primäre, **b** sekundäre Sinneszelle, **c** freie Nervenendigung

Hormonale Koordination. Während die Nervenzellen strukturell mit allen Organen in Verbindung stehen, werden die *Hormone* als Botenstoffe überwiegend durch Blut und Hämolymphe an die Wirkungsstätten gebracht. Ihrer chemischen Natur nach sind sie Steroide, Aminosäurenabkömmlinge, Proteine oder Peptide. Hergestellt werden sie von Neuronen *(Neurohormone)*, von Zellen anderer Organe wie Magen oder Dünndarm *(Gewebehormone)*, vor allem aber von besonderen Hormondrüsen *(Drüsenhormone)*, die als *innersekretorische* oder *endokrine Drüsen* bezeichnet werden, weil sie keinen Ausführgang besitzen und ihre Absonderungen (Inkrete) direkt in die Körperflüssigkeit abgeben. Auch die Gewebehormone werden ins Blut entlassen, während die Neurohormone in den Axonen der sekretorischen Nervenzellen entlangwandern, in Speicherorganen *(Neurohämalorgane)* gesammelt werden und erst dann ins Blut gelangen.

Hormone entfalten ihre Wirkung schon in außerordentlich geringer Menge und sind genau auf ihr Wirksubstrat abgestimmt. Artspezifisch jedoch ist die Mehrzahl der Hormone

Der Begriff *Hormon* kommt aus dem Griechischen und bedeutet „anregen", „antreiben", „in Bewegung setzen".

Ohne etwas von Hormonen und ihrer geringen Artspezifität zu wissen – der erste Nachweis eines Hormons gelang erst 1849 –, war sich die mittelalterliche Medizin ihrer Wirkungen offenbar schon bewußt, wenn sie mit *Paracelsus* lehrte: „Herz heilt Herz, Milz heilt Milz, Lunge heilt Lunge". Aufgrund der geringen Artspezifität ist es möglich, z. B. die Zuckerkrankheit des Menschen mit aus Rindern gewonnenem Insulin zu behandeln.

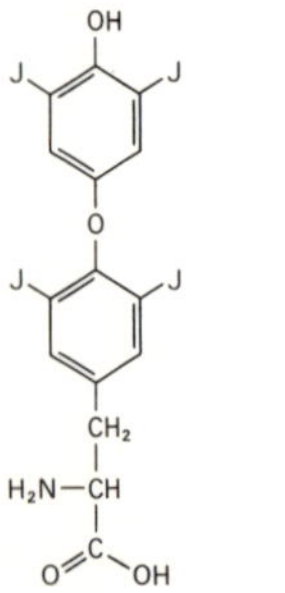

Thyroxin

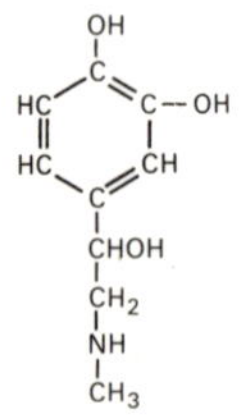

Adrenalin

Das *Thyroxin* der Schilddrüse wirkt noch bei einer Verdünnung von 1:500 Mill., das *Adrenalin* des Nebennierenmarks sogar noch bei 1:1000 Mill.

nicht. Das männliche Geschlechtshormon *(Testosteron)* der Säuger veranlaßt bei allen Wirbeltieren von den Fischen bis zum Menschen die Ausprägung der Geschlechtsmerkmale. Die *Hormonsysteme,* gleich ob bei Insekten oder Wirbeltieren, arbeiten nach den Prinzipien von Hierarchie und Rückkopplung. *Hierarchie* heißt: bestimmten Hormondrüsen sind andere übergeordnet. *Rückkopplung* bedeutet: übersteigt die Leistung einer untergeordneten Drüse ihren Sollwert, dann geht von ihr eine Rückwirkung auf die übergeordnete Drüse aus und hemmt deren Aktivität.

Die molekulare Wirkungsweise, d. h. die Primärwirkung, der Hormone ist noch wenig geklärt. Doch kennt man immerhin zwei verschiedene Primärreaktionen: die Aktivierung des Enzyms Adenylcyclase in der Zellmembran und die Kontrolle der Genaktivität. Die physiologischen Wirkungen dagegen, d. h. die Folgeerscheinungen der molekularen Reaktionen, sind recht gut untersucht. Bei *Insekten* wird durch ein aufeinander abgestimmtes Zusammenwirken von drei Hormonen (Neotenin, Ecdyson, Aktivationshormon) der komplizierte Ablauf von Wachstum, Häutung und Metamorphose sichergestellt. Während bei den *Wirbellosen* hauptsächlich *Neurohormone* gebildet werden, arbeitet der *Wirbeltier*-Organismus mehr mit *Gewebe-* und *Drüsenhormonen.* Allein an der Steuerung der Verdauungsprozesse der Säuger sind mindestens sechs Gewebehormone beteiligt. Doch die wesentlichen Hormone der Säuger werden von den großen Drüsen geliefert.

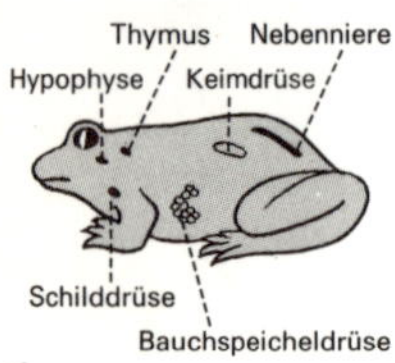

1

2

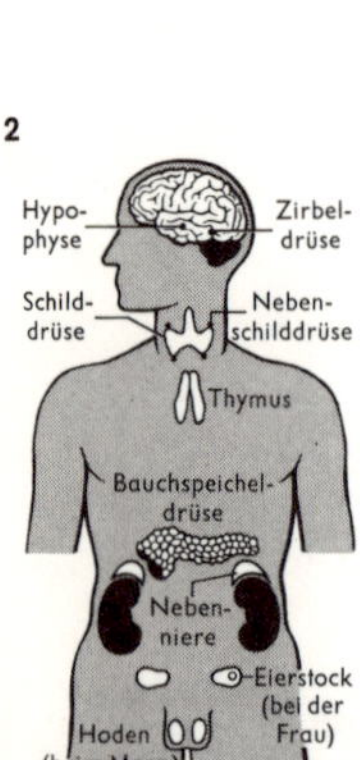

Drüsenhormone bei Wirbeltieren

Bei den Amphibien werden die wichtigsten *Hormone* von 6 Drüsen gebildet (**1**), bei Säugern und beim Menschen sind es 8 (**2**). Die *Zirbeldrüse* oder *Epiphyse,* der Descartes (1596 – 1650) beim Menschen den Sitz der Seele zuordnete, ist bei niederen Wirbeltieren vor allem noch ein Lichtsinnesorgan, ein drittes Auge, dessen Aufgabe bis heute keineswegs geklärt ist. Bei den Säugern ist die Epiphyse voll zur Hormondrüse geworden und liefert das *Melatonin,* das bei jungen Tieren die Gonadenentwicklung, bei älteren die Brunst hemmt. Die *Nebenschilddrüse* spielt erst bei den höheren Wirbeltieren eine Rolle. Ihr *Parathormon* greift vor allem in den Knochenstoffwechsel ein.

Das *Thyroxin* der *Schilddrüse* reguliert die Stoffwechselintensität und das *Insulin* der Langerhansschen Inseln in der *Bauchspeicheldrüse* (Pankreas) den Kohlenhydratstoffwechsel. Die Hormone des *Nebennierenmarks, Adrenalin* und *Noradrenalin,* beeinflussen alle Kreislauffunktionen und passen so den Körper an plötzliche Anstrengungen an. Eine starke Adrenalinausschüttung findet auch bei Schreck oder Wut statt. Die *Nebennierenrinde* produziert mehrere Hormone, die vor allem den Wasser- und Mineralhaushalt sowie den Fett- und Kohlenhydratstoffwechsel regulieren und damit auch in viele andere Stoffwechselvorgänge eingreifen. Der *Thymus* liefert einen Stoff, der offenbar das Wachstum fördert. Die *Geschlechts-(Sexual-)hormone* der *Keimdrüsen,* die nicht lebensnotwendig sind, regeln die Periodik der Sexualvorgänge (Brunst, Läufigkeit) und veranlassen, wie bereits erwähnt, die Ausbildung der sekundären Geschlechtsmerkmale (Hochzeitskleid, Hahnenkamm, Hirschgeweih, Daumenschwielen bei Amphibien). Die Produktion der meisten Wirbeltierhormone wird entsprechend des Hierarchie-Prinzips von den Hormonen der *Hirnanhangsdrüse* (Hypophyse) überwacht.

Der Bewegungsapparat

Während die Organe des Betriebs- und auch des Koordinations- oder Integrationsapparats in der äußeren Gestalt des Tieres so gut wie nicht in Erscheinung treten, ist der *Bewegungsapparat,* insbesondere wenn es sich bei ihm um Organe zur Fortbewegung handelt, nicht selten auch Teil der äußeren Gestalt. Seine eigentlichen Bausteine – die kontraktilen Elemente – jedoch liegen im Innern.

Bewegung beruht auf der Fähigkeit, die durch Stoffwechselvorgänge gewonnene chemische Energie in mechanische umzusetzen und ist sowohl als Binnenbewegung im Körper (Herzschlag, Atmungsmechanik, Darmperistaltik) wie als Ortsbewegung für alle Tiere kennzeichnend. Aktive, direkte Fortbewegung kommt durch Ausbildung von Cytoplasmafortsätzen *(Pseudopodien)* in der Bewegungsrichtung *(amöboide Beweglichkeit),* durch den Schlag von *Geißeln* oder *Wimpern* und durch Kontraktion von *Muskelzellen* zustande.

Vermutlich beruhen alle Bewegungsformen darauf, daß sich fädige Zellstrukturen, in ähnlicher Weise wie für den quergestreiften Muskel beschrieben, gegeneinander verschieben. In amöboid beweglichen Zellen finden sich solche Strukturen als etwa 7 nm dicke *Plasmafilamente,* in Geißeln und Wimpern sind es die 9 peripheren *Tubuli.*

Amöboid bewegen sich unter den Protozoen die Wurzelfüßer (Name!), aber auch einzelne Zellen der Metazoen, so die Amoebocyten der Schwämme oder die Makrophagen der Wirbeltiere. Wie die Wurzelfüßer verdanken auch die Geißel- und Wimpertierchen ihren Namen der Art ihrer Fortbewegung. Die sessilen, aber in ihrem Körperinnern höchst dynamischen Schwämme sind neben der amöboiden vor allem auf Geißelbewegung angewiesen; Muskelzellen gibt es bei ihnen noch nicht. *Muskelzellen* aber waren die Voraussetzung, damit sich im Laufe der Stammesgeschichte größere, frei bewegliche Tiere entwickeln konnten. Durch verschiedenartige Anordnung der Muskelfibrillen wurden verschiedenartige Bewegungsformen (Schlängel-, Spanner-, Rückstoßbewegung) möglich. Die größte Vielfalt und Leistungsfähigkeit des Bewegungsapparats aber wurde erreicht, als die Muskeln die Verbindung zu einem festen *Skelett* eingehen und der Körper Hebelwirkungen ausnutzen konnten. Damit war eine wichtige Bedingung zur Besiedlung aller Lebensräume erfüllt.

Als Hebelarme bildeten sich *Gliedmaßen* heraus, die zum Schwimmen, Gehen, Laufen, Springen, Graben, Klettern oder Fliegen spezialisiert wurden. Bei den Tausendfüßern sind es zwar nicht 1000, aber immerhin je nach Art 16–480, bei den

Von *indirekter Bewegung* wird dann gesprochen, wenn keine Bewegungsstrukturen ausgebildet sind. Sonnen- und Strahlentierchen steigen im Wasser auf und ab, indem sie den CO_2-Gehalt in den Vakuolen ihres Außenplasmas verändern. Selbst die beschalten Amöben *Difflugia* und die aufgrund ihrer Form bisweilen als Hosenknopfamöbe bezeichnete *Arcella* können ihr spezifisches Gewicht durch Ausbildung einer Gasblase verringern und sich so vom Boden erheben.

Auch die Bewegungsweise der *Gregarinen,* parasitischen Sporentierchen *(Sporozoa),* die man früher auf die Absonderung eines quellbaren Schleims zurückführte, beruht möglicherweise auf Fibrillen, die in die Pellicula eingelagert sind.

1 Kontraktionsphase

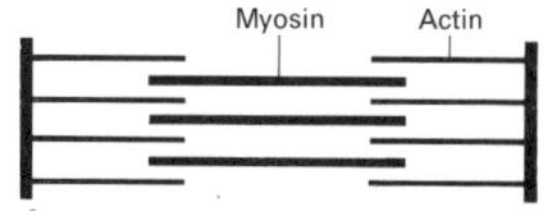

2 Relaxationsphase

Muskelzellen

Die *Muskelzellen* enthalten längsgerichtete Plasmafilamente, die zu sog. *Myofibrillen* vereinigt sind. Bei der *quergestreiften Muskulatur* bilden zwei Typen von Filamenten, dicke *Myosin-* und dünne *Actinfilamente,* jeweils ein hexagonales Gitter. Bei der Kontraktion (**1**), die durch von den Mitochondrien bereitgestelltes Adenosintriphosphat (ATP) und aus dem endoplasmatischen Reticulum stammendes Ca^{2+} bewirkt wird, gleiten die beiden Gitter ineinander. Wenn die Ca^{2+}-Ionen wieder ins endoplasmatische Reticulum zurückgepumpt werden, erschlafft der Muskel dadurch, daß die Gitter wieder auseinandergleiten (**2**).

Eine Art *Laufbewegung* ist schon bei verschiedenen Wimpertierchen, wie bei *Stylonychia mytilus,* zu beobachten. Zu derben Cirren griffelförmig gebündelte Wimpern werden wie Beine als Lauforganellen benutzt.

Im Spinnenbein sind nur an bestimmten Gelenken Beugermuskeln ausgebildet. Die Streckung erfolgt hydraulisch durch die Hämolymphe.

Spinnen 8, den Insekten *(Hexapoda)* 6 und bei den Wirbeltieren *(Tetrapoda)* 4. Sie alle setzen sich aus mehreren Hebeln zusammen, die untereinander und mit dem Körper durch *Gelenke* verbunden sind. Bewegt werden die Hebel im allgemeinen von zwei gegenläufig arbeitenden Muskeln, einem *Beuger* und einem *Strecker,* gleichgültig ob sie, wie bei den Extremitäten der Gliederfüßer, im Innern von Röhren oder, im Falle der Wirbeltiere, außen an Stäben ansetzen.

Der Fortpflanzungsapparat

Fortpflanzungsvorgänge

molekular
Selbstverdoppelung der DNA
zellulär
Kernteilung
(Mitose und Meiose)
Zellteilung
Besamung
(Verschmelzung von Ei- und Samenzelle)
Befruchtung
(Verschmelzung der Kerne von Ei- und Samenzelle)
organismisch
Knospung
Architomie
Paratomie
Begattung
(Übertragung des männlichen Samens auf oder in das weibliche Tier)

Fortpflanzung ist das einzige Mittel, die Kontinuität des Lebendigen zu bewahren. Sie allein garantiert die *Erhaltung* der *Art* über die Lebensdauer des Individuums hinaus und schafft innerhalb einer Art genügend Variabilität und damit die Voraussetzung zur *Entstehung neuer Arten* (vgl. S. 6). Daraus erklärt sich die unermeßliche Fülle von Verhaltensweisen wie Strukturen – vom Auffinden und Anlocken der Geschlechter und dem Ausschalten des Konkurrenten bis zu hochkomplizierten Begattungsorganen; und noch darüber hinaus werden durch Einrichtungen zur Brutpflege und Brutfürsorge Entwicklung und Aufzucht des Keims gesichert. Meist, aber keinesfalls immer, ist Fortpflanzung mit *Vermehrung* verbunden. Vermehrung dient der Ausbreitung der Art und erhöht die Chance, sie zu erhalten.
Das gesamte Fortpflanzungsgeschehen besteht aus einer Folge von molekularen, zellulären und organismischen Einzelvorgängen. Aus diesen Prozessen gehen ein- oder mehrzellige *(mono-* oder *polycytogene),* ungeschlechtliche *(vegetative)* oder geschlechtliche *(sexuelle)* Fortpflanzungseinheiten als Keime hervor. Diese wachsen zu Individuen heran, die sich erneut fortpflanzen. Den Entwicklungsabschnitt, den ein Organismus von dem elterlichen Fortpflanzungsakt, dem er seine Entstehung verdankt, bis zu seiner eigenen Fortpflanzung durchläuft, nennt man eine *Generation.*

Ungeschlechtliche (vegetative) Fortpflanzung

Monocytogene ungeschlechtliche Fortpflanzung ist die einfachste Form der Fortpflanzung und findet sich nur bei Einzellern. Durch Kernteilung *(Mitose)* mit nachfolgender Zellteilung entstehen zwei Tochterindividuen, die annähernd gleich groß sind *(Zweiteilung: Amoeba, Trypanosoma brucei).* Es kann aber auch nach der Kernteilung von der Mutterzelle nur eine kleine Knospe abgeschnürt werden *(Zellknospung:* Wimpertierchen *Radiophrya* und *Spirochna),* oder der Zellkörper kann nach mehrfachen Kernteilungen viele Tochterzellen bilden *(Vielteilung: Trypanosoma lewisi).* Immer ist die Fortpflanzungseinheit eine einzige Zelle, die aus einer normalen Zellteilung hervorgeht.

POLYCYTOGENE UNGESCHLECHTLICHE FORTPFLANZUNG. Werden von vielzelligen Tieren ganze Körperteile, die totipotente (d. h. zur Entwicklung eines ganzen Individuums befähigte) Zellen enthalten, abgetrennt, dann ist die Fortpflanzung ebenfalls ungeschlechtlich, jedoch *polycytogen.* Dabei kann ein Organismus vollkommen in zwei gleiche Hälften geteilt werden *(Pferdeaktinie)* oder aus kleineren Knospen neue Individuen hervorgehen lassen *(Hydra).* Bleiben die Individuen miteinander verbunden, entstehen *Tierstöcke,* wie wir sie am umfangreichsten in Form der riffbildenden Korallen tropischer Meere finden (vgl. Abb. S. 101).
Wird das Muttertier in Tochterindividuen aufgeteilt, und werden die Organe der Jungtiere erst nach Abtrennung vom Elterntier aufgebaut, sprechen wir von *Architomie* (Beispiel: Ringelwurm *Ctenodrilus monostylus).* Zerfällt dagegen das Muttertier erst nach der Organbildung in die Jungtiere, dann liegt *Paratomie* vor. Durch *Sprossung* pflanzt sich der Meeresringelwurm *Autolytus* (Name !) fort, indem er am Hinterende, ähnlich wie auf der Ebene des Einzellers das Wimpertierchen *Radiophrya,* kettenartig Knospen abschnürt, an denen bereits ein Kopf mit Augen differenziert wird, solange sie noch am Muttertier hängen. Bei ungünstigen Umweltbedingungen kann der Seestern *Linckia* in seine fünf Arme zerfallen, die dann durch Regeneration zu ganzen Tieren heranwachsen. Als Überdauerungsknospen für schlechte Perioden entstehen im Innern von Schwämmen *Gemmulae,* in Moostierchen Statoblasten.

Muttertier

Beginn der Teilung

Teilung

Teilung in annähernd gleichgroße Tochtertiere: Pferdeaktinie *(Actinia equina)*

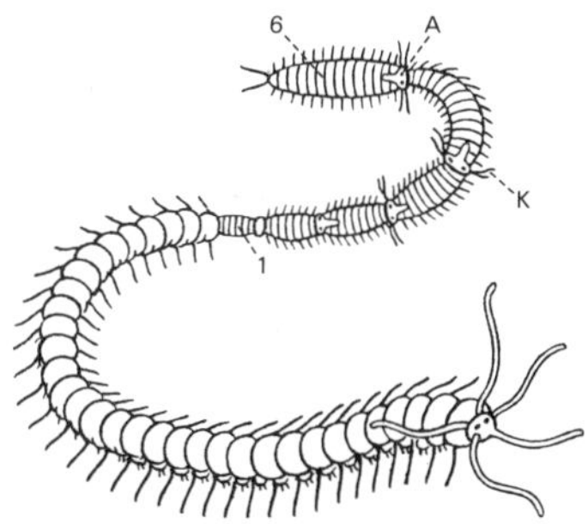

Meeresringelwurm *Autolytus* (Länge 2 cm); 1 jüngste, 6 älteste Knospe; A Augen, K Kopftentakel

Geschlechtliche (sexuelle) Fortpflanzung

DICYTOGENE GESCHLECHTLICHE FORTPFLANZUNG. Fortpflanzungszellen, die dadurch entstehen, daß durch Reifeteilungen *(Meiose)* ihr Chromosomenbestand in der Regel auf die Hälfte reduziert, also haploid wird, nennen wir *Geschlechtszellen* oder *Gameten.* Der Vorgang, durch den aus den Geschlechtszellen neue Individuen hervorgehen, wird als *geschlechtliche* oder *sexuelle Fortpflanzung* bezeichnet. Im allgemeinen verschmelzen dabei zwei haploide Gameten zu einer diploiden *Zygote;* die Fortpflanzungseinheit ist *dicytogen.* Der hochgeordnete Prozeß der Vereinigung der Gameten, der Zellkörper *(Gametogamie)* und der Kerne *(Karyogamie)* mit nachfolgender Meiose ist das Kernstück der sexuellen Fortpflanzung.

Während die vegetative Fortpflanzung weniger aufwendig ist als die geschlechtliche und sich damit als gutes Mittel erweist, eine Art schnell und sicher zu verbreiten, besteht der Vorteil der geschlechtlichen Fortpflanzung in einer Umkombinierung der elterlichen Erbanlagen *(Gene)*. Dadurch können im Erbgut auftretende Schäden schneller wieder verschwinden und der *Selektion* ein breites Sortiment an Neukombinationen von Genen für eine bessere *Anpassung* des Organismus an die Umwelt geboten werden. Bei ausschließlich ungeschlechtlicher Fortpflanzung würde es vermutlich viel länger dauern, bis durch *Mutationen* ein solch vielfältiges Angebot an Genen zur Verfügung stände.

Evolutiv betrachtet, ist die ungeschlechtliche Fortpflanzung zweifellos primär, und es hat in den Frühstadien der Organismenentwicklung sicher Gruppen gegeben, die sich ausschließlich vegetativ fortpflanzten. Doch ist anzunehmen, daß die genetische Rekombination aufgrund ihres hohen selektiven Wertes schon sehr bald nach der Entstehung des Lebens „erfunden" wurde und daß jede heute vorhandene Form der ungeschlechtlichen Fortpflanzung auch bei den einfachen Organismen einen abgeleiteten Zustand darstellt. Das wird u. a. auch durch die in den letzten zwei Jahrzehnten immer häufiger entdeckten *parasexuellen* Vorgänge bei Bakterien bestätigt.

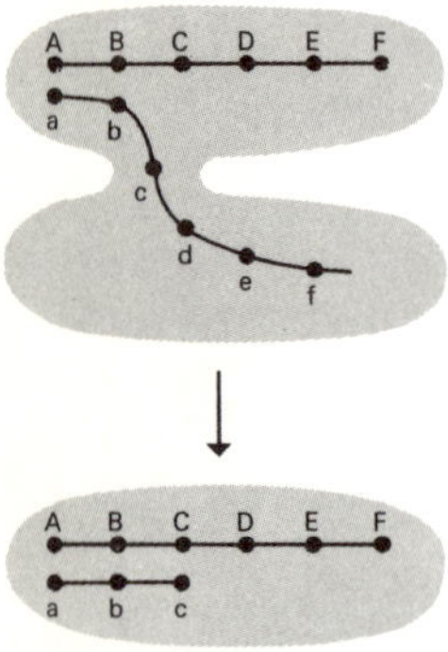

Als *parasexueller* Vorgang wird die Übertragung von Teilen eines Genoms bezeichnet, die zu partiell diploiden Kombinationen, Teil- oder Merozygoten führt.

Was die geschlechtliche Fortpflanzung betrifft, so sind an den heute lebenden, den rezenten Protozoen noch Fortpflanzungsformen zu beobachten, die uns ein Bild geben, wie die Sexualität der höheren Organismen entstanden sein dürfte.

Formen sexueller Fortpflanzung bei Protozoen

Hologamie

Bei einigen Geißeltierchen *(Chlamydomonas, Polytoma, Dunaliella)* verschmelzen volle Individuen miteinander, die sich weder in Größe noch Form von solchen unterscheiden, die sich vegetativ durch einfache Zellteilung fortpflanzen. Hierbei ist die Fortpflanzung nicht mit einer Vermehrung, sondern gar mit einer Verminderung der Individuen kombiniert. Diese Art der Kopulation wird *Hologamie* genannt (holos, griech. = ganz, vollständig).

Merogamie

Werden Gameten gebildet, die sich in Größe und Gestalt vom Normalindividuum unterscheiden, fast immer kleiner sind als dieses, so bezeichnet man deren gegenseitige Verschmelzung als *Merogamie* (meros, griech. = Teil). Alle Gameten können von gleicher Größe und Gestalt sein *(Isogamie)* oder als kleine Mikro- und große Makrogameten ausgebildet sein *(Anisogamie)*. Werden die Unterschiede zwischen Mikro- und Makrogameten noch größer, dann wird die Anisogamie zur *Oogamie*, bei der nährstoffreiche, aber unbewegliche Eizellen von kleinen, jedoch beweglichen Samenzellen aufgesucht werden.

Die *Oogamie* ist die höchste Form der sexuellen Fortpflanzung und die einzige dicytogene, die bei den Metazoen vorkommt. Sie ist bei den höheren Tieren an einen meist komplexen Fortpflanzungsapparat gebunden. In den weiblichen *Geschlechtsorganen* (Gonaden), den *Eierstöcken* (Ovarien), entwickeln sich aus Oogonien die *Eizellen*, in den männlichen

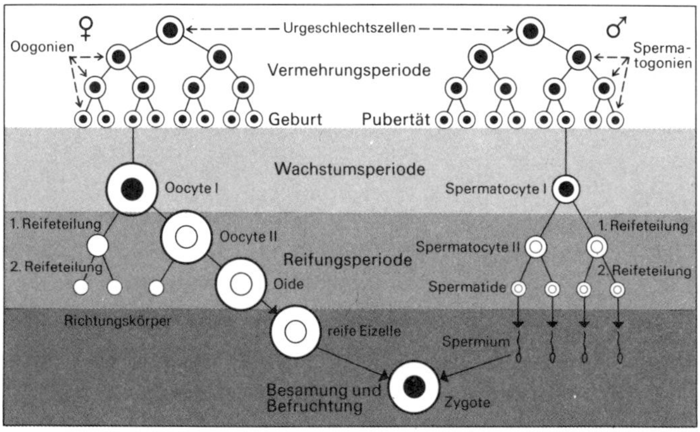

Schema der Entwicklung von Samenzellen (Spermatogenese) und Eizellen (Oogenese) am Beispiel der Säuger

Gonaden, den *Hoden* (Testes), aus Spermatogonien die *Samenzellen* (Spermatozoen, Spermien).

Beide, Ei- und Samenzellen, werden noch in den Gonaden oder erst in den mit Drüsen versehenen Ausfuhrgängen für ihre Aufgaben besonders ausgerüstet. Die Eizelle wird unter Einlagerung von Nährstoffen *(Dotter)* und der Ausbildung von Hüllen zu dem, was man im täglichen Sprachgebrauch ein Ei nennt. Eizellen ohne jeglichen „Proviant" gibt es nicht, doch kann die Menge der Lipide, Proteine und des Glykogens sehr unterschiedlich sein – je nach den ökologischen Bedingungen, denen die aus den Eiern schlüpfenden Larven jeweils ausgesetzt sind.

Je dotterreicher die Eier sind, um so entwickelter können die Jungen die Eihüllen verlassen. Der im Meer lebende *Hummer* bringt tausende kleiner, *dotterarmer Eier* hervor, aus denen *Larven* schlüpfen, die zwar auf eigene Ernährung angewiesen und vielen Gefahren ausgesetzt, aber sonst den Bedingungen des Meeres voll angepaßt sind. Der *Flußkrebs,* der stammesgeschichtlich aus dem Meer ins Süßwasser einwanderte, konnte als Art dort nur überleben, weil er auf Larven, die leicht in Flüssen und Bächen verdriftet werden können, „verzichtete". Seine Fortpflanzungskapazität wird so genutzt, daß nur noch wenige, dafür aber *dotterreiche Eier* gebildet werden und der Keim seine gesamte Entwicklung innerhalb der Eihülle durchmacht. Schließlich schlüpft ein zwar nicht ausgewachsener, jedoch bereits fertig ausgebildeter kleiner Krebs, der gegenüber freischwebenden und -schwimmenden Larven ein Bodentier ist.

Bei Samenzellen, die das väterliche Erbgut in die Eizellen überführen müssen, ist eine Dottereinlagerung nicht erforderlich, ja als Ballast nicht erwünscht. Was den Materialverbrauch betrifft, sind Spermien „billig". Dafür ist jedoch der morphogenetische Aufwand, mit dem sie zu meist kaulquappenförmigen Bewegungszellen differenziert werden, um so größer.

Spermatophoren

Nicht selten werden die Spermien zu Samenpaketen, sog. *Spermatophoren* verpackt, indem sie portionsweise in ein zu festen Hüllen oder Kapseln erstarrendes Sekret eingeschlossen werden. Die Spermatophoren werden irgendwo abgesetzt und vom Weibchen aufgenommen, oder sie werden direkt auf oder in das Weibchen übertragen (vgl. S. 78). Dadurch, daß Teile der Spermatophorenhülle oder des Inhalts aufquellen, werden die Spermien frei und können unmittelbar die Eizellen besamen, oder sie werden in einer besonderen Tasche, einem *Receptaculum seminis,* bis zur Besamung aufbewahrt. Spermatophoren finden sich bei Ringelwürmern, Gliederfüßern und Molchen und können, wie bei den Tintenschnecken und Grillen, hochkomplizierte Gebilde sein.

Dotterbildung

Wie die Abb. S. 73 zeigt, erreicht die Oocyte in der Wachstumsphase durch den Einbau der Nährstoffe ein Vielfaches ihres Ausgangsvolumens. Doch wird diese Leistung nur in wenigen Fällen, z. B. unter den Faden- und Schnurwürmern, den Weichtieren und Stachelhäutern, von einer Oocyte allein und unabhängig vollbracht (primäre = *solitäre Dotterbildung*). Vermutlich ist bei einer solchen Stoffwechselbeanspruchung die Gefahr, daß genetische Schäden entstehen, sehr groß. An einem stoffwechselaktiven Kern treten eher „Unfälle" an den Chromosomen auf als an einem ruhenden. Wird der Eizelle dagegen das Dottermaterial von außen geliefert, sinkt das Risiko beträchtlich. So ist es naheliegend, daß die Selektion eine Schonung des Genoms der Eizelle bevorteilt und den Dotteraufbau durch Hilfszellen fördert (sekundäre = *alimentäre Dotterbildung*). Bei den Hilfszellen kann es sich um Körperzellen handeln, häufig aber sind es Keimzellen (Oogonien, Oocyten), die zugunsten einer Eizelle geopfert werden. Die Hilfszellen können unter Erhaltung ihrer Existenz Substanzen aufbauen und in die Eizellen einschleusen *(auxiliäre Dotterbildung)*; sie können aber auch mehr oder minder vollständig in das Cytoplasma der Eizelle überführt werden *(nutrimentäre Dotterbildung)*.
Auxiliäre Dotterbildung durch wenige, der Oocyte einseitig anliegende Nährzellen kommt bei Scyphomedusen, z. B. bei *Pelagia*, vor. Die verbreitetste Form auxiliärer Dotterbildung ist die, bei der die Hilfszellen die Eizelle voll umschließen, einen Follikel um sie herum bilden, wie z. B. bei den panoistischen Eiröhren (Ovariolen) einiger Insekten. Nutrimentäre Dotterbildung in einfachster Form findet sich bei den Schwämmen, bei denen amöboid bewegliche Oocyten andere Zellen, vermutlich Oogonien, regelrecht „auffressen". Bei der Weinbergschnecke treten somatische Follikelzellen in das Oocytenplasma ein. In den meisten Fällen werden aber generative Zellen zu Nährzellen. Beim planktisch lebenden Ringelwurm *Tomopteris elegans* formieren sich im Ovar jeweils Gruppen zu 8 Zellen, von denen eine zur Oocyte, die anderen 7 zu kleineren Nährzellen werden.
Kombiniert auxiliär-nutrimentäre Dotterbildung findet sich in den meroistischen Eiröhren der Insekten. Bilden die zu Nährzellen gewordenen Geschlechtszellen zusammen mit dem Keimlager im Endabschnitt der Ovariole eine Nährkammer, so liegt eine *telotrophe Eiröhre* vor. Sind die Nährzellen dagegen auf mehrere, jeweils einer Eizelle zugeordnete Nährkammern so aufgeteilt, daß innerhalb einer Ovariole Ei- und Nährkammern miteinander abwechseln, dann handelt es sich um *polytrophe Eiröhren*.
Die Nährstoffe können auch, meist von großen Eiweißdrüsen aufgebaut, erst im Ausführgang (Eileiter) der Eizelle beigegeben werden *(tertiäre Dotterbildung)*. Das ist bei Egeln, Landlungenschnecken und Vögeln der Fall. Der im Volksmund als „Eiweiß" benannte Anteil des Hühnereies ist ein Sekret des Eileiters, das „Eigelb" („Eidotter") die Eizelle, die mit dem im Ovar aufgebauten und durch Carotinoide gelb bis gelbrot gefärbten Dotter angefüllt ist.

Eihüllenbildung

Fast immer wird die fertige Eizelle von einer oder mehreren *Eihüllen* umgeben. Je nach Herkunft und Entstehung unterscheidet man auch bei ihnen primäre, sekundäre und tertiäre Eihüllen.
Primäre Eihüllen werden vom Ei selbst aufgebaut. Häufig sind sie gallertig (Seeigel), sie können aber auch fest und derb sein (Spulwurm). *Sekundäre Eihüllen* werden von den Follikelzellen des Ovars abgeschieden und finden sich als feste Hüllen *(Chorion)* bei Insekten und als sog. *Membrana pellucida* bei Wirbeltieren. Vielfach tragen die sekundären Eihüllen höcker- oder stachelartige Erhebungen (Seerosen, Käferschnecken, Fische). Die *tertiären Eihüllen* werden aus Sekreten von Drüsen des Leitungsapparats gebildet. Sie können über der primären und sekundären Eihülle abgelagert werden. Die sekundäre Eihülle kann aber auch fehlen. Tertiäre Eihüllen sind die Kalkschalen der Schnecken- und Vogeleier, die Schleim- und Gallertmassen im Laich vieler Wassertiere (Würmer, Schnecken, Tintenschnecken, Amphibien) und die artspezifisch geformten hornartigen Kapseln der Rochen- und Hai-Eier.

Kokonbildung

Werden mehrere Eier von einer gemeinsamen tertiären Hülle umgeben, dann spricht man von einem *Kokon*, wie ihn vor allem Insekten und Vorderkiemerschnecken bilden. Als Kokons werden auch die Eibehälter von Regenwürmern und Blutegeln bezeichnet; sie jedoch werden nicht vom Leitungsapparat, sondern von Sekreten von Hautdrüsen gebildet.

MONOCYTOGENE GESCHLECHTLICHE FORTPFLANZUNG (PARTHENOGENESE). Eine Reihe von Tieren bilden Eizellen, die sich ohne Befruchtung, d. h. durch *Jungfernzeugung (Parthenogenese)*, entwickeln können. Da hier die Fortpflanzungseinheit eine einzige Geschlechtszelle ist, muß die Parthenogenese als eingeschlechtliche oder *monocytogene* geschlechtliche Fortpflanzungsform angesehen werden. Bei rezenten Tieren ist sie in allen Fällen sekundär aus der bisexuellen Fortpflanzung entstanden.

Ist die Eizelle, wie man das ja von einer Geschlechtszelle erwarten sollte, haploid *(haploide Parthenogenese)*, dann wird meist – vielleicht sogar immer – auf einem ihrer folgenden Entwicklungsstadien die diploide Chromosomenzahl wieder hergestellt. Solches erfolgt bereits zu oder vor Beginn der Entwicklung durch Partheno- bzw. Pseudogamie oder es vollzieht sich erst auf einem späteren Stadium und betrifft dann nur die Körperzellen. Letzteres ist bei den Drohnen der Honigbiene der Fall, bei denen in der Spermiogenese die Reduktionsteilung ausfällt. Die parthenogenetisch sich entwickelnde Eizelle kann jedoch auch, wenn die Reduktionsteilungen in der Oogenese unterblieben sind, diploid sein *(diploide Parthenogenese)*. Beispiele hierfür finden sich bei den Rädertieren, Wasserflöhen und Blattläusen.
Es liegt auf der Hand, daß Eizellen, die sich unbefruchtet entwickeln können, viel schneller zu wieder fortpflanzungsfähigen Nachkommen führen und – was noch viel wirkungsvoller ist – die Fruchtbarkeit verdoppeln. Denn aus allen Zygoten gehen eiererzeugende Weibchen hervor, im Gegensatz zur bisexuellen Fortpflanzung, bei der ja 50 % der Nachkommen Männchen sind, die sich selbst nicht fortpflanzen. Somit ist Parthenogenese von Vorteil für Formen, die aufgrund einer jahreszeitlich bedingten Klimaverschlechterung (Rädertiere, Wasserflöhe) oder ihrer rasch entstehenden und meist ebenso rasch vergehenden Lebensräume, wie Regen- und Schmelzwassertümpel, nur kurze Zeit zum Aufbau einer Population zur Verfügung haben.
Die haploid-parthenogenetische Entstehung von Männchen, die bei den Metazoen nur etwa siebenmal vorkommt – fünfmal bei den Insekten, einmal bei Milben und einmal bei Rädertieren – ist eine Form der Geschlechtsbestimmung. Man kann sie gleichsam als genetischen Reinigungsprozeß deuten, indem alle homozygot letalen und ebenso alle hemizygot nicht lebensfähigen Faktoren durch sie ausgeschaltet werden. Vielleicht spielt bei den Hautflüglern (Bienen, Wespen, Hummeln, Ameisen) auch ein ökonomischer Gesichtspunkt mit, indem Königinnen mit dem zwar vielleicht bei mehrfachen Begattungen, aber nur einmal im Leben erhaltenen Spermienvorrat sparsam umgehen müssen.

Generationswechsel

Die Wasserflöhe und Rädertiere unserer Teiche und Seen vermehren sich im Frühjahr parthenogenetisch und gehen dann, wenn sie die Kapazität ihres Lebensraums erreicht haben, zur zweigeschlechtlichen Fortpflanzung über. Hier wechseln also

Ein *Generationswechsel* liegt nur dann vor, wenn es sich wirklich um Generationen handelt, die aufeinanderfolgen. Ein und dieselbe *Hydra*, die sich nacheinander durch Knospen und Geschlechtsprodukte fortpflanzt, stellt selbstverständlich nur eine Generation dar.
Entdeckt wurde der Generationswechsel bei Tieren von *A. von Chamisso*.

Adelbert von Chamisso (1781–1838), deutscher Dichter, studierte 1812–1815 Botanik und Medizin, war 1815–1818 als Naturforscher an der russischen Weltexpedition beteiligt, später Kustos am Botanischen Garten Berlin.

verschiedengeschlechtliche Generationen miteinander ab. Einen solchen Generationswechsel nennt man *Heterogonie.* Wechseln dagegen geschlechtliche mit ungeschlechtlichen Generationen ab, dann spricht man von *Metagenese,* wie wir sie bei den Nesseltieren zwischen festsitzendem Polyp (ungeschlechtliche Generation) und freischwimmender Meduse (geschlechtliche Generation) kennen. Außer bei sessilen und solchen Formen, bei denen die zeitlich unterschiedlichen Bedingungen des Lebensraums eine Beschleunigung der Fortpflanzungsrate erfordern, findet man einen Generationswechsel meist noch bei Parasiten. Bei ihnen ist er zudem häufig mit einem *Wirtswechsel* verbunden. Eine Larve des Kleinen Leberegels *(Dicrocoelium dendriticum),* die aus einem Ei schlüpft, das mit dem Kot des Schafs abgegeben wurde, hätte ohne Zwischenwirte (Schnecke, Ameise) kaum die Chance, wieder in eine Schafsleber zu gelangen (vgl. Abb. S. 109).

Geschlechtsorgane

Bei der vegetativen Fortpflanzung der Vielzeller besteht der *Fortpflanzungsapparat* im allgemeinen nur aus einer Anhäufung von totipotenten Zellen, die sich vermehren und durch Differenzierung das neue Individuum schaffen. Häufig beobachtet man, so etwa bei Hydra, daß die sie unmittelbar umgebenden Zellen reich mit Reservestoffen angefüllt sind. Ähnlich ist es bei der geschlechtlichen Fortpflanzung der niederen Vielzeller. Während bei den Schwämmen die *Geschlechtszellen* noch diffus im Tier verteilt sind, sammeln sie sich von den Hohltieren aufwärts an geeigneten Stellen des Körpers. Bei *Hydra* bilden sie mehrere Anlagen in der äußeren Körperschicht. Auch hier sind die an sie angrenzenden Zellen der inneren Körperschicht reservestoffreich. Aus den Hodenanlagen gehen eine große Anzahl von Spermatozoen, aus den Ovaranlagen nur ein einziges großes Ei hervor (vgl. Abb. S. 100).
Bei allen höheren Tieren rücken die im Rahmen der Keimbahn (vgl. S. 15) von den Körperzellen abgesonderten *Urgeschlechtszellen* in den Innenraum des Körpers. Bei den niederen Würmern sind es noch einfache Zellhaufen ohne scharfe Abgrenzung. Später werden sie durch epitheliale oder bindegewebige Hüllen zu wohl abgegrenzten Organen. Bei den niederen Formen sind sie meist noch in Vielzahl vorhanden; bei Platt- und Schnurwürmern können es bis zu 100 sein. Häufig sind sie zu Paaren hintereinandergereiht. Bei den höheren Tieren können sie dann auf zwei (Wirbeltiere) oder gar nur eine *Gonade* (Schnecken, Seewalzen) beschränkt werden.

Das Prinzip der Sexualität wird voll ausgenutzt, wenn männliche und weibliche Gonaden – Hoden und Ovarien – auf zwei verschiedene Individuen verteilt werden. Welches Geschlecht dabei in einem Tier ausgebildet wird, hängt vom Erbgut, von Hormonen und manchmal auch von Umweltfaktoren ab. Solcherart *getrenntgeschlechtlich (gonochoristisch)* sind all jene Tiere, deren freie Beweglichkeit ein aktives Auffinden des Geschlechtspartners erlaubt.

Zwittertum (Hermaphroditismus), d. h. die Vereinigung von Ovarien und Hoden im selben Individuum, ist zwar recht weit im Tierreich verbreitet, scheint aber auf Formen beschränkt zu sein, bei denen ein Zusammentreffen der Geschlechter oder die Vereinigung der Keimzellen auf Schwierigkeiten stößt, wie bei sessilen (Rankenfüßer unter den Krebsen, Seescheiden) und halbsessilen (Pantoffelschnecke) oder nur langsam beweglichen Tieren (Schnecken, Regenwürmer) und bei Parasiten (Saug- und Bandwürmer). Da ein Zusammentreffen solcher Tiere stark eingeschränkt ist, schafft das Zwittertum wenigstens die Möglichkeit, daß jede Begegnung zwischen zwei Individuen der gleichen Art zur Begattung und Befruchtung führen kann. Eine extreme Form des Zwittertums zeigen die *Landlungenschnecken* (z. B. Weg- und Weinbergschnecke). Bei ihnen werden Ei- und Samenzellen in derselben Gonade (Zwitterdrüse) gebildet.

Hin und wieder wird eine solche Begegnung durch *Kreuzbefruchtung* doppelt genutzt, indem beide Partner gleichzeitig sowohl als Männchen wie als Weibchen fungieren (Weinbergschnekke). *Selbstbefruchtung* dagegen wird durch mancherlei Vorkehrungen weitestgehend verhindert. Immerhin sind einige Fälle bekannt: unter den freilebenden Formen die Seescheide *Ciona robusta,* der im Pflanzengürtel stehender Gewässer vorkommende Strudelwurm *Mesostoma ehrenbergi* und der Borstenwurm *Nereis limnicola,* ein Bewohner kalifornischer Süßwasserlagunen und Flußmündungen, sowie die terrestrischen Fadenwürmer; unter den Parasiten die großen im Darm von Wirbeltieren lebenden Bandwürmer, ferner die als eine Art von Symbionten in den Termitenbauten anzutreffenden Buckelfliegen, die *Termitoxenien.* Es ist anzunehmen, daß die Selbstbefruchtung wenn auch eine geringe, so doch immerhin förderliche Neukombination der Gene bewirkt. Durch Hermaphroditismus wird die Fruchtbarkeit der aufgrund ihrer Lebensweise in der Fortpflanzung eingeschränkten Tiere zweifellos erhöht; ob dies jedoch die alleinige Bedeutung einer so komplexen Erscheinung ist, bleibt fraglich.

Aus den Geschlechtsorganen gelangen die Keimzellen meist durch besondere Ausfuhrgänge ins Freie. Bei den Wassertieren, die wie die Korallen, Röhrenwürmer und Muscheln nahe beieinander wohnen oder sich zu bestimmten Zeiten in Schwärmen zusammenfinden, wie viele Quallen, Borstenwürmer und Fische, genügt eine einfache Öffnung, um die im Überschuß

Begattungsformen

Die Männchen der Springschwänze *(Collembola)* und Moosmilben setzen irgendwo gestielte Samenpakete ab, die von den irgendwann vorbeikommenden Weibchen mit der Geschlechtsöffnung aufgenommen werden. Selbst wenn Weibchen und Männchen sich treffen, nehmen sie keine Notiz voneinander. Skorpionenmännchen setzen ebenfalls Spermatophoren ab, erfassen das Weibchen mit den Scheren und ziehen es über die Spermatophore. Beim Tausendfüßer *Scutigerella* beißt das Weibchen die Köpfchen der gestielten Spermatophoren ab und bewahrt sie in besonderen Backentaschen auf. Vor der Eiablage wird jedes Ei in den Mund genommen und mit Samenzellen versehen. Die Weibchen des marinen Borstenwurms *Megalops* beißen die spermahaltigen Körperenden der Männchen ab und verschlucken sie. Die Spermien durchdringen den Schlund und schwimmen in der Leibeshöhle auf die Eier zu.
Ähnlich wie bei Scutigerella vollzieht sich auch die Besamung bei einigen Buntbarschen. Als echte Maulbrüter nehmen die Weibchen die noch unbesamten Eier ins Maul. Angelockt von den den Eiern täuschend ähnlichen Farbflecken (Eiattrappen) auf der Afterflosse der Männchen, versuchen sie auch diese aufzunehmen. Dabei ejakuliert das Männchen, die Spermien gelangen ins Maul des Weibchens und besamen die hier „wartenden" Eier.
Die meisten Spinnenmännchen setzen einen Spermatropfen auf ein eigens hierfür angefertigtes Netz, nehmen den Samen von hier mit einem Kieferntaster auf und bringen ihn so in die weibliche Geschlechtsöffnung. Die Tintenschnecken, gleich, ob sie wie bei *Sepia* mit den Mundöffnungen aneinander oder wie bei *Octopus* weit voneinander entfernt sitzen, bringen immer die Spermatophore mit einem besonders gestalteten Arm, dem *Hectocotylus,* in die Trichtermündung des Weibchens (vgl. Abb.).
Ähnlich kopulieren die sessilen, zwittrigen Seepocken. Doch besorgt bei ihnen nicht ein Bewegungsorgan die Übertragung; vielmehr ist hier das Körperende zu einem röhrenförmigen Begattungsglied, einem *Penis,* ausgezogen, an dessen Ende die Geschlechtspore sitzt und der durch Ausbildung einer Muskelscheide auf das Doppelte seiner Länge ausgedehnt werden kann (vgl. Abb). Wird der Penis, wie bei den höheren Insekten, zu einem komplizierten Organ, dann wird meist auch das weibliche Geschlechtsorgan ebenso kompliziert. Penis und *Vagina* sind wie Schlüssel und Schloß aufeinander abgestimmt. Bei den Haien und Rochen sind aus dem hinteren Teil der paarigen Bauchflossen Kopulationsorgane geworden. Unter den Amphibien besitzen offenbar nur die afrikanischen Falschen Baumkröten *(Nectophyroides)* einen Penis. Dagegen wird bei allen Reptilien mit Ausnahme des „Lebenden Fossils", der Brückenechse *(Sphenodon),* der Samen mit einem Penis übertragen, der bei den Schlangen und Eidechsen paarig ist. Die Brückenechsen pressen bei der Kopula lediglich die Kloakenränder gegeneinander. Auf dieselbe Weise kopulieren fast alle Vögel. Nur Strauße und Entenvögel haben einen Penis. Je nach der Lebensweise der Vogelarten kann die Paarung an Land oder im Wasser stattfinden, beim Mauersegler sogar in der Luft.

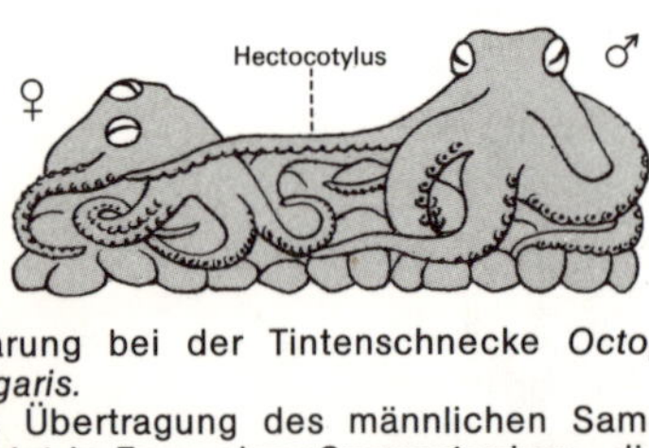

Paarung bei der Tintenschnecke *Octopus vulgaris.*
Die Übertragung des männlichen Samens erfolgt in Form einer Spermatophore, die in einer Längsrinne des Hectocotylus durch wellenförmig über ihn verlaufende Kontraktionen zur weiblichen Geschlechtsöffnung befördert wird.

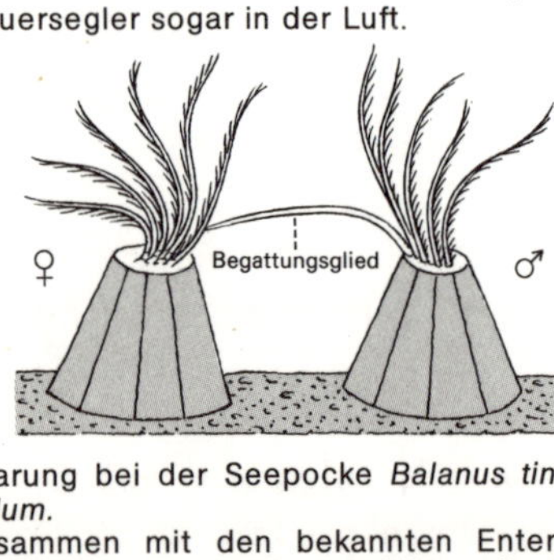

Paarung bei der Seepocke *Balanus tintinabulum.*
Zusammen mit den bekannten Entenmuscheln *(Lepas anatifera)* gehören die Seepocken zu einer Gruppe von Rankenfußkrebsen (Cirripedia), die rein marin, festsitzend und meist in Kolonien leben.

produzierten Keimzellen ins Wasser zu entlassen *(äußere Besamung)*. Die Möglichkeit, die Entleerung der Keimdrüsen bei Männchen und Weibchen durch Nutzung von Umweltfaktoren (Temperatur, Tageslänge, Mondphasen) zu synchronisieren oder die Spermatozoen direkt über den frisch abgelegten Eiern zu entlassen, schränkt das Risiko für nach dem Schrotflintenprinzip *(O. zur Strassen)* auf die Eizellen angesetzte Spermien zwar ein, doch gehen immer noch viele verloren.

Der sicherste Weg ist zweifellos die direkte Übertragung der Samenzellen auf das Weibchen oder in die weiblichen Fortpflanzungsorgane, die *Copula (Begattung)*, der eine *innere Besamung* folgt. Sie wurde bei den Wassertieren „erfunden" und zur Voraussetzung für die Entstehung von Landtieren. Die Methoden und die dabei z. T. verwendeten zusätzlichen, akzessorischen Organe, die *Begattungs-* oder *Kopulationsorgane*, haben sich erst nach und nach entwickelt und sind recht unterschiedlicher Herkunft. Die sog. *Gonopoden*, die nicht dem Bereich des Geschlechtsapparats angehören, sind fast immer aus Körperanhängen entstanden, die ursprünglich Bewegungsorgane waren. Sie nehmen das Sperma an der eigenen Geschlechtsöffnung auf und überführen es in die weibliche. Auch der *Penis*, das typische männliche Kopulationsorgan, ist eine Hilfsstruktur, die aus ganz verschiedenen Organen mit ursprünglich ganz anderen Funktionen an solchen Tieren entstanden ist, durch deren Paarungsverhalten er gleichsam projektiert wurde. Die Säugetiere und der Mensch kopulieren nicht mit einem Penis, weil sie ihn haben, sondern sie haben ihn, „weil das Paarungsverhalten ihrer penislosen Vorfahren die Entwicklung eines solchen Organs vorkanalisierte" *(W. Wickler)*.

Verhaltensweisen sind die Schrittmacher der Evolution

Akzessorische Organe im weiblichen Geschlecht

Im weiblichen Geschlecht entwickeln sich, meist im Endteil der Geschlechtswege, Taschen zur Aufnahme der Begattungsorgane *(Vaginae, Bursae copulatrices)* und der Samenzellen *(Receptacula semines)*.

Daß bei der *inneren Besamung* die Eier das Tier nicht verlassen müssen, ist – menschlich gesprochen – geradezu eine Herausforderung, sie sich auch im Innern des Tieres entwickeln zu lassen, um so bei diesem Prozeß die Gefahren zu verringern. Fast in allen Tiergruppen beobachten wir den Übergang von eierlegenden zu lebendgebärenden *(viviparen)* Formen. In der Regel entsteht dann in den Ausfuhrgängen der Ovarien ein besonderer Abschnitt, die Gebärmutter *(Uterus)*, in der die Jungen heranwachsen und gegebenenfalls auch durch besondere Vorrichtungen vom Muttertier her ernährt werden.

Alle Kennzeichen, durch die sich Individuen derselben Art, aber verschiedenen Geschlechts voneinander unterscheiden, werden als *Geschlechtsmerkmale* bezeichnet. Keimdrüsen, Ausleitungsgänge und die mit der Geschlechtsöffnung in direkter Beziehung stehenden Begattungsorgane werden als *primäre Geschlechtsmerkmale* bzw. *-organe* zusammengefaßt. Darüber hinaus können zur Sicherstellung der Fortpflanzung in beiden Geschlechtern an allen Körperteilen Organe, Strukturen und Muster entstehen. So werden als *sekundäre Geschlechtsmerkmale* Signal- und Sinnesorgane zum Erkennen, Anlocken und Stimulieren des Geschlechtspartners, Klammer- und Greifwerkzeuge, Waffen und Hilfsorgane zur Brutpflege ausgebildet. Vielfach wird dadurch die Gestalt von Weibchen und Männchen sehr unterschiedlich *(Sexualdimorphismus,* vgl. Abb. S. 8).

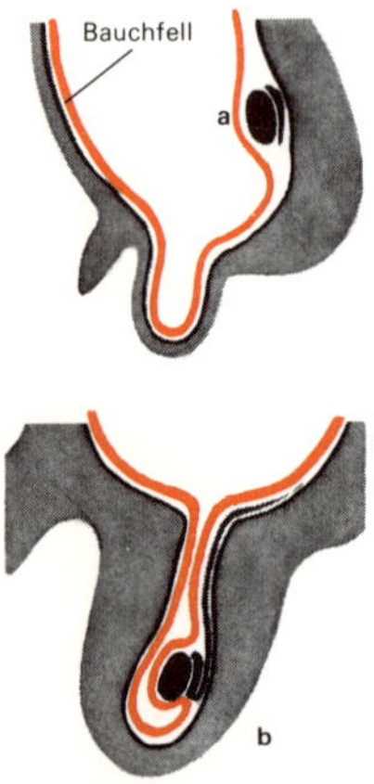

Descensus testiculorum

Bei fast allen höheren Säugern, so auch beim Menschen (Abb.), werden die Hoden im Bauchraum angelegt (**a**); sie wandern jedoch bis zur Zeit der Geburt durch den Leistenkanal in das Scrotum hinab (**b**).

Entsprechend ihren Aufgaben sind die sekundären Geschlechtsmerkmale vorwiegend Teile der äußeren Gestalt; die primären dagegen liegen im Schutz des Körperinnern. Bei den Wirbeltieren jedoch führt die Verlagerung der Gonaden an den caudalen Pol (vgl. S. 41) zu einem Abstieg der männlichen Keimdrüsen *(Descensus testiculorum)* und bringt die Hoden aus dem Körperinnern in einen äußeren Sack *(Scrotum).* Während die Hoden bei den „altertümlichen" Säugern wie Insektenfressern, Zahnarmen, Klippschliefern und den Elefanten unter den Huftieren noch im Bauchraum verbleiben, werden sie bei nahezu allen höheren Säugern zu äußeren Anhängen (Ausnahme: Wale, Walrosse), die um so stärker ausgeprägt sind, je auffälliger der gesamte *Sexualpol* durch Spiegel und Schwanzfärbungen (Huftiere), Haarwirbelbildungen (Raubtiere), Haarlosigkeit und bunte Färbung (Affen) gestaltet ist. Alle diese Merkmale haben *Signalwirkung:* sie dienen dem Erkennen der Art wie des Geschlechts. So dürfte auch dem Hodensack semantische Bedeutung zukommen. Der früheren Annahme, die höhere Temperatur im Innern des Körpers würde die Spermiogenese stören, widersprechen jene Formen unter den Säugern, die keinen Descensus aufweisen, besonders aber die Vögel, deren Spermiogenese bei einer relativ hohen Temperatur (über 40° C) in den im Abdomen untergebrachten Hoden normal abläuft. Das niedere Temperaturoptimum der Säugerspermiogenese ist nicht als Ursache, sondern als Folge des Descensus zu sehen! Die innere Lage der Hoden bei Walen und Walrossen dürfte als Anpassung an das Wasserleben zu deuten sein.

. . . die Einheit in der Vielheit zu erkennen . . .

Alexander von Humboldt

Der Bauplan – Ordnung der Mannigfaltigkeit

Geschichte und Begriffe

Da dem Menschen die Fähigkeit zur *Gestaltwahrnehmung*, zum vorrationalen Gestalt-Erkennen, eigen ist, dürfte das Bestreben, die *Mannigfaltigkeit der Organismen* zur besseren Übersicht ordnen zu wollen, ebenso alt sein wie die Menschheit selbst. „Alles, was Klauen spaltet und wiederkäuet unter den Tieren, das sollt ihr essen", heißt es in 3 Mose 11, 3. Doch Mythos, Religion und Metaphysik stehen bis ins 16. Jahrhundert hinein einer wirklichkeitsgetreuen und ordnenden Objektbetrachtung entgegen. Zwar hat *Aristoteles* (384–322 v. Chr.) an den kaum mehr als 500 ihm bekannten Tieren bereits die Möglichkeit aufgezeigt, sie nach ihren Handlungen, Gewohnheiten und vor allem nach ihren Körperteilen zu gruppieren und damit die *Methode des Formenvergleichs* eingeführt, doch ist durch den Rückgang des naturwissenschaftlichen Denkens der Griechen (ca. 200 v. Chr.) und die Ausbreitung des ganz aufs Jenseits gerichteten Christentums das aristotelische Wissen in Vergessenheit geraten.

Die Gestaltwahrnehmung ist ein Verrechnungsapparat, der an Komplexität und Leistung jede vom Menschen gemachte Rechenmaschine bei weitem übertrifft. Seine große Stärke liegt darin, daß er eine geradezu ungeheure Zahl von Einzeldaten aufzunehmen, die unzähligen Wechselbeziehungen zwischen ihnen zu registrieren und die diesen Beziehungen innewohnenden Gesetzlichkeiten zu abstrahieren vermag . . .

Konrad Lorenz

Als mit der Kopernikanischen Wende zu Ausgang des Mittelalters und nicht zuletzt durch die Entdeckungsreisen angeregt, Naturdinge wieder stärker ins Interesse rücken, werden auch die auf Veranlassung *Friedrichs II. von Hohenstaufen* (1194–1250) ins Lateinische übersetzten Arbeiten des Aristoteles wieder studiert. 1552 erscheint die Schrift „De differentiis animalium". Ihr Autor, der Engländer *E. Wotton*, übernimmt in Anlehnung an die Gliederung des Aristoteles auch dessen Methode des Formenvergleichs und liefert so, wie es der Titel „Über die unterschiedlichen Merkmale der Tiere" verheißt, aufgrund von Ähnlichkeiten und Unterschieden im Körperbau eine erste naturgerechte *Systematik*. Drei Jahre später (1555) vergleicht *P. Belon*, ähnlich wie Aristoteles Knochen und Fischgräten als „homoios", als gleichartig, einander gegenüberstellt, ein Vogel- und ein Menschenskelett und bezeichnet die identischen Knochen mit den gleichen Buchstaben.

Damit sind durch Wotton und Belon die Ansätze gegeben, in der Mannigfaltigkeit der Formen eine ihnen gemeinsame Gesetzmäßigkeit zu erkennen. Doch der Fülle der fortwährend

Eine durchgehende Ordnung scheitert vor allem am Fehlen einer Ordnungseinheit, d. h. einer genauen Vorstellung dessen, was eine Art ist. Dem hilft *J. Ray* (1628–1705) ab, indem er in einer mehr als einfachen, jedoch praxisbezogenen Definition zu einer *Art* alle die Individuen zählt, die gleichartige Nachkommen hervorbringen und von Vorfahren gleicher Art abstammen. So ausgerüstet, gliedert Ray die Pflanzen nach dem Bau von Früchten, Blättern und Blüten. Bei der Klassifizierung der Tiere fällt ihm auf, daß z. B. innerhalb der Paarhufer die Füße der Wiederkäuer anders gebaut sind als die der nichtwiederkäuenden Paarhufer; er erkennt, daß zwischen bestimmten Körperteilen Korrelationen bestehen, von denen wir heute wissen, daß sie auf Abstammungsverwandtschaft (Genealogie) deuten.

Carl von Linné

neu entdeckten Pflanzen- und Tierformen noch Herr zu werden, gelingt erst, als *C. von Linné* (1707–1778), überzeugt, es gäbe so viele Arten, wie Formen von Anfang an erschaffen wurden, von 1735 an (1. Aufl. der „Systema naturae") in einem umfassenden System die Pflanzen- und Tierarten der Erde – das sind damals 14 000 Gefäßpflanzen- und 4235 Tierarten gegenüber den heute über 1,5 Millionen bekannten Tier- und 400 000 Gefäßpflanzenarten – inventarisiert. Sein *System* ist künstlich und praktisch; *künstlich,* insofern es auf äußeren Merkmalen (Anzahl der Staubfäden bei Pflanzen, Art und Anzahl der Zähne bei Säugern) unabhängig von Verwandtschaftsbeziehungen aufgebaut ist – ein Mangel, der Linné voll bewußt ist –, *praktisch,* weil es die Vielfalt der Organismen einer Verwaltung zugänglich macht. Der Fortschritt, den Linné bringt, liegt in einer scharfen Gliederung des Systems in 4 hierarchische Kategorien *(Art, Gattung, Ordnung, Klasse),* in einer klaren Terminologie durch Einführung der *binären Nomenklatur* und in einer kurzen, aufs zum Erkennen Notwendige beschränkten Art- und Gattungsdiagnose.

In der Zwischenzeit läuft die Bestandsaufnahme weiter. Seit mit *Leonardo da Vinci* (1452–1519) die durch die Büchergelehrsamkeit der Scholastik völlig verlorengegangene Fähigkeit zu selbständiger Beobachtung und persönlicher Erfahrung wiedergewonnen wurde, werden nicht nur ständig neue Pflanzen und Tiere entdeckt, vielmehr werden sie auch in ihrem Bau studiert. Die Zergliederung vor allem des menschlichen Körpers im Italien und England des 16. und 17. Jahrhunderts führt zur Begründung der modernen *Anatomie.*

Bis zur Einführung der *binären Nomenklatur* in der X. Aufl. der „Systema naturae" waren die Vulgärnamen üblich, was, wie nicht anders zu erwarten, zu vielen Mißverständnissen führte. Binäre Nomenklatur bedeutet, daß einem vorangestellten Hauptwort, das die *Gattung* benennt, ein zweites Wort, häufig ein Adjektiv, als *Art-* oder *Species*-Bezeichnung beigefügt wird. Die Benennung erfolgt lateinisch oder latinisiert. Hund, Wolf und Fuchs rechnet Linné als einander nahestehend zu einer Gattung und nennt sie *Canis familiaris, C. lupus* und *C. vulpes.* Für den Menschen schafft er die Gattung *Homo* und gönnt ihm den Artnamen *sapiens.* Heute werden die Namen nach den 1905 eingeführten und in einer Neufassung am 9. Nov. 1962 in Kraft gesetzten internationalen Nomenklaturregeln gebildet.

Andreas Vesalius

Marcello Malpighi

Antony van Leeuwenhoek

A. Vesalius (1514–1564), der als 21jähriger Student in Paris erstmals die öffentliche Sektion einer Leiche durchgeführt hat, bringt 1543 – im selben Jahr, in dem auch Kopernikus' „De revolutionibus orbium coelestium" erscheint – als Ergebnis eigener Untersuchungen eine hervorragend illustrierte Beschreibung über den Bau des menschlichen Körpers heraus, in der er u. a. auch die Organsysteme definiert. *R. Colombo* (1516–1559) beobachtet als erster Systole und Diastole des Herzen, *G. Falloppio* (1523–1562) beschreibt den Bau von Innenohr und Geschlechtsorganen, *H. Fabricius ab Aquapendente* (1537–1619) erkennt, daß der Blutstrom in den Venen in einer Richtung geht, und *W. Harvey* (1578–1657), der an die 80 Tierarten seziert und Experimente unter bereits quantitativen Gesichtspunkten durchführt, klärt den Blutkreislauf im Wirbeltierkörper auf.

Der Bau des ersten Mikroskops (um 1590) durch *H.* und *Z. Janssen* erschließt eine völlig neue, ungeahnte Welt kleiner und kleinster Lebewesen und Strukturen. *M. Malpighi* (1628–1694) untersucht Bau und Metamorphose der Seidenraupe und entdeckt dabei die Tracheen und die dann nach ihm benannten Exkretionsorgane der Insekten (Malpighische Gefäße). *J. Swammerdam* (1637–1680) erarbeitet Bau und Entwicklung von Bienen, Eintagsfliegen und Schnecken. *A. van Leeuwenhoek* (1632–1723), der schier alles mikroskopiert, was ihm in die Hände fällt, sieht als erster die Querstreifung der Muskulatur, entdeckt die Bakterien, Ur- und Rädertierchen sowie die Samenzellen von Tieren und Mensch. Auch studiert er die Blattläuse und Flöhe. Überall findet er, daß die Organismen in echter Fortpflanzung auseinander hervorgehen und daß es eine Urzeugung, wie vielfach noch angenommen wird, nicht gibt.

Um 1800 ist die Menge an anatomischen Einzelkenntnissen so angewachsen, daß aufgrund des inneren Baues ein systematischer Vergleich der Tiere möglich wird und eine entsprechende geistige Durchdringung zum Begreifen innerer Zusammenhänge führt, zur Erkenntnis der Korrelationen, der Beziehungen der Organe untereinander und zum Ganzen (vgl. S. 26). So kann *G. de Cuvier* (1769–1832) ein System aufstellen, das in seinen Grundzügen auch heute noch gültig ist. Im Gegensatz zu den früheren Systemen, die auf wenigen, meist äußeren Merkmalen aufgebaut sind, stützt Cuvier sich auf die Gesamtheit der inneren Organisation, auf das Lageverhältnis der wichtigsten Organe. Er unterscheidet 4 Hauptzweige („embranchements"), für die später *H. M. de Blainville* (1777–1850) den Namen *Typen* einführt. Diese 4 Hauptzweige sind für ihn in sich geschlossene Gruppen, die unabhängig nebeneinanderstehen. Nur Tiere aus der gleichen Gruppe lassen sich erfolgreich miteinander vergleichen. Eine lineare Folge aller Organismen in einer Stufenleiter, wie sie *Ch. de Bonnet* (1720–1793) in Einklang mit einer letztlich auf Aristoteles zurückgehenden („natura non facit saltus") und von *G. W. von Leibniz* (1646–1716) besonders formulierten Kontinuitätsauffassung beschreibt, sieht er nicht. Ein dem ganzen Tierreich zugrundeliegender *einheitlicher Bauplan,* ein „dessin primitif et général" in der Terminologie von *G. L. L. von Buffon* (1707–1788), ein „unité de plan", der, wie *E. Geoffroy Saint-Hilaire* (1772–1844) ihm im berühmten Akademiestreit von 1830 vorhält, „durch direkte Bewirkung der Umwelt" abgewandelt werden soll, existiert für Cuvier nicht. Rezent nicht mehr und fossil noch nicht vorhandene Formen erklärt er mit der Annahme einer Vernichtung der Organismen durch Katastrophen *(Katastrophentheorie)* und anschließende Neuschöpfung.
Die Anatomie dieser Zeit aber hat erkannt, daß z. B. die Knochen im Vogelflügel, in der Flosse des Seehunds, im Vorderfuß des Pferds und im Arm des Menschen im wesentlichen gleich sind. *Goethe* (1749–1832), durch seine Wirbeltieruntersuchungen (Entdeckung des Zwischenkieferknochens beim Menschen, Wirbeltheorie des Schädels) und die Studien zur Metamorphose der Pflanzen mit entsprechendem Rüstzeug versehen, formuliert: „Alle Gestalten sind ähnlich und keine gleichet der andern. Und so deutet das Chor auf ein geheimes Gesetz . . ." Diesem Gesetz glaubt er sich zu nähern, als er den Ausdruck „unité de plan" (= Bauplan) durch den Begriff „unité de type" (= Typus) ersetzt und darunter einen allgemeinen *Urtypus,* ein verborgenes Urbild versteht, von dem die real zu beobachtenden Einzelformen lediglich Ausführungsvarianten sind. Indem er die Teile der Blüte als umgewandelte Blätter

Georges de Cuvier

Tierstämme (Baupläne) nach Cuvier

I. Vertebrata
Säugetiere
Vögel
Reptilien einschließlich Amphibia
Fische

II. Mollusca
Cephalopoda
Pteropoda
Gastropoda
Acephala (Lamellibranchiata, Muscheln)
Cirripedia
Brachiopoda

III. Articulata
Crustacea
Arachnides
Insecta
Annelides

IV. Radiata
dazu alle übrigen Tierklassen,
Echinodermata
Coelenterata
Vermes

Georges Louis Leclerc, Graf von Buffon

Étienne Geoffroy Saint-Hilaire

Die Morphologie soll die Lehre von der Gestalt, der Bildung und Umbildung der organischen Körper enthalten . . .
Goethe

Johann Wolfgang von Goethe

Mit dem Typus und dem Vergleich der Formen untereinander gedachte *Goethe* der „Ansicht und Methode nach eine neue Wissenschaft aufzustellen", der er den von ihm geprägten, aber von *K. F. Burdach* (1776–1847) zuerst in einer Veröffentlichung verwendeten Namen „Morphologie" gibt. Den Gegenstand dieser *Morphologie* hält Goethe für bekannt; neu ist die Betrachtung der Formen unter dem Gesichtspunkt ihrer gegenseitigen Beziehungen.

Cuvier konnte bei Ausgrabungsarbeiten den Beutelknochen bereits ankündigen, als das fossile Beuteltier erst teilweise freigelegt war, und ähnliches meint *Paul Valéry*, indem er sagt: „Wenn Goethe den Zwischenkieferknochen findet, so geschieht es, weil er ihn schon vorher gefunden hat."

erkennt, sieht er in der Metamorphose der Pflanzen die ideelle, nicht die tatsächliche Umbildung des Urbilds in die vielen wirklich vorhandenen Pflanzenformen. So sind seine *Urpflanze* (besser: Ursproßpflanze) und das später von *R. Owen* (1804–1892) entworfene *Urtier* (besser: Urwirbeltier) nicht etwa Ahnherren, Stammformen, sondern metaphysische Bilder im Sinne der Ideenlehre Platos.

Den Typus im Sinne einer in der Materie wirkenden Idee („Idealistische Morphologie") vor Augen, beginnt man nach den Ähnlichkeiten, dem Gemeinsamen in der Mannigfaltigkeit, der Identität der Organe zu suchen. Da sich bald herausstellt, daß durch unterschiedliche physiologische Tätigkeit, also funktionell bedingt, identische Strukturen höchst unähnlich sein können, konzentriert sich der Blick künftig, auch ungeachtet der platonischen Denkungsart, rein auf die Form („Reine Morphologie"). Überlegungen zur Funktion, die bis Buffon, teils auch noch bis zu Cuvier bestimmend waren, treten völlig zurück, wie auch Beziehungen von Struktur und Verhalten, die *J. B. A. P. de Lamarck* (1744–1829) bereits klar gesehen hatte, unberücksichtigt bleiben. Dabei löst sich zwar die Morphologie aus der Abhängigkeit des praktisch-medizinischen Unterrichts, gerät aber durch das Außerachtlassen des Funktionellen gleichzeitig in einen bis heute noch nicht voll überwundenen Gegensatz zur Physiologie.

Immerhin schafft *Owen* eine klare begriffliche Abgrenzung zwischen morphologischer Identität *(Homologie)* und Funktionsähnlichkeit *(Analogie)*. Identische Strukturen sind homolog unabhängig von ihrer Form und Funktion – „Homologue: The same organ in different animals under every variety of form and function", so Owen (1843) wörtlich. Solcherart homolog benannte Strukturen treten, wie Cuvier feststellt, häufig korreliert auf, d. h., wenn zwei oder mehr Organismen einige homologe Strukturen aufweisen, so sind im allgemeinen weitere vorhanden *(Korrelationsgesetz)*.

So läßt sich jetzt konkret sagen, was der rein intuitiv, durch die Fähigkeit zur Gestaltwahrnehmung jedem Kind vertraute *Typus* oder *Bauplan*, etwa Vogel oder Säuger, ist: *Die Gesamtheit der homologen Strukturen*. Aufgrund der reinen Formverwandtschaft kann die Fülle der empirischen Erscheinungen wenigen Bauplänen zugeordnet werden. Das *künstliche System* wird von einem auf Homologien beruhenden *natürlichen System* abgelöst. Je nach dem Grad der durch Homologien bedingten Ähnlichkeit werden die Formen in neben- oder übereinandergeordneten systematischen Kategorien zusammengefaßt: in *Gattungen* als Gruppen ähnlicher *Arten*, in *Familien* als Gruppen ähnlicher Gattungen, in *Ordnungen* als Gruppen ähnlicher Familien, in *Klassen* als Gruppen ähnlicher Ordnungen und schließlich in *Stämmen.*

In den dreißiger Jahren des 19. Jahrhunderts werden die Kenntnisse über den Körperbau in ganz anderer Richtung erweitert. *K. E. von Baer* (1792–1876) bestätigt die schon 1759 von *C. F. Wolff* (1734–1794) vertretene Lehre, daß die Organe aus blattartigen Anlagen *(Keimblättern)*, die wir mit *R. Remak* (1815–1865) *Ekto-*, *Ento-* und *Mesoderm* nennen, entstehen, und zeigt, daß jedem Tiertypus nicht nur ein besonderer Bauplan, sondern auch eine besondere *Entwicklungsgeschichte* zukommt. Schließlich wird durch *T. Schwann* (1810–1882) und *M. J. Schleiden* (1804–1881) nachgewiesen, daß die Organismen aus *Zellen* bestehen, daß also für alle Lebewesen das gleiche Organisationsprinzip vorliegt.

Karl Ernst von Baer

Alle Ergebnisse der Morphologie dieser Zeit aber sind *Seinsfeststellungen*, die nicht die gestufte Formenmannigfaltigkeit erklären können. Erst als sich mit *Ch. R. Darwins* (1809–1882) „Origin of the species" 1859 die schon nahezu ein Jahrhundert früher von *J. G. von Herder* (1744–1803) angesprochene, dann bei *G. L. L. von Buffon* und vielen anderen im Ansatz vorhandene, vor allem aber von *Lamarck* vertretene Evolutionstheorie durchsetzt, nach der alle Organismen in einem genealogischen Zusammenhang stehen und sich im Laufe einer Stammesgeschichte (Phylogenie) auseinander entwickelt haben, wird die gestufte Formenmannigfaltigkeit als historische Gewordenheit gesehen und durch Darwins Vorstellungen von genetischer Variabilität und Selektion einer ursächlichen Erklärung zugänglich. Der seit der Wiederentdeckung der Mendelschen Regeln (1900) aufblühenden Genetik gelingt es, die Vererbungsmechanismen aufzuklären und Einsicht in das molekulare Geschehen von Mutation und Rekombination als Darwins genetischer Variabilität zu erhalten.

Charles Robert Darwin

Jean Baptist Antoine Pierre de Lamarck

Ziel der Morphologie nach Darwin sind nicht mehr Seins-, sondern *Geschehensfeststellungen.* Die durch *Homologisieren* als einem allgemeinen Vergleichsverfahren bisher ermittelte reine *Formverwandtschaft* läßt sich auf genealogische, auf *Abstammungsverwandtschaft*, zurückführen. *Homolog* sind demnach Strukturen, die auf die gleiche Ahnenform zurückgeführt werden können. Und in der Sprache der modernen Genetik kann der Homologiebegriff mit *G. Osche* (1973) noch weiter präzisiert werden: Homolog sind Strukturen, deren nicht zufällige Übereinstimmung auf gemeinsamer Information (Erbanlagen = Gene) aus einem Informationsspeicher (Erbgut = Genom) beruht. Mit *W. Wickler* (1967) spricht man von *Erbhomologien.* Die Informationsübertragung erfolgt ausschließlich durch Vererbung. Ermittelt werden solche Homologien nach den von

Homologie – Homonomie

Auch mehrfach an einem Individuum vorkommende gleichartige Strukturen können homologisiert werden, wie etwa die Wirbel eines Wirbeltieres oder die Flügel der Insekten. Seit *H. G. Bronn* (1800–1862) spricht man in diesem Fall von *Homonomie* und beschränkt den Begriff *Homologie* auf Strukturen verschiedener Individuen.

A. Remane (1952, 1956) erarbeiteten Kriterien, von denen die wichtigsten die Lage, die Kontinuität und die spezifische Qualität der Strukturen betreffen.

Die aus einer gemeinsamen Ausgangsform hervorgehenden und aus diesem Grunde homologen Strukturen können im Laufe der Evolution einem *Funktionswechsel (A. Dohrn* 1875) unterliegen oder nach Verlust ihrer ursprünglichen Aufgabe bis auf Reste, sog. *Rudimente,* rückgebildet werden. Während so homologe Strukturen durch Differenzierung höchst unähnlich werden, können umgekehrt durch Übernahme gleicher Funktion nichthomologe Strukturen bis zum Verwechseln einander ähnlich werden. Beispiele für eine derartige *Analogie* sind die Kameraaugen der Wirbeltiere und Tintenschnecken oder die Grabschaufeln von Maulwurf und Maulwurfsgrille. Werden unabhängig von ihrer natürlichen Verwandtschaft Organe oder ganze Organismen in Anpassung an gleiche Lebensbedingungen zunehmend einander ähnlich, dann spricht man von *Konvergenz.* In diesen Fällen können homologe, aber aufgrund ihrer Funktion unterschiedlich differenzierte Organe sekundär durch Übernahme neuer Aufgaben, also *analog,* wieder einander ähnlich werden. Die sekundär ins Meer eingewanderten Ichthyosaurier, Pinguine und Wale haben durch die Stromlinienform ihres Körpers und die Umbildung der Vorderextremitäten zu „Flossen" in ihrem Äußeren, ihrem *Habitus,* „Fischgestalt" erhalten; in ihrer inneren Organisation aber lassen sie deutlich den Bauplan von Reptil, Vogel und Säuger erkennen. Solche Merkmale, die auf eine bestimmte *Lebensform* hindeuten, sind aber keineswegs auf Organe und schon gar nicht auf die äußere Gestalt beschränkt, sondern können, wie *P. Ax* (1966) an den chordoiden Strukturen von Sandlückenbewohnern zeigt, auch auf dem Niveau der Gewebe konvergent ausgeprägt sein. Man muß also klar zwischen einem auf Homologien beruhenden *Bauplan* oder *Organisationstyp* und einem von Analogien und Konvergenzen bestimmten *Lebensformtyp* (*A. Remane* 1952) unterscheiden.

Rudimente

Begriff und Bedeutung der *Rudimente* spielen in der Literatur des letzten Jahrhunderts eine beachtliche Rolle. Man hielt sie für funktionslose Überbleibsel. Inzwischen weiß man, daß sie zwar rudimentär hinsichtlich ihrer ursprünglichen Funktion sind, konnte aber in den meisten Fällen zeigen, daß sie andere Aufgaben übernommen haben. Die Flügelrudimente der Strauße dienen als Balanceorgane und die isolierten Beckenknochen des Wals als Ansatzstellen für Muskel von Penis und Afterregion. Der Wurmfortsatz des Blinddarms arbeitet als lymphatisches Organ und kann entbehrt werden, weil der menschliche Körper noch weitere lymphatische Organe besitzt.

Konvergenz ist der Fluch des Taxonomen

George G. Simpson

Aus alledem geht hervor, daß Ähnlichkeit allein kein brauchbares Maß ist, um die Mannigfaltigkeit entsprechend ihrem historischen Werdegang zu ordnen. *Homologie* aber belegt *echte Verwandtschaft;* sie sagt jedoch nichts über den Verlauf der Stammesgeschichte aus, denn jede aufgrund von Homologa erstellte Reihe kann in verschiedener Richtung, auf- wie abwärts, gedeutet werden. Fossilfunde können zwar zur zeitlichen Datierung hilfreich sein, sind allerdings viel zu lückenhaft, zumal sie für Formen ohne Hartsubstanzen fast völlig fehlen.

Ähnlich kritisch beurteilte man bisher die aufgrund der *biogenetischen Grundregel* in der Individualentwicklung auftretenden *Rekapitulationen.* Zweifellos sind sie unvollständig und lükkenhaft und werden zudem von Neuerwerbungen überdeckt, doch gibt es auch hier neuerdings Überlegungen, die klar aufzeigen, daß Rekapitulationen durchaus phylogenetische *Rekonstruktionen* erlauben. Rekonstruktionen des phylogenetischen Ablaufs sind aber durchaus möglich, wenn man über die auffälligen Einzelmerkmale hinaus den gesamten Organismus in all seinen Anpassungs- und Konstruktionszwängen mit einbezieht. Hierzu sind gerade in den letzten Jahrzehnten sowohl praktisch-methodische wie theoretische Voraussetzungen geschaffen worden. Elektronenmikroskopie (Aufklärung der Feinstruktur), Karyologie (Untersuchung von Zahl, Form und Struktur der Chromosomen), Biochemie (Analyse der Aminosäuresequenzen in Proteinen) und ganz besonders auch die Verhaltensforschung vermögen wichtige Hinweise zur Stammesgeschichte zu liefern.

Was die Theorie betrifft, so sind vor allem die Bemühungen *E. Mayrs* (1963) zu nennen, die *Art* als Fortpflanzungsgemeinschaft zu sehen, als *Population,* in der die Individuen Gene miteinander austauschen können, und *W. Hennigs* (1950, 1966) Erarbeitung der Prinzipien eines „konsequent phylogenetischen Systems", das das natürliche System des 19. Jahrhunderts durch Einbezug des stammesgeschichtlichen Ablaufs vervollkommnet.

Während zu den Darwin bereits bekannten Evolutionsfaktoren Mutation, Rekombination, Selektion, Separation und Isolation bald weitere in Form von *Elimination, Genduplikation* und *Gendrift* ermittelt und dadurch die Vorgänge, die zur *Artbildung* führen *(Mikroevolution),* geklärt wurden, blieb es bis in die Mitte unseres Jahrhunderts fraglich, ob auch die in der Stammesgeschichte anscheinend ohne Übergänge aufeinanderfolgenden Organisationstypen, die *Baupläne (Makroevolution),* nicht durch andere als kleine Mutationsschritte erklärt werden müssen. Vielfach wurden *Großmutationen* angenommen, die in einem *Typensprung* den neuen Bauplan hervorgebracht haben sollten. Da aber bereits die normalen Mutationen meist eine beachtliche Störung im Gengefüge verursachen, sind Großmutationen auszuschließen. Heute spricht alles dafür, daß ein neuer Typus nicht anders als eine neue Art in kleinen Schritten mosaikartig, durch sog. *additive Typogenese,* aufgebaut wird. Daß von Zwischenstufen der additiven Typogenese nur wenige Fossilien gefunden wurden, dürfte auf *Überlieferungslücken* beruhen, wie der Nachweis der additiven Umbildung der Baupläne der Tintenschnecken-Ordnungen der *Ammonoideen* über die *Bactritiden* aus den *Nautiloideen* wahrscheinlich macht; denn die Entstehung der Ammonoideen vollzog sich in einer individuenarmen

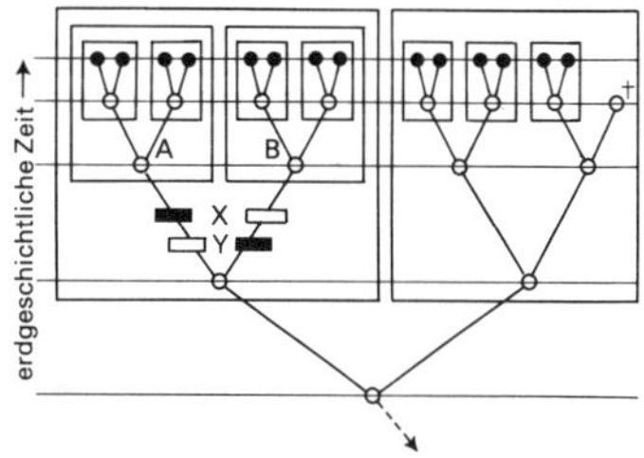

● rezente Art
○ Ahne
○† ausgestorben
■ apomorph (neuerworben)
□ plesiomorph (ursprünglich)

Die Linienrahmen umgreifen systematische Einheiten (Taxa) unterschiedlichen Ranges. A und alle Nachkommen besitzen das Merkmal X in apomorpher Form (Synapomorphie), das Merkmal Y in plesiomorpher Form. Bei B und allen Nachkommen ist das Merkmal Y synapomorph.

Konsequent phylogenetisches System

Aus der Erkenntnis, daß die homologen Merkmale der Abkömmlinge eines gemeinsamen Vorfahren, der *„Schwesterarten",* unterschiedlich zu werten sind, hat *W. Hennig* eine Methode entwickelt, die die Erstellung eines durch *dichotome Verzweigungen* gekennzeichneten Stammbaums und damit die Rekonstruktion der Phylogenie erlaubt. „Schwesterarten" sind immer durch ursprüngliche, von einem gemeinsamen Ahnen ererbte sowie durch neu erworbene Merkmale ausgezeichnet. Ursprüngliche Merkmale werden mit W. Hennig als *Plesiomorphien,* neuerworbene als *Apomorphien* bezeichnet. Bei weiterer Aufspaltung entstehen weitere Apomorphien, die der jeweils mit der anderen Schwesterart begründeten Linie fehlen. Dadurch entstehen systematische Einheiten *(Taxa),* die von einer Ahnenart abstammen und durch Apomorphien charakterisiert sind, die allen ihren Arten zukommen und daher als *Synapomorphien* benannt werden. Durch sie unterscheiden sie sich von der Schwestergruppe. Aufgabe des Phylogenetikers ist also die Feststellung von Synapomorphien, um durch sie die verwandtschaftliche Zusammengehörigkeit von Arten zur nächsthöheren Kategorie zu belegen.

Stämme des Tierreichs und Zahl der bekannten rezenten Arten

Artenreiche Stämme

PROTOZOA	
Protozoa (Urtiere)	20 000
METAZOA	
Porifera (Schwämme)	5 000
Coelenterata (Hohltiere)	9 000
Bilateria (Coelomata)	
Plathelminthes (Plattwürmer)	12 000
Nemathelminthes (Schlauchwürmer)	12 000
Mollusca (Weichtiere)	128 000
Annelida (Ringelwürmer)	9 000
Arthropoda (Gliederfüßer)	800 000
Tentaculata (Kranzfühler)	5 000
Echinodermata (Stachelhäuter)	6 000
Chordata (Chordatiere)	60 000

Übrige Stämme

Protostomia	
Mesozoa	50
Kamptozoa (Kelch„würmer")	60
Nemertini (Schnurwürmer)	800
Priapulida (Rüsselwürmer)	4
Sipunculida (Spritzwürmer)	250
Echiurida (Igelwürmer)	150
Onychophora (Stummelfüßer)	70
Tardigrada (Bärtierchen)	180
Pentastomida (Zungenwürmer)	60
Deuterostomia	
Hemichordata	80
Pogonophora (Bartwürmer)	50
Chaetognatha (Pfeilwürmer)	50

Population eines winzigen Gebiets (des Hunsrück) und noch dazu mit hoher Geschwindigkeit. Seltenheit der Individuen, lokale Beschränkung und rasche Entwicklung mindern zweifelsohne die Chance einer Überlieferung und könnten so durchaus auch den Mangel an anderen Bindegliedern erklären.

G. de Cuvier hat mit den Radiär-, Glieder-, Weich- und Wirbeltieren 4 Tierstämme unterschieden (vgl. S. 83). Davon sind die Gliedertiere *(Articulata)* und Wirbeltiere *(Vertebrata)* auch heute noch als einheitliche Gruppen anerkannt. Daß er die Rankenfüßer *(Cirripedia)* unter den Krebsen und die heute im Stamm der Kranzfühler *(Tentaculata)* eingeordneten Armfüßer *(Brachiopoda)* zu den Weichtieren zählt, scheint verständlich, wenn man die muschelähnlichen Ausbildungen ihrer Schalen betrachtet. Die *Radiata* aber waren ihm offenbar wenig vertraut, sonst hätte er wohl kaum die radiärsymmetrischen Hohltiere *(Coelenterata)* und Stachelhäuter *(Echinodermata)* mit den rein äußerlich schon sehr abweichenden bilateralsymmetrischen Würmern *(Vermes)* und den vielfach asymmetrischen und noch dazu nur aus einer Zelle bestehenden *Protozoen* zu einem Typus zusammengefaßt.

Die erste große Reform erfährt die Cuviersche Einteilung 1848 durch *K. T. E. von Siebold* (1804–1885). Cuviers Radiata nennt er *Zoophyten* und beschränkt sie auf die ausschließlich radiärsymmetrisch gebauten Stachelhäuter und Pflanzentiere (Hohltiere). Aus den einzelligen Organismen bildet er den Stamm der Urtiere oder *Protozoa* und betrachtet alle übrigen als *Vermes* oder Würmer. Einen Teil der *Articulata,* die Ringelwürmer *(Annelida),* schließt er dem Stamm Vermes an und führt für die restlichen Gliedertiere, die Krebse, Tausendfüßer, Spinnen und Insekten, den Namen Gliederfüßer *(Arthropoda)* ein. Etwa um dieselbe Zeit erkennt *R. Leuckart* (1822–1898) den Organisationsunterschied zwischen Stachelhäutern und Hohltieren und trennt sie in zwei eigene Stämme auf. Dagegen dauert es immerhin noch bis gut ins erste Viertel unseres Jahrhunderts, bis sich auch der Stamm der Würmer als phylogenetisch uneinheitlich erweist und aufgelöst wird.

Heute können wir innerhalb des Tierreichs aufgrund der unterschiedlichen Organisation, des *Bauplans,* artenreiche und eine Anzahl kleinere *Stämme* unterscheiden. Von ihnen werden die Haupttierstämme im folgenden vorgestellt.

Die Baupläne

Die Frage nach den bewegenden Kräften ist die krönende, aber eben darum nicht die erste der Fragen ... Der Anfang ist stets die Morphologie.

C. F. von Weizsäcker

Urtiere (Protozoa)

An der Basis des Tier- und Pflanzenreichs stehen kleine (2 µm – 1 mm) einzellig-eukaryotische Organismen, die ihrer Geißel wegen als Geißeltierchen *(Flagellata)* bezeichnet werden. Unter ihnen gibt es zahlreiche Formen, die, da sie sich *mixotroph,* also sowohl auto- wie heterotroph, ernähren, zugleich Pflanze und Tier sind. Mit einem Begriff aus Haeckels „Genereller Morphologie" (1899) können wir sie als *„Protista"* zusammenfassen. Die mit assimilatorischen Farbstoffen versehenen und so zur autotrophen Ernährung befähigten Geißeltierchen sind als *Phytoflagellaten* dem Pflanzenreich zuzuordnen. Aus ihnen sind durch Chromatophorenverlust heterotrophe Einzeller hervorgegangen, die als *Zooflagellaten* den Stamm der *Protozoa* oder *Urtiere* und damit das Tierreich an sich begründen. Von ihnen, den Zooflagellaten, leiten sich die übrigen tierischen Einzeller ab. Die einfachsten sind die durch Geißelverlust und Fortbewegung mit Hilfe von Scheinfüßchen (Pseudopodien) gekennzeichneten Wurzelfüßer *(Rhizopoda).* Die ausschließlich endoparasitischen Sporentierchen *(Sporozoa)* sind in Anpassung an die Bedingungen ihres Wirts entsprechend spezialisiert und die Wimpertierchen *(Ciliata)* beachtlich hoch differenziert.

Alle stehen morphologisch auf der Stufe einer einzigen Zelle, sind also in ihrem Kern- und Cytoplasma mit endoplasmatischem Reticulum, Mitochondrien, Golgi-Apparat, Mikrotubuli u. a. in gleicher Weise organisiert wie die ihnen homologe Gewebezelle des Metazoenkörpers. Während jedoch die Gewebezelle meist nur *eine* Aufgabe zu erfüllen hat und demgemäß einseitig differenziert ist, müssen im Fall der Protozoa alle Lebensleistungen von eben dieser einen Zelle bewältigt werden. Die *Fortpflanzung* ist häufig eine einfache mitotische Zellteilung, manchmal auch eine Vielteilung. *Sexualität* ist bei Sporozoen und Ciliaten allgemein verbreitet, bei Flagellaten selten und fehlt bei den *Amoebina* unter den Rhizopoden. In Form von Iso-, Aniso- und Oogamie ist sie bei den meisten Protozoen als *Kopulation* ausgebildet. Nur bei den durch Kerndimorphismus gekennzeichneten Ciliaten ist die Kopulation durch eine *Konjugation* ersetzt, bei der es zu einer *Wechselbefruchtung* kommt, indem zwei Sexualpartner geschlechtlich differenzier-

Soll ich erforschen, eherechtlich,
Wie leicht, geschlechtlich-ungeschlechtlich,
Meist nur halbierend sich aus Ganzen,
Die Urgetiere fort sich pflanzen?
Soll ich die Parasiten zählen,
Die Mensch und Tier oft scheußlich quälen?
Unübersehbar sind die Truppen,
Die, aufgeteilt in viele Gruppen,
Im sauern Wasser wie im süßen
Marschieren, meist auf falschen Füßen.
In Luft und Erde, jedem Kolke –
Ja schon in jeder Staubeswolke
Treibt sich, und oft zu unserm Schaden,
Ein Schwarm herum von Myriaden.

Eugen Roth

Mit Ausnahme der Reizleitung, die der gesamte Zellkörper besorgt, sind bei den Protozoen für alle übrigen Funktionen besondere Organellen ausgebildet, so für die Ernährung z. B. *Nahrungsvakuolen,* für Exkretion und vor allem Osmoregulation *kontraktile Vakuolen,* für Bewegung *Geißeln, Wimpern* und *Fibrillen,* zur Sineswahrnehmung Geißeln als *Tastorganellen, Augenflecken, Statocysten.* Haftorganellen sind die *Polfäden* bei verschiedenen Sporentierchen. Sie werden unter dem Reiz von Verdauungssäften im Darm des Wirts ausgeschleudert und dienen der Verankerung des Parasiten in der Darmwand. Als Abwehrorganellen werden die *Nesselkapseln* bestimmter Flagellaten gedeutet. Sie ähneln auf fast verblüffende Weise den Nesselzellen der Hohltiere. Abwehrorganellen sind auch die *Trichocysten* mancher Wimpertierchen. Dem Angriff dienen die ein lähmendes oder tötendes Gift liefernden *Toxicysten* verschiedener Ciliaten. Schutzorganelle sind die *Mucocysten* der Ciliatengattungen *Colpidium* und *Tetrahymena;* der ausgestoßene Schleim bildet eine Schutzhülle um das Tier.

te Kerne austauschen. Die Konjugationspartner sind Zwitter, ihre beiden Gametenkerne verhalten sich verschieden: in jedem Partner bleibt ein *Mikronucleus* stationär, der jeweils andere wandert dagegen in den Partner. Es kann sich aber nicht jedes Individuum mit jedem beliebigen anderen paaren; eine Konjugation findet nur statt, wenn beide verschiedenen Paarungstyps, d. h. physiologisch anisogam, sind.
Für die Kopulation wie für die Konjugation muß gewährleistet sein, daß die Partner sich finden. Das wird durch Sexualwirkstoffe *(Gamone)* sichergestellt. Während die Gamone der Flagellaten ins umgebende Medium ausgeschieden werden, bleiben sie bei den Ciliaten zellulär gebunden. Sie werden vom *Makronucleus* im Cytoplasma induziert. Bei fast allen sexuell differenzierten Protozoen liegt ein *Generationswechsel* vor, d. h., ungeschlechtliche und geschlechtliche Fortpflanzung wechseln miteinander ab. Folgt unmittelbar auf die Zygotenbildung die Meiose, dann sind die Tiere *Haplonten* (Sporozoa); tritt die Meiose jedoch erst bei der Gametenbildung auf, so daß nur die-

Der Übergang vom Einzeller zum Vielzeller

Mehrfach und auf verschiedene Weise ist bei den Einzellern das typische Zellniveau überschritten worden. So gibt es unter den Geißel-, Wechsel-, Sonnen-, Strahlen- und Wimpertierchen mehrkernige, *polyenergide* Formen. Sie sind dadurch entstanden, daß die den Kernteilungen normalerweise folgenden Plasmateilungen unterblieben sind. Vielkernigkeit aber ist Voraussetzung zur Arbeitsteilung. In einigen Fällen, etwa bei den deshalb auch so benannten *Diplomonadina* (Doppelindividuen) und den *Polymastiginen* (Vielgeißelige), sind parallel zum Kern weitere Organelle (Centriole, Geißeln) vermehrt, im Fall der Diplomonadina verdoppelt.
Statt durch Kernvermehrung kann aber auch durch *Polyploidie,* d. h. durch eine Vervielfachung der Anzahl der Chromosomensätze, das genetische Material erhöht und damit die Leistungsfähigkeit der Zelle gesteigert werden. Polyploid sind einige Geißeltierchen (Flagellaten) und Kammerlinge (Foraminiferen), vor allem aber die Makronuclei der Wimpertierchen (Ciliaten). Bei den Ciliaten liegt eine Arbeitsteilung vor, indem der durch die Polyploidie funktionstüchtiger gewordene Makronucleus den Stoffwechsel der Zelle allein steuert und der Mikronucleus so für die Fortpflanzung geschont wird.
Ein dritter Weg, die Einzelligkeit hinsichtlich einer Höherentwicklung zu überwinden, besteht im Aufbau von *Zellkolonien* mit anschließender Spezialisierung. Nach der Mitose bleiben die Tochterzellen beieinander und bilden offene Verbände oder geschlossene Kolonien. Einen offenen Verband (Tierstock) aus gleichgestalteten und mit gleichen Potenzen ausgestatteten Individuen bilden die gestielten Peritrichen unter den Wimpertierchen *(Carchesium, Vorticella).* Das Wimpertierchen *Zoothamnium* bildet Stöcke aus kleinen *(Mikrozoide)* und großen Einzeltieren *(Makrozoide).* Die Mikrozoide nehmen die Nahrung auf und führen sie den Makrozoiden zu, die selbst keine Nahrung gewinnen können, aber zur Konjugation befähigt sind, während die Mikrozoide sich nur vegetativ fortpflanzen. Geschlossene Kolonien finden wir bei den Phytoflagellaten, bei denen einige Arten sich zu einer Reihe mit zunehmender Differenzierung in Keimbahn und sterbliches Soma (vgl. S. 15) ordnen lassen. Die 32 Zellen von *Eudorina elegans* sind noch alle fortpflanzungsfähig. In der Gattung *Pleodorina* (32 oder 128 Zellen) werden je nach Art einige wenige bis nahezu die Hälfte aller Zellen am Vorderpol vegetativ und gehen zugrunde, wenn die übrigen Zellen Tochterkolonien ausbilden. Bei *Volvox* erfaßt die Somatisierung fast alle Zellen (10000). Nur in der hinteren Hälfte der Kolonien bleiben einzelne Zellen generativ. Aus ihnen gehen bei ungeschlechtlicher Fortpflanzung die Tochterkugeln, bei geschlechtlicher die Gameten hervor.
Solche Zellkolonien, wie sie in Form von Gallertkugeln aus hunderten durch Plasmastränge miteinander verbundenen Einzelzellen in der Gattung Volvox auftreten, erinnern zweifelsohne bereits an Vielzeller, jedoch bleiben ihre somatischen Zellen undifferenziert, Gewebe und Organe werden bei ihnen noch nicht ausgebildet. Auch wenn heute allgemein eine Einzellerkolonie als hypothetische Ausgangsform der Metazoen gilt, so kann selbstverständlich ein autotropher und noch dazu haploider Süßwasserorganismus wie Volvox kaum der Ahne der Metazoa sein. Doch ist er durchaus geeignet, als Modell den Übergang vom Einzeller zum Vielzeller zu dokumentieren.

Die Protozoen (Urtiere) bestehen nur aus einer einzigen Zelle, die den physiologischen Wert eines Organismus hat. Verschiedene Zelldifferenzierungen bilden jeweils Funktionseinheiten, die Organellen. Häufige Bewegungsorganellen sind lange Geißeln und kurze Wimpern. Manche Formen, wie die Amöben (rechts), bewegen sich durch veränderliche Plasmafortsätze, mit denen sie auch Nahrungsteilchen umfließen und diese dadurch in den Körper aufnehmen. Viele der meist mikroskopisch kleinen Protozoen sind Parasiten und können als solche auch beim Menschen schwere Krankheiten verursachen.

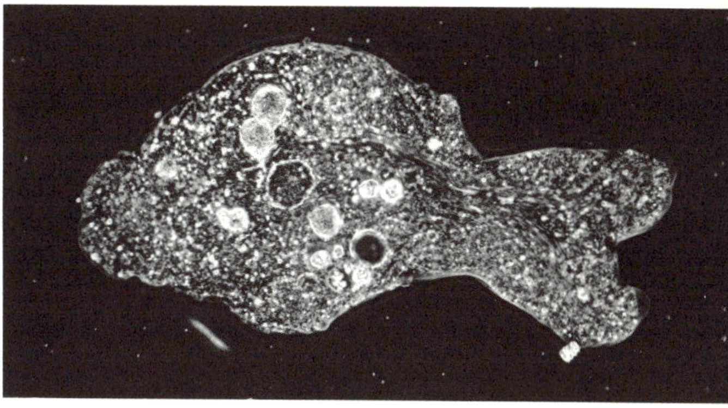

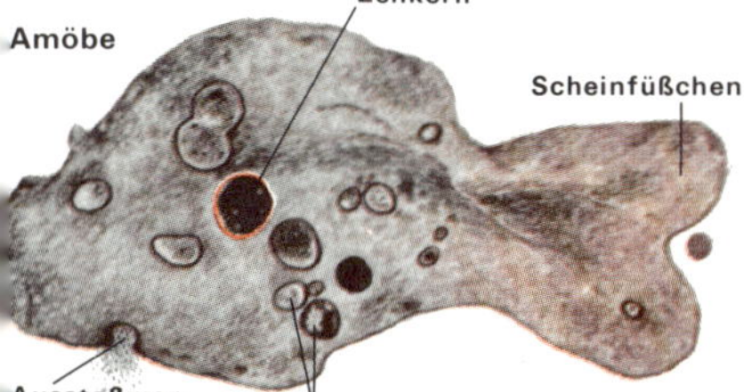

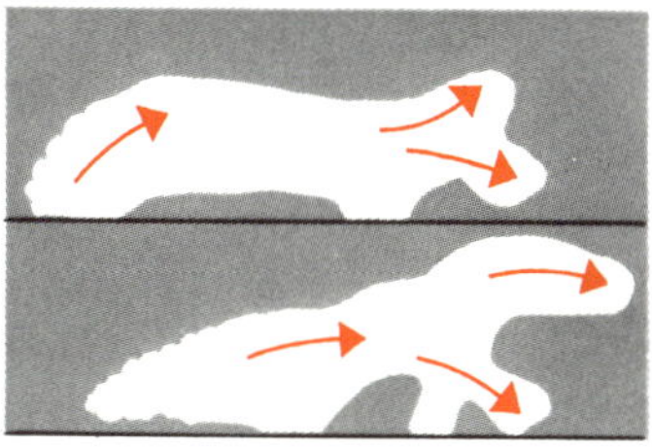

Mikroskopische Aufnahme (oben) und schematische Darstellung (links) einer *Amöbe*. Die nebenstehende Bewegungsstudie zeigt die Verschiebung der Plasmamassen und die Ausbildung von Scheinfüßchen.

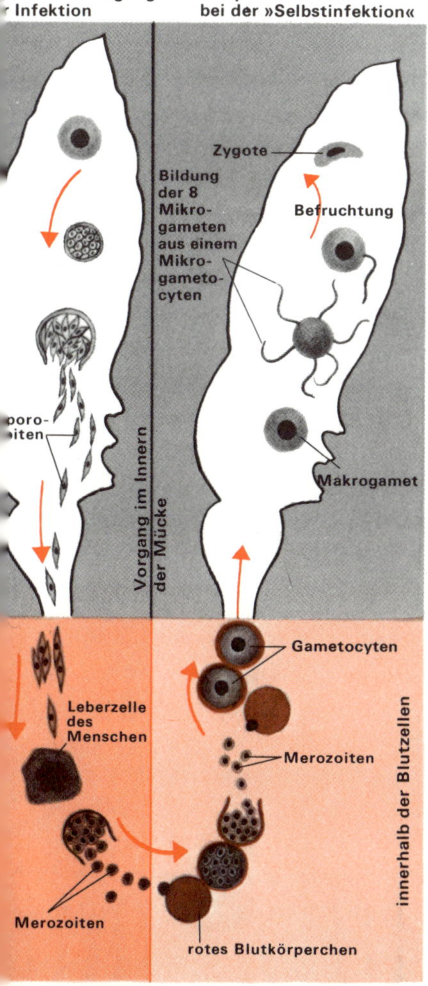

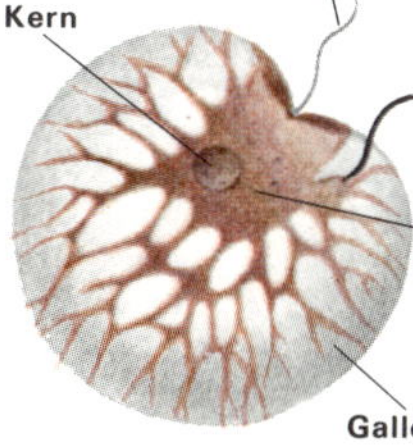

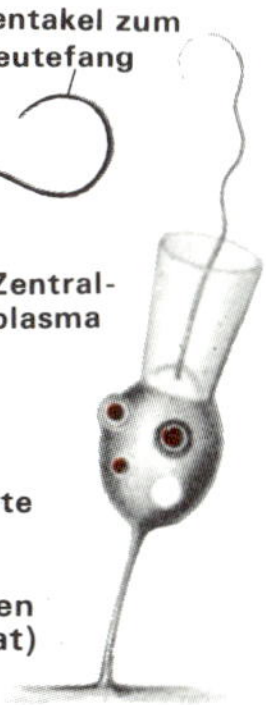

Abb. oben und rechts: zwei *Geißeltierchen*, die kugelige *Noctiluca miliaris*, die Meeresleuchten hervorruft, und ein *Kragengeißeltierchen (Choanoflagellat)*, sowie zwei *Wimpertierchen*, das gestielte *Glockentierchen (Vorticella)* und das *Pantoffeltierchen (Paramaecium)*.

Entwicklungszyklus des Malariaerregers Plasmodium (Abb. links). In der Mücke (ganz links) befinden sich Sporozoiten des Erregers, die beim Blutsaugen mit dem Mückenspeichel ins Menschenblut gelangen. Sie befallen zunächst Leberzellen, vermehren sich hier durch Mehrfachteilung und dringen dann in rote Blutkörperchen ein, in denen sie sich erneut teilen. Die Tochterindividuen der Parasiten bohren sich wieder in rote Blutkörperchen ein usw. Gelegentlich ausgebildete männlich oder weiblich differenzierte Gametozyten werden beim Blutsaugen durch Mücken aufgenommen. In der Mücke erfolgt Gametenbildung, Befruchtung und erneute Ausbildung von Sporozoiten, die wieder mit dem Speichelfluß beim Blutsaugen in den Körper eines Menschen gelangen und eine Infektion bewirken können.

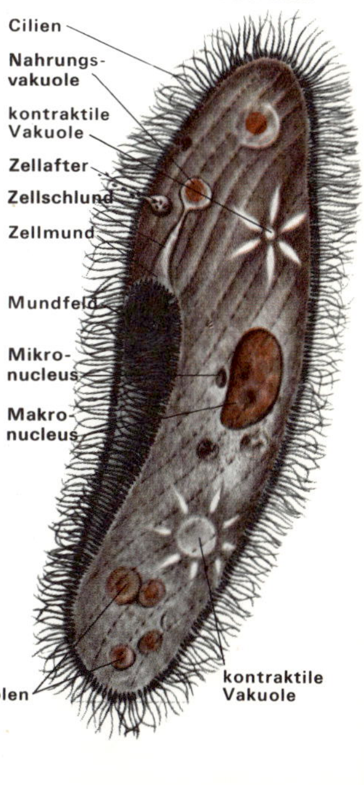

Die *Protozoen* sind zwar allgemein an ein feuchtes Milieu gebunden, ihre Kleinheit und die Fähigkeit zur vielfältigen Differenzierung ermöglichen ihnen aber, die mikroskopischen Bereiche fast aller Lebensräume zu erobern. Sie leben frei oder sessil im Meer wie im Süßwasser, besiedeln den Erdboden wie die Moospolster und kommen als Parasiten, Kommensalen und Symbionten im Innern von Pflanzen und Tieren vor. Zu Cysten eingekapselt, können sie Trokkenheit überdauern und sind so in der Lage, auch schnellvergängliche Biotope (Regenpfützen, Schmelzwasserlachen) zu nutzen.

se haploid sind, dann sind die Tiere *Diplonten* (Ciliata). Wechseln haploide und diploide Generationen miteinander ab, so liegt ein *heterophasischer Generationswechsel* vor, wie er bei Pflanzen im Wechsel von Gameto- und Sporophyt gegeben ist, im gesamten Tierreich aber nur bei den Foraminiferen (Kammerlingen) unter den Rhizopoden (Wurzelfüßern) vorkommt.

Die Entstehung der Metazoa

Während unter den Pflanzen die Organisationsstufe der Vielzelligkeit mehrfach (polyphyletisch) erreicht wurde, sind die *vielzelligen Tiere (Metazoa)* offenbar nur einmal *(monophyletisch)* entstanden. Diese Annahme, die auf *E. Haeckel* (1834–1919) zurückgeht, beruht auf der Tatsache, daß alle Metazoa sich aus zwei *Keimblättern,* einem Ekto- und einem Entoderm, entwikkeln und es sehr unwahrscheinlich ist, daß ein derart spezifisches System mehrmals „erfunden" wurde. Da aus dem Übergangsfeld zwischen Proto- und Metazoen fast nichts – weder fossil noch rezent – erhalten ist, hilft zur Rekonstruktion der Entstehung der Metazoa nur ein genauer Vergleich jener Protozoen, die das typische Einzellerniveau überschritten haben, mit den aufgrund ihrer einfachen Organisation als niederste Metazoen einzustufenden Schwämmen und den Nesseltieren *(Cnidaria)* unter den Hohltieren.

Auch wenn alles, was dabei ermittelt wird, rein hypothetisch bleiben muß, so zeigt sich doch, daß die Vorfahren der vielzelligen Tiere mit hoher Wahrscheinlichkeit koloniebildende Flagellaten waren. Denn begeißelte Zellen treten als wichtige Bauelemente adulter Schwämme und Nesseltiere auf, wie auch die Larvenstadien der Nesseltiere begeißelt sind. Ferner wird von vielen Metazoengruppen in der Ontogenie ein Stadium, die *Blastula* (Bläschenkeim), durchlaufen, bei der es sich um eine einschichtige, begeißelte Hohlkugel handelt, die auffällig an *Volvox,* eine Grünalge (Kugelalge), erinnert. Selbstverständlich kann ein autotropher und noch dazu haploider Süßwasserorganismus wie Volvox kaum der Ahne der Metazoa sein. Als Modell aber kann er veranschaulichen, wie sich der Übergang vom Proto- zum Metazoon vollzogen haben könnte. So nimmt *Haeckel* (1872, 1874), entsprechend seinen Erfahrungen mit stammesgeschichtlichen Rekapitulationen in der Ontogenie (biogenetische Grundregel), als hypothetische Ausgangsform der Metazoa eine Flagellatenkolonie in Form einer Hohlkugel an, die er in Anlehnung an das Blastula-Stadium der Ontogenie *Blastaea* nennt. Diese Blastaea soll nach seiner Meinung durch Einstülpung des Hinterpols in eine der ontogenetischen

Für die Haeckelsche *Blastaea-Gastraea-Theorie* spricht, daß Schwämme und Nesseltiere einen der Gastraea ähnlichen Aufbau aus zwei Schichten ekto- und entodermaler Herkunft besitzen und die Entodermzellen begeißelt sind. Sie wird ferner dadurch gestützt, daß in der Keimesgeschichte vieler Metazoa ein durch Einstülpung *(Invagination)* entstandenes Gastrula-Stadium durchlaufen wird.

Gastrula entsprechende und mit Urdarm und Urmund versehene *Gastraea* übergehen.

Blastaea/Gastraea - Theorie (Invagination)

Bei vielen Hydrozoen entwickeln sich die zweischichtigen Larven, sog. *Planulae,* nicht durch Invagination, sondern durch *Delamination,* indem Zellen des Ektoderms ins Innere „abblättern". Erst nach Festheftung der Larven bricht der *Urmund* durch. *E. Ray Lankester* hält daher die Delamination für die ursprüngliche Form der Gastrulation.

Planulae - Theorie (Delamination)

Von den Larven der Schwämme und den ihnen ähnlichen Planulae einiger Nesseltiere, der *Hydrozoa,* ausgehend, glaubt *E. Metschnikow* (1877, 1886), daß durch Einwanderung von Zellen ins Innere der Blastaea eine solide Zellkugel, eine *Parenchymella* oder *Phagocytella* entstehe, aus der sich dann der Organismus herausbilde. Die Gastraea als Stammform lehnt er ab.

Ein 1883 in einem Seewasseraquarium von *F. E. Schulze* entdeckter allseits begeißelter und plattenförmiger und daher *Trichoplax adhaerens* genannter Organismus veranlaßt *O. Bütschli* (1884), eine scheibenförmige, zweischichtige Kolonie als hypothetisches Urstadium *(Placula)* anzunehmen. Er stellt sich vor, daß die dem Boden als dem nährenden Substrat zugekehrte Zellschicht zur Nahrungsaufnahme differenziert wurde und sich schließlich in der Vervollkommnung dieser Aufgabe zu einem Hohlraum als Reaktionsgefäß aufwölbte, der dann als *Urdarm* zur ständigen Einrichtung wurde. Nimmt man an, daß die zunächst ungerichtet umherkriechende Placula, durch Außenreize veranlaßt, zu einer gerichteten Bewegungsweise überging, dann wird auch die von *G. Jägersten* (1955) entwickelte

Placula - Theorie

K. Grells Versuch, die möglichen Beziehungen hypothetischer Stammformen der Metazoen aufzuzeigen.

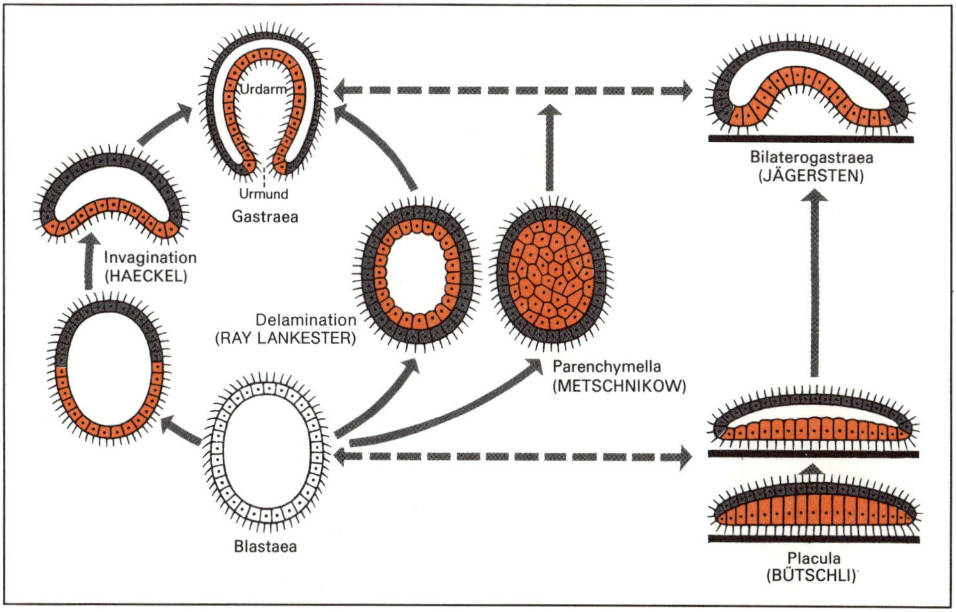

Mitteltierchen
(Dicyema)

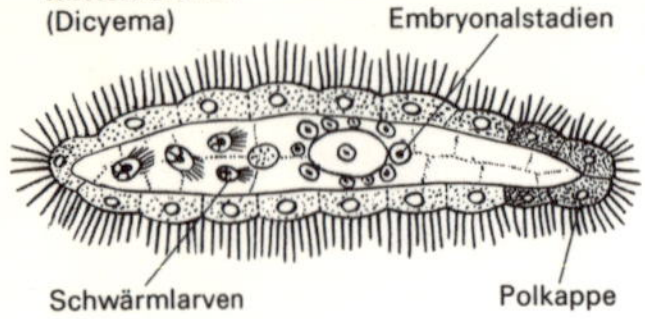

Weil man glaubte, aufgrund ihres relativ einfachen Baues winzige, schlauchförmige Innenparasiten phylogenetisch alter Meerestiere (Strudel-, Schnur-, Ringelwürmer, Schlangensterne, Tintenfische) zwischen Proto- und Metazoen einordnen zu müssen, nannte man sie Mitteltierchen *(Mesozoa)*. Heute faßt man sie als abgewandelte, sekundär vereinfachte Plattwürmer auf. Eine bewimperte Außenschicht (Somatoderm) umgibt einen Innenkolben aus einer oder mehreren Zellen, in denen neue Individuen entstehen.

Vorstellung einer *Bilaterogastraea* als kriechender Stammform aller Metazoen verständlich. Da man jedoch allgemein einer Anschauung *T. Krumbachs* (1907) folgend, in Trichoplax nicht einen ursprünglichen Vielzeller, sondern eine abgewandelte Planula-Larve vermutet oder ihn gar zu den Mesozoen stellt, verliert er und mit ihm auch Bütschlis Theorie an Interesse. 1969 gelingt es *K. Grell*, aus Algenproben des Mittelmeers Trichoplax zu gewinnen und ihn in Kultur zu nehmen. Eine genaue Analyse mit modernen Methoden bestätigt sehr bald, daß Trichoplax keine Larve, sondern ein selbständiger und sehr ursprünglicher Organismus ist, der zu keinem der bisher bekannten Tierstämme paßt. Als Vertreter eines eigenen Stamms, der *Placozoa*, ordnet Grell ihn zwischen Protozoen und Metazoen ein und bringt, indem er mögliche Beziehungen aller bisher geforderten hypothetischen Stammformen, von der Blastaea bis zur Placula, aufzuzeigen versucht (vgl. Abb. S. 93), neue Gesichtspunkte in eines der ältesten Probleme der Zoologie überhaupt.

Die Schwämme, ledern oder gläsern,
Oft Gurken gleichend oder Gräsern,
Auch Raupen, Knollen, Bechern, Lilien,
Bestehn aus größeren Familien.
So nieder dieses Tier auch sei,
So treibt es doch Hochstapelei:
Gastralraum nennt es seine Mägen
Die höhern Zellen tragen Krägen.
Ein Schwamm könnt nicht bestehen, hätt
Aus Kies und Kalk er kein Skelett.
Der Badeschwamm dagegen hornig,
Ist darum rauh und steif und dornig;
Er wird geknetet und gebleicht
Und so allmählich aufgeweicht,
Der Sand gespült aus seinen Taschen:
Erst dann kann man sich mit ihm waschen.
Eugen Roth

Schwämme

Schwämme – wissenschaftlich *Porifera* oder auch *Spongia* genannt, festsitzend, äußerlich ebenso ungegliedert wie bewegungslos, meist ohne jedwede feste Form und scheinbar von unbegrenztem Wachstum, somit niederen Pflanzen ähnlicher als irgendeinem Tier und überwiegend marin, nur mit etwa 120 der weit über 5000 bekannten Arten ins Süßwasser vorgedrungen, so stehen sie als einfachster und doch spezialisierter Hauptstamm am Anfang der Metazoenentwicklung. Sind sie im ausgewachsenen Zustand auch weit entfernt von einer Gastraea, so lassen sie sich doch relativ leicht von ihr ableiten. Die kugel- bis eiförmige, nur an einem Pol bewimperte und daher als *Amphiblastula* bezeichnete Larve der Schwämme setzt sich mit eben diesem begeißelten Pol fest und durchläuft die Gastrulation. Der dabei an der Anheftungsstelle entstehende Urmund wird sodann verschlossen (vgl. Abb. S. 97), und an dem ihm gegenüberliegenden Pol wird eine neue Öffnung gebildet, die leider – weil funktionell widersinnig – als *Osculum* („Mündchen") bezeichnet wird.

Als reine Wasserbewohner sind die Schwämme ernährungsphysiologisch *Strudler* und *Filtrierer*. Durch Poren in der Außen- oder Deckschicht (Name Porifera !) saugen sie das Wasser ihrer Umgebung in ihren Körper ein, filtern organische Schweb- wie auch gelöste Stoffe und vor allem Bakterien heraus und leiten das Wasser durch das Osculum wieder nach außen.

Man kann *Schwämme* durch feine Gaze pressen oder ihre Zellen durch Äthylendiamintetraessigsäure (EDTA) voneinander trennen; immer wird sich aus den Teilprodukten ein vollständiger Organismus regenerieren.

Der Schwammkörper ist dreischichtig. Eine Deckschicht oder

Epidermis grenzt ihn nach außen ab, die inneren, der Verdauung dienenden, demnach als Darm zu bezeichnenden Hohlräume sind von einer Gastrodermis ausgekleidet, und zwischen beiden, Epi- und Gastrodermis, liegt als bindegewebige Mittelschicht eine Mesogloea, die bei einigen Schwämmen, vor allem Jungschwämmen, schmal ist oder gar fehlt, meist aber als umfangreiche Masse den Schwamm erfüllt.

Die *Epidermis* besteht aus abgeflachten, ektodermalen *Pinakocyten.* Auch wenn sich diese kontraktilen Zellen rasch aus ihrem Verband lösen und mit anderen Zellen neu verbinden können, so stellt die Epidermis (auch *Pinakoderm* genannt) doch ein echtes Epithel dar. In ihm werden die den Schwamm kennzeichnenden Poren von sog. *Porocyten* gebildet, indem diese ring- oder armreifartig geformten Zellen einen extrazellulären Kanal umgreifen.

Die *Mesogloea* stellt eine gelatinöse und von Kollagenfasern durchsetzte Grundsubstanz dar, in die die verschiedensten Schwammzellen lose eingelagert sind, vor allem die nährstoffreichen *Archaeocyten,* aus denen zu gegebener Zeit alle anderen Zellen gebildet werden können, dann die dauernd umherwandernden *Amoebocyten,* die *Lophocyten,* die als Sekretionszellen das Kollagen liefern, schließlich *Nervenzellen, Sklero-* und *Spongioblasten,* sowie *Geschlechtszellen.*

Die *Gastrodermis* besteht ausschließlich aus *Kragengeißelzellen (Choanocyten).* Sie, die sie an die Choanoflagellaten unter den Protozoen erinnern, aber auch bei Hohltieren (Anthozoa) und Stachelhäutern vorkommen, sind die typischsten Bauelemente der Schwämme. Als Motoren des Strömungs- und Filtersystems erzeugen sie den gerichteten Wasserstrom durch den Körper und fangen gleichzeitig mit ihrem Kragen die Nahrung ab. Der *Kragen* stellt eine Reuse aus palisadenartig nebeneinanderstehenden Mikrovilli dar, deren schmale Zwischenräume von einem Film aus Mucopolysaccharid-Schleim erfüllt sind. Der Schlag der Geißel bewirkt einen Unterdruck im Kragenraum. Dadurch wird Wasser durch die Mikrovilli-Reuse eingesaugt; dabei werden die Nahrungspartikel auf der Außenseite des Kragens am Mucopolysaccharid-Film aufgefangen. Die Teilchen gleiten zum Zellkörper hinab und werden von ihm phagocytiert. Je nach Anzahl und Anordnung der Kragengeißelzellen kann man 3 verschiedene Bautypen *(Ascontyp, Sycontyp, Leucontyp)* unterscheiden (vgl. Abb. S. 97).

Die meisten, vielleicht sogar alle Schwämme sind *getrenntgeschlechtlich.* Ei- und auch Samenzellen – wie alle anderen Organe fehlen auch Gonaden – entstehen meist aus Archaeocyten, nicht selten auch aus Choanocyten, wie überhaupt jede Zelle zur Geschlechtszelle werden kann. Ihr Nährmaterial erhalten

Dem Lebensformtyp des *Strudlers* und *Filtrierers* werden wir noch viele Male im Tierreich begegnen. In keinem Fall aber sind Bau und Funktion des Organismus so ausschließlich vom Strömungs- und Filtersystem bestimmt wie bei den Schwämmen. Vielleicht ist das der Grund, daß sie zwar als früher Seitenzweig der Metazoen (vielfach deshalb auch als *Parazoa* den *Eumetazoa* gegenübergestellt) bis heute erhalten blieben, daß andererseits aber phylogenetisch „aus ihnen nichts geworden ist", weil sie so schon sehr früh in der Stammesgeschichte in einfacher Ausprägung einen für die Bedürfnisse eines Strudlers und Filtrierers offenbar optimalen Leistungsplan erfüllten, daß ihrem Bauplan nicht mehr abverlangt wurde und so nur wenig echte Epithelien und schon gar keine Organe ausgebildet wurden. Jede Schwammzelle behält zeitlebens einen so hohen Freiheitsgrad, daß, wie *F. Kilian* (1974) betont, die Annahme von *P. Brien,* die 10 und mehr Zelltypen, die man heute unterscheidet, stellten vielleicht nichts anderes als jeweils funktionelle Zustände dar, durchaus begründet ist.

Nervenzellen wurden bei Schwämmen lange in Frage gestellt, sind aber heute elektronenmikroskopisch wie histochemisch nachgewiesen. Die *Skleroblasten* bauen Skelettelemente auf, die je nach Größe als *Mikro-* oder *Megaskleren* bezeichnet werden und entweder aus Kalk *(Kalkschwämme)* oder Kieselsäure *(Kieselschwämme)* bestehen. Bei den Kieselschwämmen können die Nadeln *(Spiculae)* auch durch *Sponginfasern,* die von den *Spongioblasten* stammen, untereinander verbunden werden; sie können aber auch durch ein reines *Spongingerüst (Hornfaserschwämme)* ersetzt sein und eignen sich dann als Nutzschwämme.

Den Bauplan „Schwamm" allgemein beschreibend, sei mit *W. E. Ankel* festgestellt, daß „Form und Leistung weniger statisch als vielmehr dynamisch gewährleistet erscheinen", weil „relativ selbständige, an keinen bestimmten Platz gebundene Zellelemente übergeordneten Formungsgesetzen unterliegen, die sie zu sinnvoller gemeinsamer Leistung bringen."

die Oocyten, indem sie andere Zellen phagocytieren. In der Spermiogenese wird ein begeißeltes Spermium entwickelt, wie es für die Metazoen typisch ist. Zur Besamung werden die Spermien eingestrudelt, von Kragengeißelzellen „gefressen", von Amoebocyten aufgenommen und in diesen zur Eizelle transportiert. *Ungeschlechtliche Vermehrung* erfolgt durch knospenartiges Auswachsen des Körpers, bei den *Spongilliden,* der einzigen Familie der Süßwasserschwämme, auch durch Auskeimen von *Gemmulae.* Das sind Dauerstadien, mit denen ungünstige Jahreszeiten überstanden werden. Unsere Süßwasserschwämme sterben im Herbst ab und überwintern in Form solcher Gemmulae. Diese keimen im Frühjahr aus und besiedeln wieder das stehengebliebene Skelett vom letzten Jahr. Gemmulae sind es auch, die den Schwämmen im Amazonasgebiet, etwa der Gattung *Drulia,* ermöglichen, Büsche und Bäume zu besiedeln, die nur während der Regenzeit überschwemmt sind.

Hohltiere

Wer sie nicht kennt, lernt sie oft kennen,
Indem sie ihn wie Feuer brennen:
Der Schwimmer kann oft kaum noch japseln,
Gerät er an die Nesselkapseln.
Schirmquallen (auch Cölenteraten)
Des Schirmes könnten leicht entraten,
Sie werden lebenslang nicht trocken,
Was gibt's für Becher, Sterne, Glocken!
Kurz, was herumschwimmt, meeresfaunlich,
Ist stets von neuem höchst erstaunlich.

Man trifft bei den See-Anemönchen
Auf manches wahre Tausendschönchen;
Seerosen auch genannt, Seenelken –
Nur daß sie nicht so schnell verwelken.

Wie prächtig – wenn wir sie nur hätten! –
Sind rötliche Korallenketten.

Der Laie merke: die Korallen,
Die ihm als Schmuck so sehr gefallen,
Sind das Skelett nur, sind der Baum,
Dran lebt und webt der Blütentraum.
An den Korallen, an den echtern
Baun Tausende von Tiergeschlechtern.

Eugen Roth

Wie die Schwämme sind auch die *Hohltiere (Coelenterata)* noch verhältnismäßig einfach gebaut. Ein einziger, gegebenenfalls unterteilter oder verzweigter Hohlraum (Name Hohltiere !), der *Gastralraum,* auch *Enteron* genannt, wird, wie bei den Schwämmen, von 3 Schichten umhüllt, einer äußeren ektodermalen *Epidermis,* einer mittleren zellfreien oder auch wenige Zellen enthaltenden gallertigen *Mesogloea* und einer inneren, entodermalen *Gastrodermis.* Im Gegensatz zu den Schwämmen, bei denen eine große Dynamik in den Schichten herrscht, ist die gesamte Architektur der Hohltiere durch engen Zusammenschluß der Zellen weitgehend stabil. Epidermis und Gastrodermis sind als Gewebe ausdifferenziert, enthalten hochspezialisierte Zellen und bilden Organe und Organsysteme. Die Körpergestalt besitzt eine feste Form, sie ist je nach Gruppe radiär- oder disymmetrisch.

Wie die Schwämme sind die Hohltiere reine Wassertiere, die meisten marin, einige dem Brackwasser angepaßt und wenige ins Süßwasser eingewandert. Ihre Nahrung erwerben sie als *Angler* und *Schlinger,* indem sie ihre Beute, vom Plankter bis zum Fisch, mit besonderen Fangorganen heranholen und in den Gastralraum schaffen. Schon allein aufgrund dieser Fangorgane lassen sich zwei große Gruppen bei den Hohltieren unterscheiden: die *Nesseltiere (Cnidaria)* und die *Kamm-* oder *Rippenquallen (Ctenophora).* Beide haben weder besondere Atmungs-, Stofftransport- noch Ausscheidungsorgane notwendig. Da über die verschiedenen Fangmethoden hinaus die Unterschiede in

BAUPLAN DER SCHWÄMME

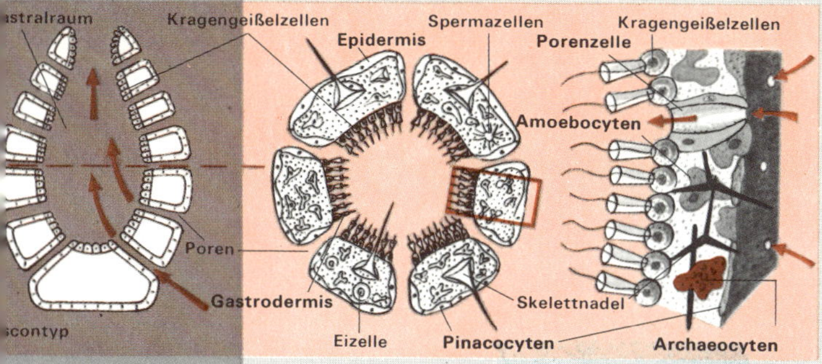

Schema eines einfachen Schwammes im Längs- und Querschnitt (Abb. links). Die dicke Wand des tonnenförmigen Schwammes ist von zahlreichen Wasserkanälen durchzogen. An den Wänden des zentralen Hohlraums, dem Gastralraum, sitzen Kragengeißelzellen (Choanocyten), die durch Geißelschläge einen gerichteten Wasserstrom erzeugen und gleichzeitig auch die herbeigestrudelte Nahrung aufnehmen. Die Hauptmasse des Schwammkörpers besteht aus zahlreichen, in einer gallertartigen Grundsubstanz angeordneten Zellen, die lediglich an der Körperoberfläche und an den Kanalwänden ein Epithelgewebe bilden. Die verschiedenen Zelltypen erfüllen verschiedene Aufgaben.

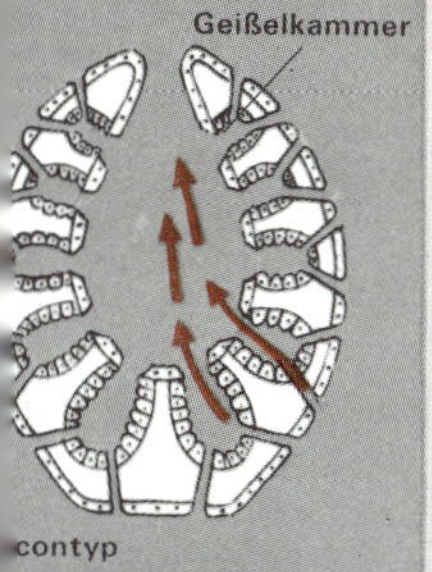

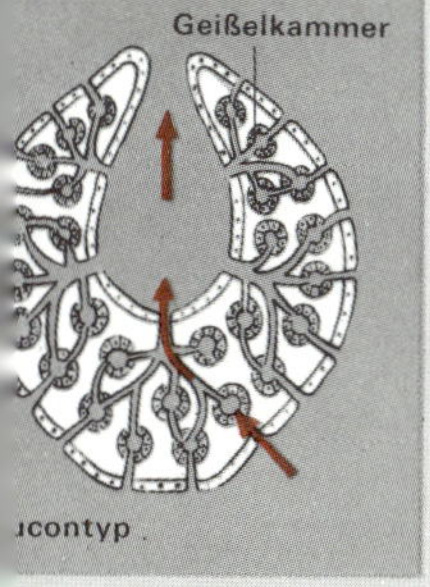

Bei der einfachsten der drei Organisationsformen der Schwämme, dem *Ascontyp*, kleiden die Kragengeißelzellen den gesamten Gastralraum aus. Beim *Sycontyp* sind sie in ihrer Anzahl stark vermehrt, weil die Oberfläche des Gastralraums durch becherförmige Erweiterungen (Radialtuben) wesentlich vergrößert ist. Beim *Leucontyp* sind die Choanocyten zu sog. Geißelkammern vereinigt. Da diese Kammern mit zu- und abführenden Kanälen versehen sind, können sie, die volle Dreidimensionalität des Raums nutzend, in verschiedenen Stockwerken untergebracht werden. Schwämme vom Ascontyp sind nie dicker als etwa 2 mm und höchstens 8 mm lang. Sycontypen erreichen immerhin schon 2–4 cm (in Ausnahmefällen 10 cm), während alle großen umfangreichen Schwämme nach dem Leucon-Prinzip gebaut sind.

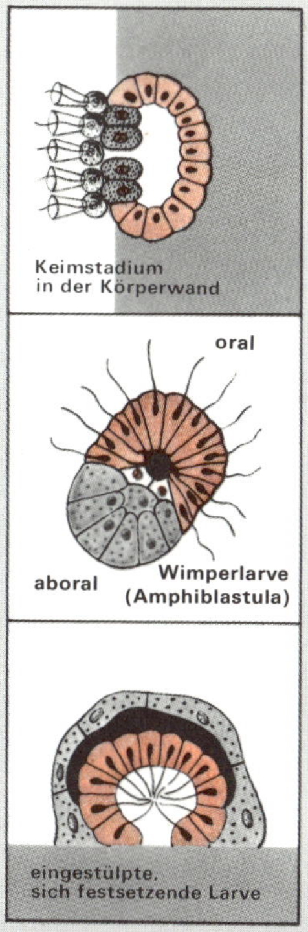

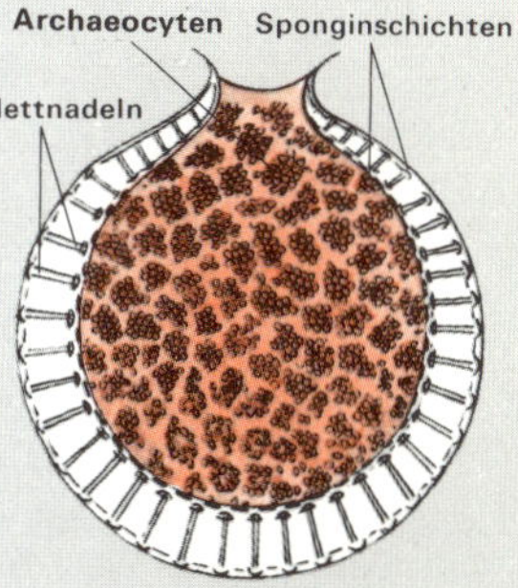

Gemmula des Süßwasserschwammes

Abb. oben: Eine ungeschlechtliche Dauerknospe oder *Gemmula* des Süßwasserschwammes *Ephydatia*, mit totipotenten Archaeocyten, die bei günstigen Lebensbedingungen wieder zum Schwamm auskeimt.
Abb.-Reihe links: Bei der geschlechtlichen Fortpflanzung entwickelt sich in der Körperwand ein blastulaähnlicher Keimling. Dieser stülpt sich um, indem er die Innenseite nach außen kehrt, und verläßt als frei bewegliche Larve das Muttertier. Nach gastrulaähnlicher Einstülpung der Geißelzellen setzt sich die Larve mit dem Mundpol fest und wächst zu einem neuen Schwamm aus.

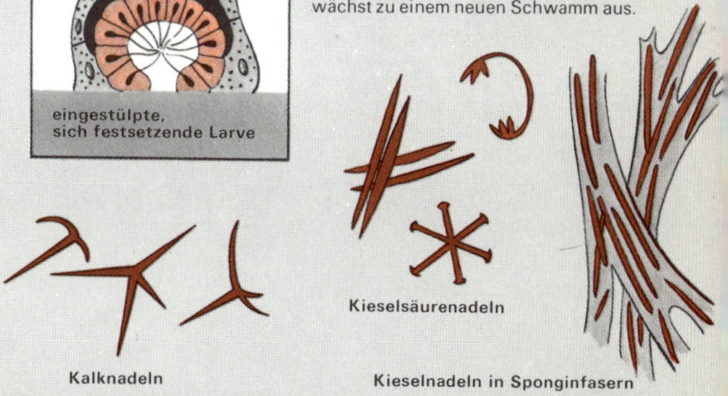

Die ausschließlich im Wasser lebenden Schwämme (Porifera) sind sehr einfach gestaltete tierische Mehrzeller, die außer einer Epi- und einer Gastrodermis keine weiteren Gewebe und damit auch keinerlei Organe ausbilden. Dagegen sind jedoch eine Reihe unterschiedlich differenzierter Zellformen in eine gelatinöse Mittelschicht (Mesogloea) eingelagert. Aufgrund der festsitzenden Lebensweise und der Aufnahme kleinster herbeigestrudelter Nahrungsteilchen fehlen ihnen die sonst für die Metazoen so typischen Muskelzellen.

Der bei vielen Arten umfangreiche Schwammkörper wird durchweg von Stützelementen getragen. Dabei bilden viele einzelne Kalk- oder Kieselsäurenadeln, die vielfach noch durch Sponginfasern miteinander verbunden sind, häufig kunstvolle, den ganzen Schwamm durchdringende Skelette. Das nebenstehende Photo zeigt ein solches Kieselsäureskelett vom *Gießkannenschwamm Euplectella*. Abb. oben: verschiedene Skelettnadeln oder Sklerite.

Bau und Entwicklung zwischen Cnidariern und Ctenophoren heute als tiefgreifender bewertet werden, trennt man sie nunmehr gern in zwei eigene Stämme auf. Wir wollen sie zwar weiterhin als Hohltiere zusammenfassen, sie im folgenden aber als geschlossene Gruppen besprechen.

Nesseltiere

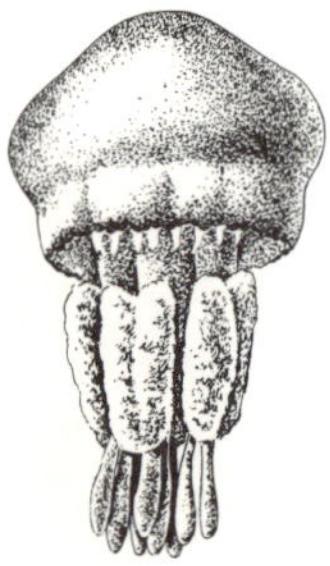

Blumenkohlqualle *Rhizostoma octopus* (Scyphozoa)

Die *Nesseltiere (Cnidaria)* treten in zwei Morphen auf, als festsitzender *Polyp* und als freischwimmende *Meduse (Qualle).* Beide, Polyp wie Meduse, sind vor allem durch drei Merkmale ausgezeichnet, Neuerwerbungen gegenüber den Schwämmen, die ihnen bei noch einfachem Bauplan schon eine hohe Mannigfaltigkeit an Formen erlauben. Da sind zunächst die *Epithelmuskelzellen* zu nennen, die in ihren basalen Ausläufern Muskelfilamente bilden, die ihrerseits in der Epidermis zu einer geschlossenen Längs-, in der Gastrodermis zu einer Ringmuskelschicht vereinigt sind. Ferner sind neben *Nerven-* auch *Sinneszellen* vorhanden. Die Nervenzellen können ektooder entodermaler Herkunft sein und liegen basal zwischen Epi- und Gastrodermis. Ihre Ausläufer bilden ein Nervennetz. Primäre und sekundäre Sinneszellen kommen bei Polypen vor; die freischwimmenden Medusen haben schon komplexere Sinnesorgane.

Von den etwa 20 *Niden*-Formen, die man heute unterscheidet, sind die bekanntesten die *Penetranten* (vgl. S. 8). Jedes Tier aber trägt mehrere Cniden-Typen, ein ganzes *Cnidom,* anhand dessen man die Artzugehörigkeit bestimmen kann. Jede *Nesselkapsel* kann nur einmal explodieren, so daß ständig neue von den I-Zellen nachgeliefert werden müssen.

Haupt- und so auch namengebendes Charakteristikum der Nesseltiere aber sind die *Nesselkapseln (Cniden, Nematocysten),* die in Golgi-Vesikeln embryonaler Zellen *(Ersatzzellen,* auch *interstitielle Zellen* oder kurz *I-Zellen* genannt) aufgebaut werden. Sie sind die kompliziertesten Sekretionsprodukte, die wir von einer tierischen Zelle kennen, kleine Maschinen, die mechanisch wie chemisch zu Fang und Lähmung der Beute eingesetzt werden.

Der *Polyp* ist ein doppelwandiger Schlauch und entsteht dadurch, daß sich die Larve mit dem ihrem Mund entgegengesetzten Pol ihrer Hauptachse festsetzt. Der Urdarm wird zum Gastralraum, und der Urmund bleibt, wiederum im Gegensatz zu den Schwämmen, als einzige Öffnung des Gastralsystems erhalten und dient dem adulten Tier als Mund, After und Geschlechtsöffnung. Oft wird der Polyp im mundnahen Bereich zu einem Becher (Hydranth) erweitert, im mittleren und unteren Teil stielartig verschmälert *(Hydrocaulus)* und an der Basis durch wurzelartige Ausläufer *(Hydrorrhiza)* (vgl. Abb. S. 8) verankert. Um die Mundöffnung werden Fangarme oder Tentakel ausgebildet. Als schlauchförmige Ausstülpungen des Gastralraums sind sie entweder hohl oder durch blasige Entodermzellen zu einem elastisch-soliden Strang geworden. In jedem

Fall aber tragen sie zu Batterien vereinigte *Nesselzellen.* Mit den Tentakeln als „Angelruten" wird die Beute in den Gastralraum geschafft und hier durch Sekrete von Drüsenzellen der Gastrodermis extrazellulär zerlegt und von den Nährmuskelzellen resorbiert. Mund und Gastralraum können so verschieden werden, daß man allein aufgrund ihrer Organisation 3 Klassen unterscheiden kann: *Hydrozoa, Scyphozoa* und *Anthozoa.*

Der *Gastralraum* kann ein einfacher Beutel oder Sack sein *(Hydropolyp);* seine Wand kann aber auch in Form sog. *Septen* kulissenartig ins Innere vorspringen und ihn so in einen zentralen Magenraum und periphere Gastraltaschen aufteilen, bei den Scyphopolypen in 4, bei Anthopolypen in 6, 8 oder bis zu 100, so daß bei ihnen geradezu ein „Blättermagen" entsteht. Bei allen Polypen ist zwischen der äußeren ektodermalen Epidermis und der inneren entodermalen Gastrodermis eine *Mittelschicht* vorhanden.

Die meisten Polypen, besonders die der *Steinkorallen* unter den Anthozoen, bilden ein umfangreiches Skelett. Es wird entweder von der Epidermis nach außen *(Exoskelett)* oder von der Mesogloea nach innen abgeschieden *(Endoskelett).* Bei den Hydrozoen werden chitinige *Peridermhüllen* nach außen abgegeben, bei den *Gorgonien* unter den Anthozoen hornartige Substanzen nach innen. Die anderen Anthozoen scheiden Kalk in Form von Calcit oder Aragonit nach außen oder aber auch als *Sklerite* nach innen ab.

Medusen kommen nur bei den abgeleiteten Hydrozoen *(Hydromedusen)* und Scyphozoen *(Scyphomedusen),* nicht aber bei den heute als ursprüngliche Gruppe der Nesseltiere erkannten Anthozoa vor. Sie können durchaus als im Hinblick auf die freischwimmende Lebensweise abgewandelter Polyp gedeutet werden (vgl. Abb. S. 100). Indem im Bereich des aboralen Pols die Mesogloea stark gallertig wurde, entstand als Schwimmorgan ein Schirm oder eine Glocke, die nach Art eines Düsenantriebs durch rhythmisches Zusammenziehen der Muskelfasern entlang des Schirm- oder Glockenrands das Tier stoßweise fortbewegen (Rückstoßprinzip). Wie der Stock beim Schirm oder der Klöppel bei der Glocke, so hängt in der Meduse der zu einem meist lappenförmigen Magenschlauch ausgezogene Mund herab. Er geht in einen Gastralraum über, der zu einem Gastrovaskularsystem erweitert ist, indem von der zentralen Magenhöhle Radiärkanäle ausgehen und in einen Ringkanal am Schirmrand münden. Es ist verständlich, daß am Schirm- oder Glockenrand Sinnesorgane (Licht- oder Schweresinnesorgane) und Tentakel stehen. Die Tentakel sind im Prinzip wie die des Polypen aufgebaut, können mehrere Meter lang werden und enthalten die Nesselzellen meist in Nesselbatterien.

Bei Hydrozoen und Scyphozoen liegt der Mund im allgemeinen auf einer Scheibe oder einem erhöhten Kegel. Bei den Anthopolypen wird er durch die Ausbildung eines *Schlundrohrs* in die Tiefe verlagert. Das Schlundrohr ist seitlich zusammengedrückt. Dadurch entstehen zwei Rinnen, die beide (oder auch nur eine) bewimpert sein können und dann als sog. *Siphonoglyphe* das Wasser auf der einen Seite in den Gastralraum hinein- und auf der anderen Seite wieder herausstrudeln. Durch die Ausbildung der Siphonoglyphe sind die Anthozoen bilateralsymmetrisch.

Bei vielen Hydrozoen und einigen weiteren kleinen Arten ist die *Mittelschicht* eine *Stützlamelle,* die ausschließlich aus den Basallamina von Epidermis und Gastrodermis gebildet wird; bei den Scypho- und Anthopolypen ist sie dagegen eine *gelatinöse Mesogloea,* die von Zellen, die aus dem Ektoderm stammen, durchsetzt ist.

Die *Medusen* sind fast stets einzellebend, im Gegensatz zu den Polypen, bei denen es häufig durch Knospung zur Stockbildung mit Arbeitsteilung *(Polymorphismus,* Abb. S. 101) kommt. Nur die Staatsquallen *(Siphonophoren)* bilden hochorganisierte Stöcke mit entsprechenden „Einzelpersonen" (vgl. Abb. S. 100).

HOHLTIERE I

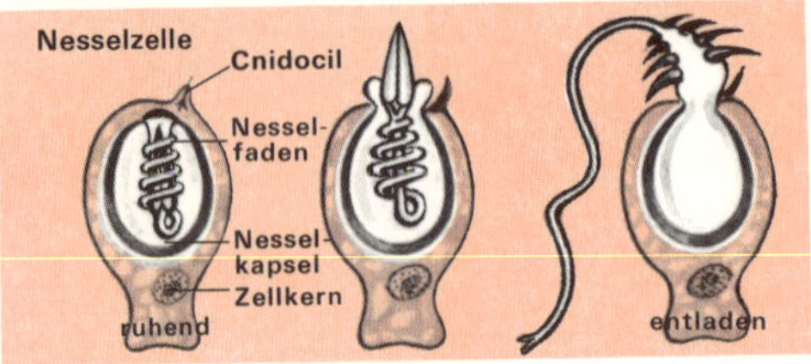

Hohltiere (Coelenterata) haben einen einfachen, meist radiärsymmetrischen Körper, der aus zwei Epithelschichten, der äußeren Epidermis und der inneren Gastrodermis, aufgebaut ist. Zwischen beiden Körperschichten liegt eine zellfreie oder zellarme, gallertige Stützsubstanz. Die meist marinen Hohltiere treten als festsitzende, zylindrische Polypen und als freibewegliche, schirm- oder glockenförmige Medusen auf.

Polyp und *Meduse* weisen den gleichen Grundbauplan auf (Abb. unten). Bei beiden umgibt die Körperwand einen großen, nur mit einer Mundöffnung versehenen Hohlraum. Dieser kann bei Medusen Kanäle bilden oder bei Korallentieren in Nischen unterteilt sein. Unter den verschieden differenzierten Epithelzellen gibt es kompliziert gebaute Nesselzellen, wie z. B. die Penetranten (Abb. oben).

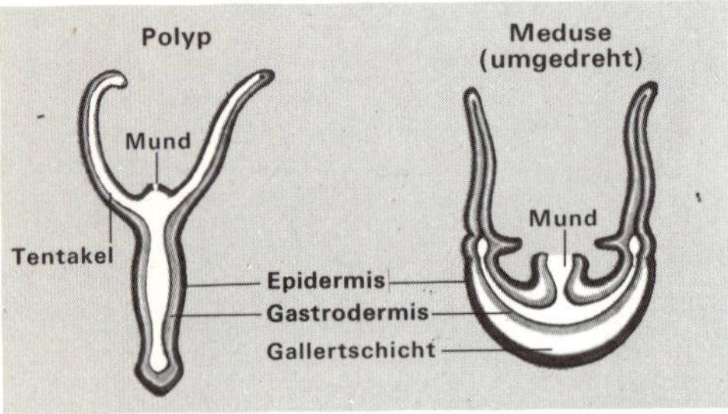

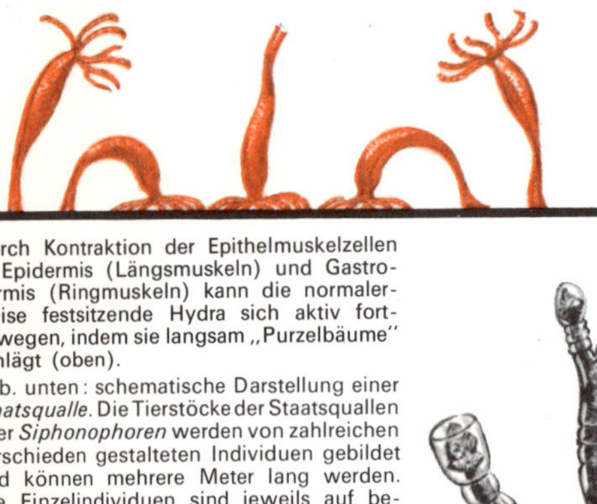

Durch Kontraktion der Epithelmuskelzellen in Epidermis (Längsmuskeln) und Gastrodermis (Ringmuskeln) kann die normalerweise festsitzende Hydra sich aktiv fortbewegen, indem sie langsam „Purzelbäume" schlägt (oben).

Abb. unten: schematische Darstellung einer *Staatsqualle*. Die Tierstöcke der Staatsquallen oder *Siphonophoren* werden von zahlreichen verschieden gestalteten Individuen gebildet und können mehrere Meter lang werden. Die Einzelindividuen sind jeweils auf bestimmte Funktionen spezialisiert und stehen über Gastrodermiskanäle miteinander in Verbindung.

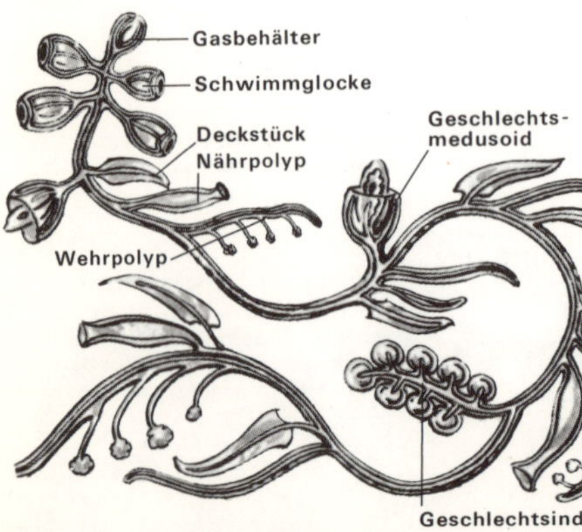

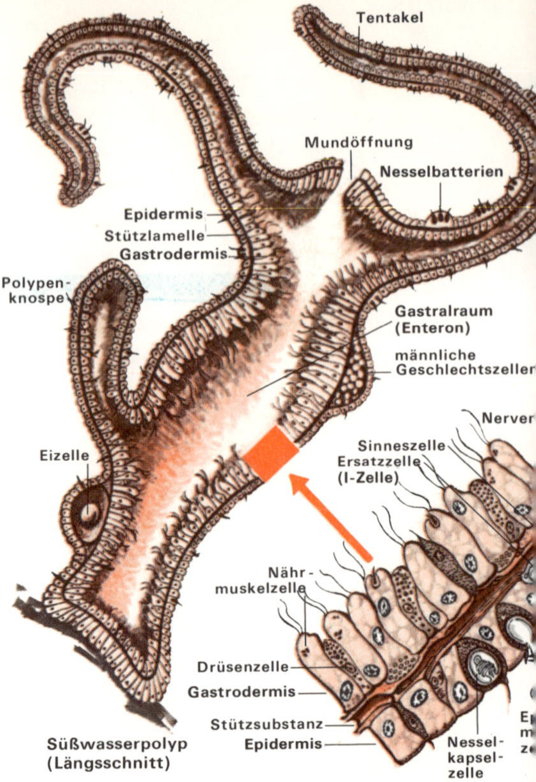

Süßwasserpolyp (Längsschnitt)

Die nur in der Polypenform auftretende *Hydra* (oben) zeigt deut den zweischichtigen Aufbau aus Epi- und Gastrodermis und unterschiedlich differenzierten Epithelzellen. Neben ungeschlec licher Fortpflanzung kommt geschlechtliche vor.

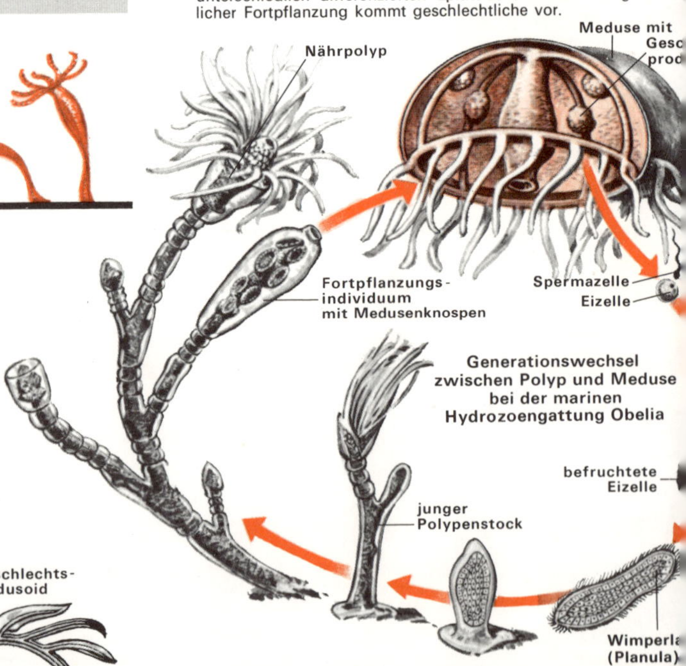

Generationswechsel zwischen Polyp und Meduse bei der marinen Hydrozoengattung Obelia

Oft treten bei Hohltieren im regelmäßigen Wechsel Polypen- Medusenformen auf. So entwickelt sich bei *Obelia* (oben) aus befruchteten Eizelle zunächst eine frei schwimmende Wimperl Diese setzt sich fest und wächst zu einem Polypenstock aus Fortpflanzungsindividuen entstehen durch Knospung ungeschle lich freibewegliche Medusen. Die herangewachsenen, getre geschlechtlichen Medusen erzeugen an den Radiärkanälen Ei- Spermazellen, die nach der Befruchtung wieder einen n Polypenstock bilden.

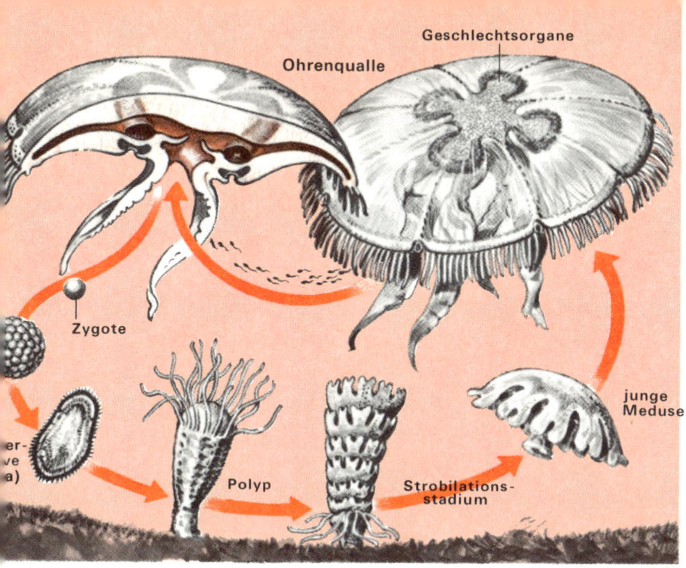

Bei den Schirmquallen, wie z. B. bei der bis 40 cm breiten Ohrenqualle Aurelia, dominiert die geschlechtliche Medusengeneration über die nur wenig ausgeprägte ungeschlechtliche Polypengeneration. Der aus der Wimperlarve entstandene Polyp erzeugt vegetativ durch endständige Sprossung (Strobilation) die getrenntgeschlechtlichen Medusen. Die Eier werden in den Magentaschen der Medusen befruchtet.

Abb. unten: Ein aufgeschnittener junger *Korallenpolyp*. Bei den stockbildenden Korallen fehlt stets die Medusenform. Die Geschlechtsorgane sitzen an den Magenleisten.

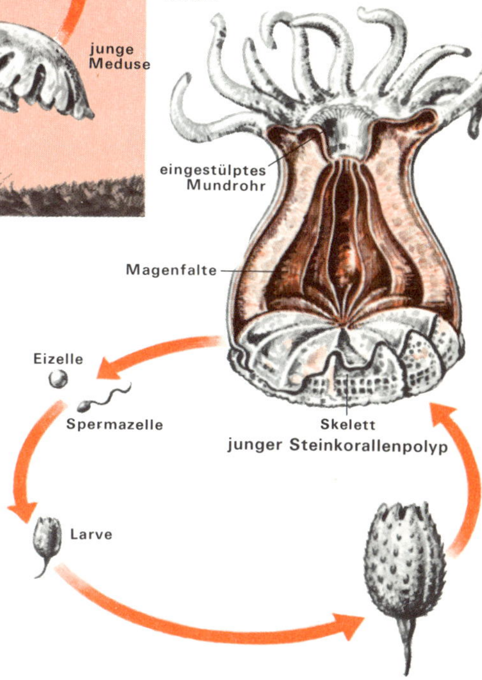

ben: Stockabschnitt einer *Steinkoralle*. Die beiden vorm Durchmesser ca. 5 mm großen Individuen haben ihren lkranz eingezogen. Korallenstöcke entstehen durch ive Vermehrung.

Entstehung ringförmiger Riffe. Riffbildende Korallenarten gedeihen nur in der obersten Schicht warmer Meere, da sie mit einzelligen Algen, die Photosynthese betreiben, in Symbiose leben. An den Küsten neuentstandener Vulkaninseln bilden sich deshalb bald *Saumriffe*. Sinkt die Insel langsam ab, entsteht ein *Wallriff* mit größerem Küstenabstand, das nach völligem Untertauchen der Insel zum *Atoll* wird. Photo unten: Skelettstück von Riffkorallen.

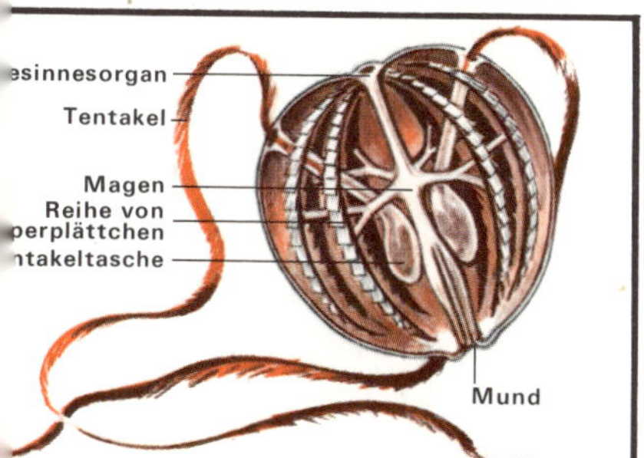

Stachelbeerqualle Pleurobrachia gehört zu den penquallen *(Ctenophora)*, Hohltiere ohne Nesselen und ohne Polypenform. Die disymmetrischen e bilden 2 lange, gefiederte und mit Klebzellen sehene Tentakel aus, die sie wie ein Leimrutennetz Beutefang durchs Wasser führen.

US/HERDER
:18

Häufig sind Polyp und Meduse durch einen *Generationswechsel* miteinander verbunden (vgl. Abb. S. 100). Der Polyp erzeugt ungeschlechtlich die Meduse, die als geschlechtliche Generation in Ovarien und Hoden Ei- und Samenzellen ausbildet. Die Medusenentstehung ist bei Hydro- und Scyphozoen verschieden. Bei den Scyphozoen wird der obere Teil des Polypen als junge Meduse abgeschnürt *(Strobilation,* vgl. Abb. S. 101). Bei den Hydrozoen entstehen die Medusen durch seitliche Knospung an Hydrocaulus oder Hydrorrhiza. Es kann aber auch jeweils eine Generation reduziert sein. Fehlt der Polyp, dann entwickelt sich aus Eizelle und gastrulaähnlicher Wimperlarve *(Planula)* direkt eine junge Meduse. Bei der Reduzierung der Medusengeneration können wir bei den Hydrozoen alle Übergänge von Rückbildungserscheinungen bis zur unmittelbaren Gonadenbildung am Polypen finden.
Wie der Bau eines einfachen Polypen *(Hydra, Protohydra),* bei dem der Gastralraum dem Urdarm und die Gastralöffnung dem Urmund entspricht, zeigt, kommen die Nesseltiere – anders als die Schwämme – der Organisation einer Gastraea recht nahe. Man kann sich gut eine Gastraea vorstellen, die sich mit dem aboralen Pol festsetzte und zum Polypen wurde. Aber auch die Meduse, die als gleichsam umgedrehter und durch Anpassung an die freie Lebensweise veränderter Polyp verstanden werden kann, läßt sich noch direkt auf eine Gastraea zurückführen (vgl. Abb. S. 100).

Rippenquallen

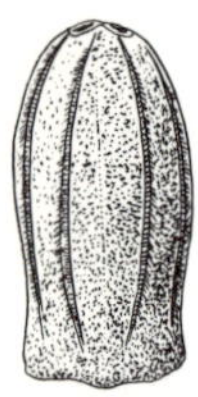
Mützenqualle *Beroë*, tentakellose Rippenqualle

Durch ihre umfangreiche gallertige Mesogloea, den hohen Wassergehalt und ihre Durchsichtigkeit ähnelt die kleine pelagisch im Meer lebende Gruppe der *Rippen-* oder *Kammquallen (Ctenophora)* äußerlich den Cnidarier-Quallen. Sie haben aber weder Nessel- noch Epithelmuskelzellen; sie bilden keine Polypenstadien aus und also auch keinen Generationswechsel. Die stachelbeer- bis birnen-, manchmal auch bandförmigen Tiere sind disymmetrisch organisiert. Am oberen Pol liegt ein Schweresinnesorgan, das ihnen die Einstellung in die vertikale Gleichgewichtslage vermittelt, am unteren Pol die Mundöffnung. Meridianartig von Pol zu Pol verlaufen in der Epidermis 8 ektodermale Rippen (Name Rippenquallen !), die – hintereinander aufgereiht – Kämme aus verkitteten Wimpern (Name Kammquallen !) tragen. Diese Kämme sind als Ruderplättchen die Hauptschwimmorgane. Etwa in der Körpermitte und genau einander gegenüberliegend sind 2 epidermale Taschen ausgebildet, aus denen als ektodermale Bildungen jeweils ein meist muskulöser Fangtentakel ausgefahren werden kann. Die Tentakel tragen Klebzellen *(Colloblasten)*, und da sie meist gefiedert sind, können sie – wie ein Leimrutennetz durchs Wasser geführt – die Beute einfangen. Diese wird bereits im Schlundrohr grob aufgeschlossen, im Zentralmagen extrazellulär verdaut und zur intrazellulären Endverdauung über im allgemeinen 8 Radiärkanäle in ebensoviele blind endende Meridionalkanäle nahe der Oberfläche unter den Rippen geflimmert. Die Koordination wird von einem unter der Epidermis gelegenen Nervennetz übernommen, das höher organisiert ist als bei den Cnidariern. Alle Ctenophora sind Zwitter. Sie können sich bereits in frühen Jugendstadien und dann noch einmal als erwachsenes Tier fortpflanzen *(Dissogonie)*.

Bilateria

Alle nun folgenden Metazoen, von den Würmern bis zu den Insekten und Wirbeltieren, sind *Bilateria* wie *Triploblasta* und *Coelomata* zugleich; d. h., sie sind bilateralsymmetrisch organisiert und haben neben Ekto- und Entoderm ein drittes Keimblatt, das in fast allen Stämmen eine sekundäre Leibeshöhle (Coelom) umhüllt. *Bilateralsymmetrie* und *Coelom* aber stehen in funktionellem Zusammenhang zur gerichteten Fortbewegungsweise dieser Tiere. Gerichtete Fortbewegungsweise bedeutet, daß man am Organismus ein „vorn" und „hinten" und damit auch ein „rechts" und „links" unterscheiden kann. Gemäß dem Prinzip, daß Änderungen in den Verhaltensweisen Änderungen der Morphologie zur Folge haben, wird die bei der Fortbewegung vorausgehende und daher meist als erste auf Nahrung wie Feinde treffende Körperregion anders ausgerüstet als die nachfolgenden Körperteile. Sie wird ebenso mit Werkzeugen zum Nahrungserwerb wie zur Feindvermeidung, vielleicht auch zur Feindabwehr, versehen; sie wird mit Fernsinnesorganen und Integrationszentren ausgestattet. So kommt es bei den Bilateria zur Kopf- und Gehirnbildung, zur *Cephalisation* wie zur *Cerebralisation*.

„Vorn" und „hinten" sind physiologische Begriffe und nicht in jedem Fall identisch mit den morphologischen Begriffen „Kopf" und „Schwanz". Der Watt- oder Köderwurm z. B. schwimmt mit dem Hinterende voraus.

Bilateralsymmetrie ist bereits im Ansatz bei den Blumentieren *(Anthozoen)* vorhanden und auch innerhalb der Rippenquallen bei zwei Formen, *Coeloplana* und *Ctenoplana*, die sich plattwurmartig kriechend bewegen, zu beobachten. Offenbar aber waren erst, nachdem ein drittes Keimblatt in Form des *Mesoderms* als weiteres Konstruktionselement erschaffen war, die Voraussetzungen gegeben, durch innere Untergliederungen und Kanalisierungen des Körpers die Möglichkeiten auszuschöpfen, die eine gerichtete Fortbewegung bietet. Vor allem dadurch, daß das flüssigkeitserfüllte Coelom zu einem Widerlager für die außen liegende Muskulatur wurde, entstand ein elastisch-flexibles Binnenskelett *(Hydroskelett),* wie es bei schlängelnder oder kriechend-schlängelnder Fortbewegungsweise architektonisch unumgänglich zu sein scheint. Außerdem liefert das Mesoderm die Aufhängebänder *(Mesenterien)* für den den Körper durchziehenden Darm; es dient als Sammelbecken für Exkrete, die von hier über eigene Exkretionsorgane ausgeleitet werden, und nimmt die Geschlechtszellen auf. Es kann ferner die Wände der Blutgefäße sowie Muskulatur und bei den Wirbeltieren Knorpel und Knochen bilden. Im Gegensatz zu den Hohltieren ist bei den meisten Bilateria ein *After* vorhanden. Vielleicht ist auch dies eine Folge des Coeloms, das nun eine Peristaltik des Darms und so einen Nahrungstransport in einer Richtung (vgl. S. 47) möglich macht.

Da der Übergang von den *Coelenteraten* zu den *Coelomaten* sich schon vor dem Kambrium, also vor mehr als 500 Millionen Jahren, vollzogen hat, fossil somit nichts erhalten ist, sind wir auch hier wieder auf Theorien angewiesen, die von rezenten Formen ausgehen. Nach der auf *R. Leuckart* (1848) und die Gebrüder *R.* und *O. Hertwig* (1881) und in moderner Form auf *A. Remane* zurückgehenden *Enterocoeltheorie* – es gibt noch andere, weniger überzeugende Theorien – entstehen die Coelomsäcke als Aussackungen des Darms mit folgender Abschnürung. Remane geht von einem Polypen mit 4 Gastraltaschen, etwa einem Scyphopolypen, aus. Die Gastraltaschen werden vom Darm abgetrennt und so zu isolierten Coelomsäcken. Während der Abschnürung soll sich eine Gastraltasche in 2 Coelomsäcke spalten und der Urmund sich zu einem langen Spalt strecken, dessen Ränder in der Mitte verwachsen, so daß nur eine vordere Öffnung als definitiver Mund und eine hintere als After bleiben. So entsteht ein Coelomat, dessen Körper mit einem unpaaren *Axocoel (Protocoel),* einem paarigen *Hydrocoel (Mesocoel)* in der Mundregion und einem ebenfalls paarigen *Somatocoel (Metacoel)* im Rumpfbereich eine erste Gliederung, eine *Archimetamerie,* erhält.

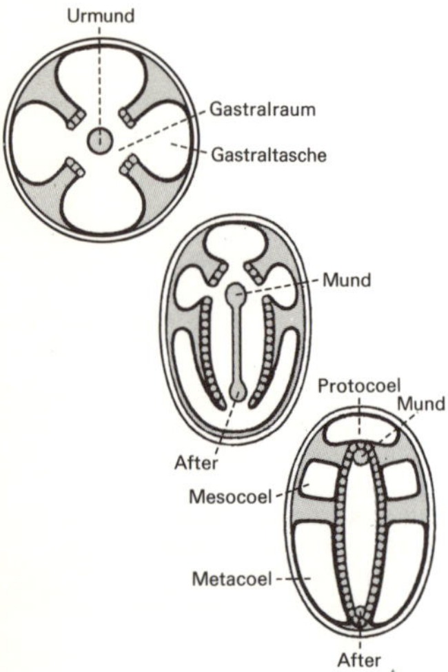

Remanes Coelombildungstheorie

Entstehung der drei Archimetameren aus den Darmtaschen eines vierstrahligen Hohltieres.

Für eine solche Ableitung spricht, daß die Coelomwand meist ein Wimperepithel ist, daß sie die Exkretion besorgt und die Gonaden beherbergt – alles Eigenschaften, wie sie in dieser Form die Gastraltaschen der Coelenteraten kennzeichnen. Und es spricht vor allem auch die Entwicklungsgeschichte für diese Theorie, denn die einfachsten Gruppen der Coelomaten, die *Tentaculaten* oder Kranzfühler (Moostierchen, Hufeisenwürmer, Armfüßer) und die *Hemichordaten* (Flügelkiemer, Eichelwürmer) wie aber auch die Stachelhäuter, wiederholen den Vorgang der Archimetamerenbildung und können als ursprüngliche Coelomtiere, als *Archicoelomata (A. T. Masterman,* 1898; *W. Ulrich,* 1951), zusammengefaßt werden.

Auch *G. Jägersten* (1955, 1959) sieht diese trimer gegliederten Tiere als älteste Coelomaten an, stellt aber an den Anfang aller Metazoen eine *Bilaterogastraea* (vgl. S. 93), von der er annimmt, daß sie sich unter Streckung und Verengung des Urmunds sowie gleichzeitiger Ausbildung von 3 Paar Gastraltaschen weiterentwickelte. Die Verbindungen zwischen dem Darm und den Gastraltaschen sollten verengt und laterobasad verlagert werden, so daß sie schließlich als Coelomporen nach außen mündeten. Die an den Wänden der zu Coelomsäcken gewordenen Gastraltaschen liegenden Geschlechtszellen sollten nicht mehr durch den Urmund, sondern durch eben diese Poren ausgeleitet werden. Auf eine solche Bilaterogastraea mit Gastraltaschen führt Jägersten Cnidarier und Ctenophoren zurück. Die Cnidarier entstanden als bilaterale Polypen, wie wir sie bei den inzwischen als ursprünglich erkannten Anthozoen noch finden, die dann unter besserer Ausnutzung ihres „Sitzplatzes" radiärsymmetrisch wurden, die Ctenophoren dadurch, daß die Bilaterogastraea zur pelagischen Lebensweise überging.

Seit *K. Grobben* (1908) wurden bei den Bilateria zwei große Gruppen, die Proto- und die Deuterostomier, unterschieden. Bei den *Protostomiern* sollte der Urmund zum definitiven Mund

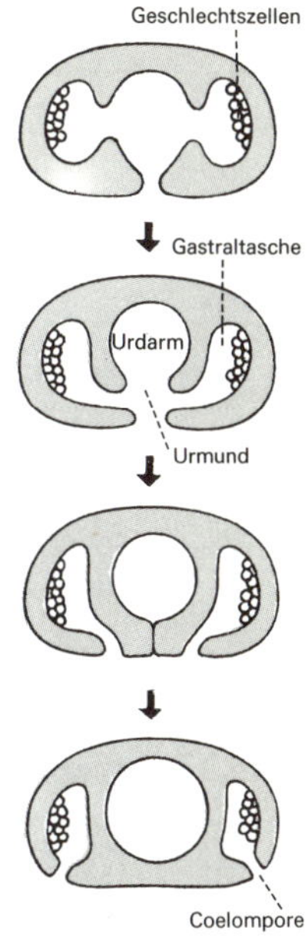

Jägerstens Theorie der Umbildung von Gastraltaschen in Coelomsäcke

Zur Analyse der Tierformen

Jeder Organismus muß bestimmte Leistungen erfüllen, d. h., jeder *Bauplan* wird einem bestimmten *Leistungsplan* gerecht. Bei aller Verschiedenheit der Organisation und damit auch der Leistung, ob Amöbe, Spulwurm oder Giraffe, sie alle sind auf ein Ziel programmiert: sich und ihre Art zu erhalten. Um dies zu erreichen, stellen sich ihnen infolge ihrer tierischen Grundeigenschaft, der heterotrophen Lebensweise, immer wieder die gleichen Aufgaben: organische Nahrung zu erwerben, zu verarbeiten und letztlich in Nachkommen umzusetzen.

Hierfür sind entsprechende Strukturen und Systeme ausgebildet, die sich im Prinzip bei allen Formen wiederholen, so daß sie uns in die Lage versetzen, auch ein uns völlig unbekanntes Tier richtig „anzugehen", wenn wir, wie im 2. Kapitel ausgeführt, äußere und innere Gestalt betrachtend, in logischer Abfolge nach *Bau-* und *Betriebsapparat, Koordinations-, Bewegungs-* und schließlich *Fortpflanzungsapparat* fragen. Da jedes Tier als Folge des stammesgeschichtlichen Verlaufs einem bestimmten Organisationstyp (Bauplan) angehört, können wir es, meist schon aufgrund weniger typischer Merkmale, einordnen. Gegliederter Körper, Außenskelett, 6 Beine und 4 Flügel lassen Käfer, Biene und Schmetterling leicht als pterygotes (geflügeltes) Insekt erkennen, und mit der Erfahrung von Rückbildungen und Funktionswechsel versehen, gelingt es auch, die flügellosen Tierläuse als Pterygota zu verstehen.

Darüber hinaus bietet häufig der Bau eines Tieres, ja schon die äußere Gestalt, die den direkten Kontakt mit der Umwelt herstellt, Hinweise auf Lebensraum und *Lebensform.* Auch wenn Täuschungen nicht auszuschließen sind – bestimmte Tangfliegen sind in Bau und Verhalten den an Säugern und Schwalben parasitierenden Lausfliegen sehr ähnlich, leben aber, wie es ihr Name sagt, im Strandanwurf der Meeresküsten –, so läßt sich doch vielfach schon aus dem Habitus schließen, ob ein Tier auf oder unter der Erde, in der Savanne oder im Urwald, in der Helligkeit des Tages oder im Dunkel der Nacht zu Hause ist. Die auf verschiedenen Kontinenten lebenden Säuger, wie Taschenratte (Nordamerika), Kammratte (Südamerika), Maulwurfsratte und Maulwurf (Eurasien), Goldmull (Afrika) und Beutelmull (Australien), können aufgrund ihrer „Berufskleidung" als unterirdisch sich ernährende Grabtiere erkannt werden. Die abgeflachte Körpergestalt und die Ausbildung von Klammerbeinen bei Läusen, Fliegen, Zecken und einigen Krebsen belegt deren ektoparasitische Lebensweise. Dank der Gesetzlichkeit von Organisationstyp und Lebensformtyp kann es für uns ein gänzlich fremdes Tier nicht geben. „Selbst bei der Ersinnung von Phantasiegeschöpfen sind wir auf die Elemente angewiesen, die das Tier ausmachen", heißt es bei *Ernst Jünger,* und die Fabelwesen aus allen Kunstepochen, von *Martin Schongauer* oder *Lucas Cranach* bis *Alfred Kubin, A. Paul Weber* oder *Max Ernst,* zeigen es in gleicher Weise wie die fröhlich-spielerischen *Rhinogradentia* des Harald Stümpke alias *Gerolf Steiner.*

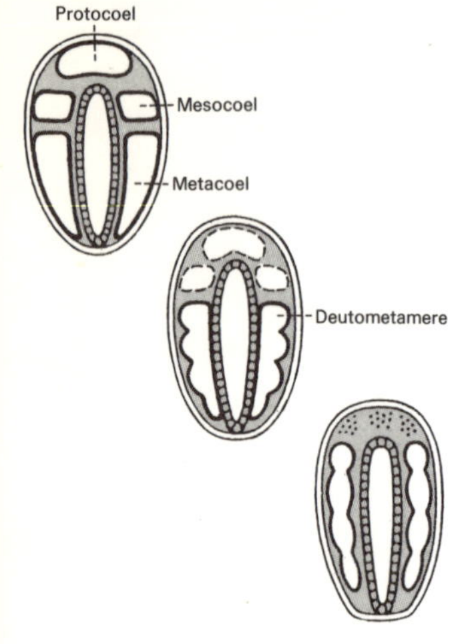

Remanes Coelombildungstheorie

Bildung von Deutometameren durch Unterteilung des dritten Archimetamers unter gleichzeitiger Auflösung der beiden ersten Archimetameren in Mesenchym.

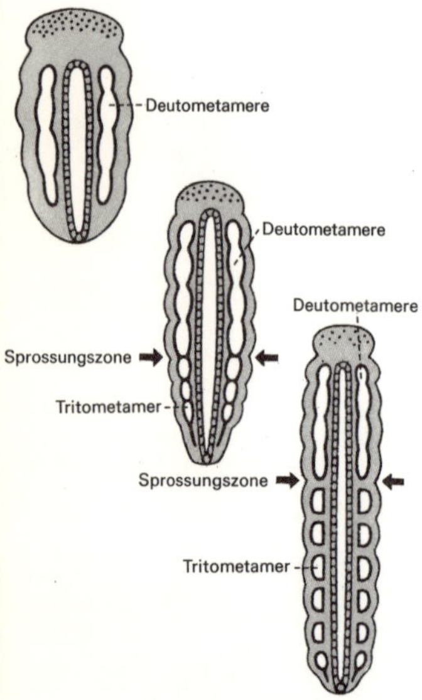

Remanes Coelombildungstheorie

Bildung der Tritometameren durch seriale Differenzierung aus einer Sprossungszone caudal von den Pfeilen (Teloblastie).

und der After neugebildet, bei den *Deuterostomiern* der Urmund zum After werden und der Mund neu entstehen. Inzwischen hat die Embryologie gezeigt, daß das für die Deuterostomier gilt, nicht aber für die Protostomier. Unter ihnen gibt es immerhin Formen, die sich ontogenetisch wie Deuterostomier verhalten; überhaupt ist die Mund- und Afterbildung bei ihnen weit vielfältiger, als Grobbens Vorstellung ahnen läßt, so daß nach *R. Siewing* (1976) das Proto-Deuterostomier-Konzept durch ein auf sicheren Homologien aufgebautes *Archicoelomaten*-Konzept ersetzt werden sollte.

Nach dem Archicoelomaten-Konzept stehen an der Basis der Bilateria als monophyletische Gruppe die Hemichordaten und Stachelhäuter als Deuterostomier und die Tentakulaten als Protostomier. Sie lassen sich nach Siewing (1976) mühelos auf eine praecoelomate Form, wie es die Bilaterogastraea Jägerstens darstellt, zurückführen. Aus diesen Archicoelomaten gehen die beiden großen Stammeslinien, die *Spiralia* und die *Chordata*, und nach Siewing auch die Bartwürmer *(Pogonophora)* hervor. In den drei Gruppen kommt es konvergent zu *Metameriebildungen.*

Die *Spiralia*, nach ihrem Furchungstyp in der Keimesentwicklung, der *Spiral-Quartett-4d-Furchung*, benannt, umfassen neben einigen kleinen Gruppen die Platt-, Rund- und Schnurwürmer, die Weichtiere, die Ringelwürmer und die Gliederfüßer. Den Platt-, Rund- und Schnurwürmern fehlt ein Coelom und folglich jede echte Metamerie. Man nimmt an, daß bei ihnen das Coelom voll oder teilweise rückgebildet ist, und deutet sie als Seitenzweige der Spiralia. Bei den Weichtieren sind Axo- und Hydrocoel reduziert, und das Somatocoel geht nicht aus einer Urdarm-Aussackung hervor, sondern aus einem von der Furchungszelle 4 d abstammenden Mesodermstreifen, der sich in homonome Segmente, sog. *Deutometameren,* zerteilt, von denen aber nur einige Reste erhalten bleiben, so daß die Weichtiere keine Metamerie mehr aufweisen. Bei den Ringelwürmern treten zu den Deutometameren noch *Tritometameren,* indem aus einer vor dem After gelegenen Sprossungszone rostrad Coelomsäcke abgegeben werden. Die Gliederfüßer sind embryonal metamer gegliedert; später verschmilzt der Binnenraum ihres Coeloms mit der primären Leibeshöhle zu einem Mixocoel. Sie lassen sich zweifelsfrei von den Ringelwürmern ableiten, weshalb man sie mit diesen als Gliedertiere (Articulata) zusammenfaßt und sie den Spiralia zuordnet, obwohl sie keine Spiralfurchung aufweisen.

Als zweite bedeutende Stammeslinie sind die *Chordatiere* aus den Archicoelomaten hervorgegangen. Ursprüngliche Chordaten zeigen noch deutliche Hinweise auf eine Archimetamerie.

Beide, Spiralia wie Chordata, sind monophyletisch entstanden. Durch apomorphe Homologien sind sie jeweils mit bestimmten Archicoelomatengruppen verbunden, so die Spiralia durch Furchung und Larve mit den Hufeisenwürmern aus der Gruppe der Kranzfühler *(Tentaculata)*, die Chordaten vor allem durch den Bau des Kiemendarms und des dorsalen Zentralnervensystems mit den Eichelwürmern *(Enteropneusta)* unter den Hemichordaten.

Plattwürmer

Die *Plattwürmer (Plathelminthes)* sind unsegmentierte (ohne Metamerie) und, wie es ihr Name sagt, dorsoventral abgeflachte Bilateria mit deutlich ausgeprägter Kopf- und Schwanzregion. Diese Gestalt erreichen sie durch einen ihren Körper nach außen begrenzenden *Hautmuskelschlauch* – so benannt, weil Hautbedeckung und Muskelzellen innig miteinander verbunden sind – und ein Binnenpolster, das dem dritten Keimblatt entstammt. Der Hautmuskelschlauch besteht aus der Epidermis und zwei ihr unterlagerten Muskelschichten, einer Ring- und einer Längsmuskelschicht. Das dritte Keimblatt (Mesoderm) bildet bei den Plattwürmern nicht eine von einem Epithel (Mesothel) umhüllte Leibeshöhle (Coelom) – was die fehlende Metamerie erklärt –, sondern ein lockeres *Mesenchym* mit kleinen flüssigkeitshaltigen Spalträumen *(Schizocoel)*, das alle Lükken zwischen den Organsystemen ausfüllt. Als verformbare Zellmasse verhält es sich ähnlich wie die Flüssigkeitskissen des Coeloms, allerdings mit dem Unterschied, daß die Formveränderungen des Körpers langsamer erfolgen, weil die Zellmasse die Druckveränderungen stärker dämpft. Ferner dient das Mesenchym als Transportsystem.

Die Nahrung wird über eine Mundöffnung aufgenommen, die entgegen der allgemeinen Regel, daß gleichwertige Organe auch gleiche Lage einnehmen, an der Bauchseite weit zum Schwanz hin verlagert sein kann. An die Mundöffnung schließt sich gewöhnlich ein typischer, folglich aus Epithel und Hohlraum bestehender Darm an, der fast nie einen After hat, sich mit zunehmender Körpergröße (bis zu 60 cm bei Landplanarien) aber immer stärker zu einem *Gastrovaskularsystem* verzweigt. Der Darm kann aber auch bei den daher so benannten *Acoela* unter den Strudelwürmern eine Zellmasse ohne Lumen darstellen. Bei den Bandwürmern kann er sogar vollständig fehlen; bei ihnen wird die Nahrung von der ganzen Körperoberfläche, parenteral, aufgenommen. Über die Körperoberfläche erfolgt auch der Gasaustausch, so daß, was Nährstoff- und Gastransport betrifft, ein Blutgefäßsystem überflüssig ist und entspre-

Wir könnten Berge von Gewürmen
Vor den erstaunten Leser türmen,
Weil's Sitte ist, daß Wurm man heiß,
Was man sonst nicht zu deuten weiß.

Es muß, ein Würmchen abzutreiben,
Im Augenblick noch strafbar bleiben.
Beim Bandwurm aber ist's erlaubt,
Wenn man sich von ihm schwanger glaubt,
Wovon sogar verschiedne Zeichen
Durchaus den dort verspürten gleichen.

Drehwürmer treiben, oder Quesen,
Im armen Schafe oft ihr Wesen,
Der Hülsenwurm im Hunde steckt:
Drum schau, daß nie ein Hund Dich leckt!

Der höchst verdächtige Leber-Egel
Hat eine eigne Lebe-Regel:
Die Schnecken, drinnen er daheim,
Verbreiten ihn durch ihren Schleim.

Eugen Roth

chend dem als reduziert angesehenen Coelom fehlt. Die Exkretion wird von blind im Mesenchym beginnenden Protonephridien besorgt.

Das Nervensystem ist noch sehr einfach. Bei den Acoela liegen die Nerven direkt unter der Epidermis, aus der sie entstehen und von der sie mit zunehmender Differenzierung in die Tiefe verlagert werden. Im Kopfbereich über dem Schlund vereinigen sich die Ganglien zu einem kleinen Gehirn *(Oberschlundganglion)*, das mit Sinnesorganen in Verbindung steht. Von ihm gehen 3–6 Paar längs durch den Körper ziehende *Markstränge* aus, die durch ringförmige Querverbindungen zu einem Gittersystem verknüpft sind, das seiner meist rechtwinkeligen Maschen wegen als *Orthogon* bezeichnet wird. Vielfach geht das Orthogon unmittelbar unter der Körperoberfläche in einen peripheren Nervenplexus über (vgl. Abb. S. 65).

Durch das Fehlen von After, Coelom und Blutgefäßen einerseits, die hochkomplizierten Geschlechtsorgane und vor allem die innere Besamung andererseits weichen die Plattwürmer beachtlich von den übrigen Coelomaten ab. Trotz alledem sind sie als Coelomaten richtig eingeordnet, was die im Laufe der Stammesgeschichte mit Sicherheit nur einmal entstandene Spiralfurchung beweist. Und der Gedanke, es handle sich bei ihnen um Reduktionsformen, wird durch die Analogie mit den Blutegeln gestützt, die in einer Art konvergenter Entwicklung ihren Ringelwurmcharakter verloren haben. Coelom wird immer dann reduziert, wenn eine schlängelnde Fortbewegungsweise zugunsten einer anderen, bei den Plattwürmern zur gleitend-kriechenden, bei den Blutegeln zur spannerartigen, aufgegeben wird.

Auf den ersten Blick völlig unverständlich erscheint, daß sich in einer so einfachen Grundorganisation ein so komplizierter und vielfältiger *Geschlechtsapparat* findet. Er ist zwittrig und garantiert in allen Fällen eine innere Besamung bei meist wechselseitiger Begattung. Die *Hoden* sind in Form einer unpaaren Gonade, als paarige Schläuche oder in Form vieler kleiner im Parenchym verteilter Bläschen vorhanden. Sie sind durch Vasa efferentia miteinander verbunden und münden durch Vasa deferentia sowie einen Ductus ejaculatorius in einem Gonoporus nach außen. Das Endstück des Ductus ejaculatorius kann durch handschuhfingerartiges Umstülpen zu einem vorübergehend rutenförmigen Begattungsorgan werden, weshalb man hier im Gegensatz zu einem Penis, der als permanent rutenförmiges Organ definiert ist, von einem *Cirrus* spricht. Die weiblichen Gonaden sind arbeitsteilig geworden, indem in einem *Ovarium* (Eierstock) Eizellen und in einem phylogenetisch aus den Ovarien hervorgegangenen *Vitellarium* (Dotterstock) Hilfszellen entstehen, die für die künftigen Eier die Nährsubstanzen liefern. Dadurch, daß die Eizellen selbst keinen Dotter aufbauen müssen, ihre DNA also inaktiv bleiben kann, wird das Risiko eines genetischen Defekts, das bei einem physiologisch aktiven Kern immer gegeben ist, beachtlich verringert.

Die ursprünglichsten Plattwürmer sind die freilebenden Strudelwürmer *(Turbellaria)*. Sie sind im Meer und im Süßwasser wie auch in feuchten Regionen auf dem Land verbreitet. Ihr ungegliederter Körper wird von einer Epidermis umschlossen, deren Zellen auf der Oberfläche Wimpern und im Innern zu Stäbchen geformte Proteine, sog. *Rhabditen*, tragen. Diese Rhabditen werden bei Bedarf nach außen abgegeben und bilden dann einen Schleimteppich, auf dem das Tier durch den

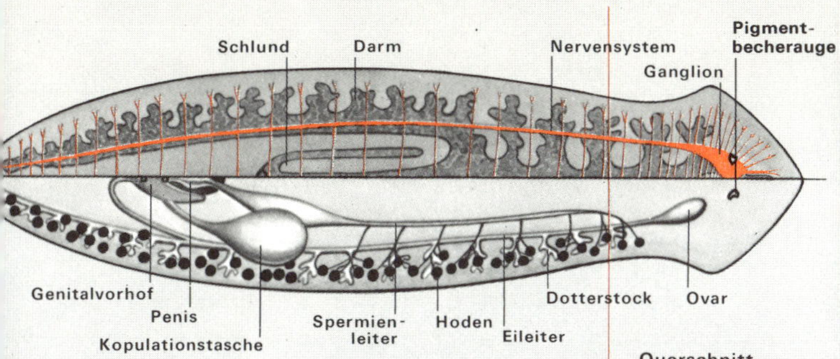

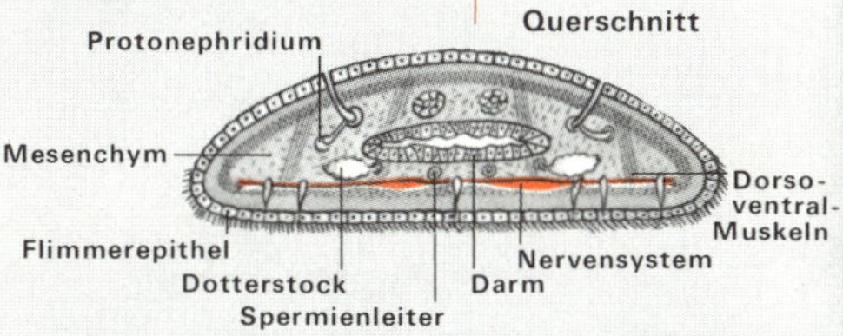

**ie Leibeshöhle der zwei-
eitig-symmetrischen Platt-
ürmer ist von Mesenchym
rfüllt, in das die Organe
ingelagert sind.** Die Sche-
azeichnung eines *Strudel-
urms* (oben) zeigt auf beiden
älften jeweils verschiedene
rgane.

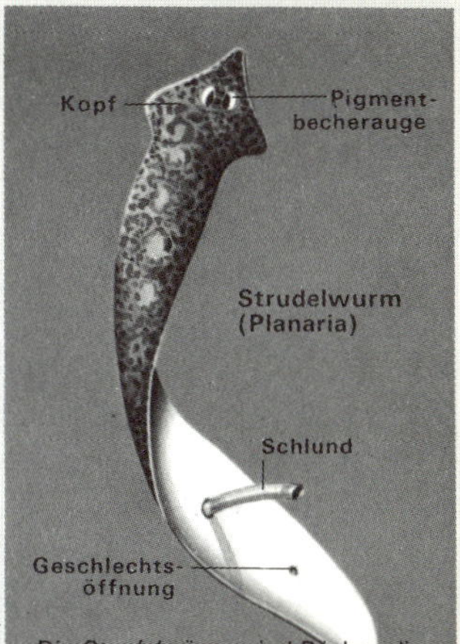

Die *Strudelwürmer* sind Räuber, die mit ihrem Schlund lebende oder auch tote Tiere aussaugen oder direkt in ihren Darm schaffen.

**reifacher Generationswechsel (Heterogo-
ie) beim Großen Leberegel.** Aus den befruch-
ten Eiern der zwittrigen Leberegel schlüpfen als
ei bewegliche Larven der 1. Generation sog.
Airacidien (Wimperlarven). Sie dringen in eine
'asserschnecke ein, wachsen hier zur Sporocyste
Adultform der 1. Generation)
eran und bringen partheno-
enetisch als 2. Generation
edien hervor, in denen, wie-
erum parthenogenetisch, sich
ie Larven der 3. Generation,
ercarien, entwickeln.

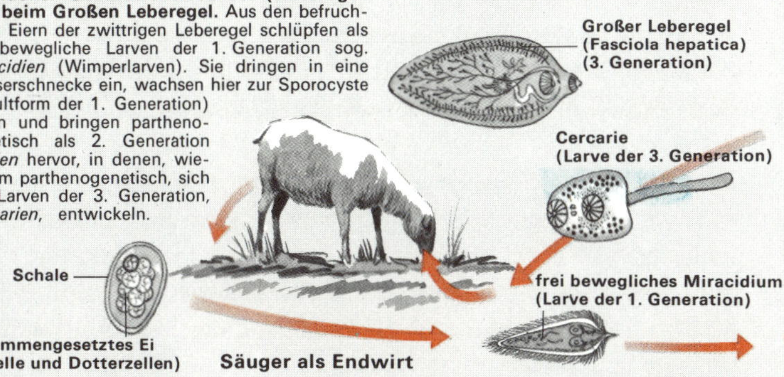

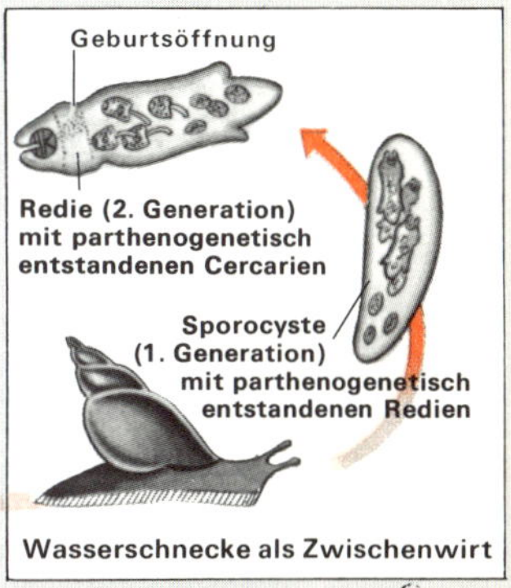

**er Entwicklungsgang des
chweinebandwurms** ist mit
nem Wirtswechsel, nicht je-
ech mit einem Generations-
echsel verbunden. Der im
ünndarm des Menschen
hmarotzende *Schweineband-
urm* entläßt mit dem Kot reife
lieder, deren Eier bereits kleine
rven enthalten.

Photo rechts: abgetriebener Schweinebandwurm *(Taenia solium)*, der in der Regel ca. 3 m lang ist, aber auch eine Länge von 8 m erreichen kann.

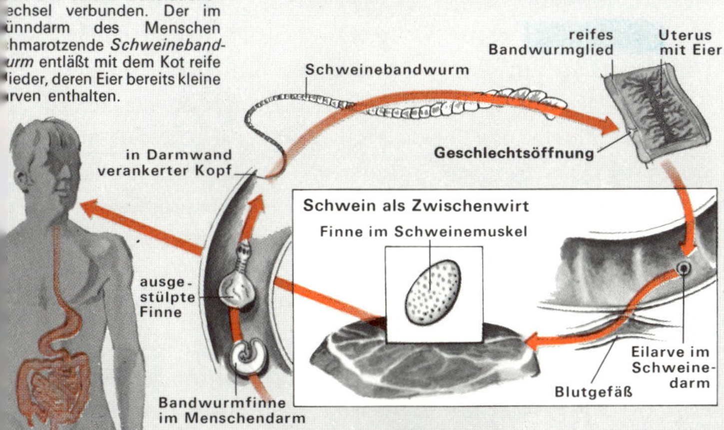

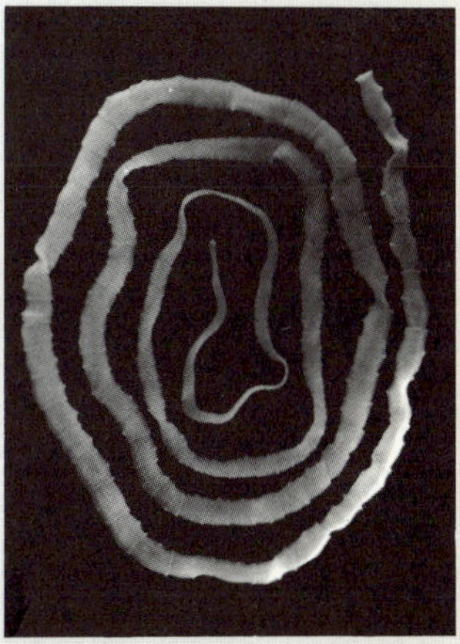

e Larven schlüpfen im Schwei-
darm, durchbohren die Darm-
and und gelangen mit dem
ut in Muskeln, wo sie sich als
inen abkapseln. Erst im Men-
hendarm kann die Finne wie-
r zum Bandwurm auswachsen.

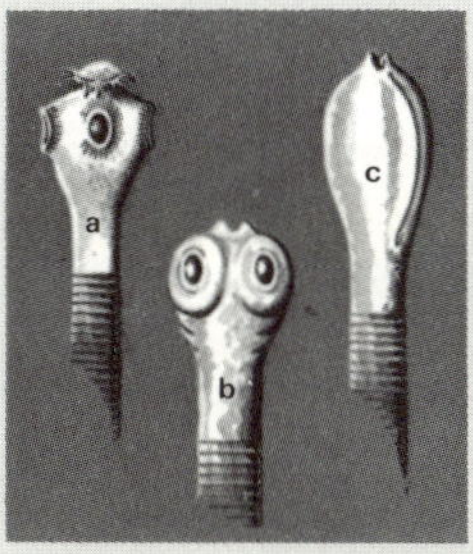

pfe von drei im Menschen-
rm parasitierenden *Bandwür-
rn*; ihr Name gibt jeweils den
chtigsten Zwischenwirt an:
Schweinebandwurm, b) *Rin-
bandwurm*, c) *Fischband-
rm*.

mittelreifes Schweinebandwurmglied

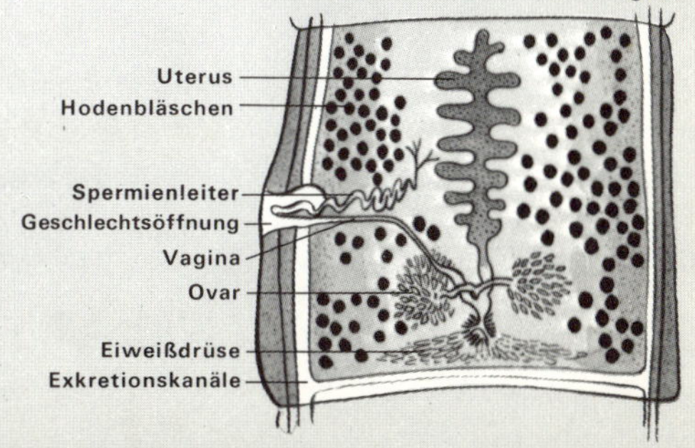

Bietet man einem Fisch ein mit Rhabditenschleim beschmiertes Stück eines Regenwurms, so läßt er es fallen, während er ein unbehandeltes Stück sofort verschlingt.

Cilienschlag vorwärts gleitet. Ferner schützt der Rhabditenschleim den Wurm gegen Austrocknen, dient dem Beutefang und schreckt vermutlich auch Feinde ab. Das Wimperkleid verwenden kleinere Arten (bis zu 3 mm Länge) zum Schwimmen wie auch zum Kriechen auf einer Unterlage. Größere Formen bewegen sich durch Kontraktionen der Längsmuskulatur, die wellenartig auf der Bauchseite von vorn nach hinten verlaufen. Die Fortpflanzung erfolgt sowohl sexuell wie auch ungeschlechtlich durch Querteilung. Besonders bemerkenswert ist das hohe, auf Mesenchymzellen *(Neoblasten)* zurückgehende Regenerationsvermögen, das *Dalyell* (1814) zu der Äußerung veranlaßte, die Planarien seien auch unter dem Messer unsterblich. Die Eigenart der Plathelminthenorganisation („wurmförmige Gestalt", zwittrige Geschlechtsorgane, innere Besamung) fordert diese Tiere geradezu auf, präadaptiert sie, Parasiten zu werden. So lassen sich an die freilebenden Strudelwürmer recht gut die ekto- und endoparasitischen Saugwürmer *(Trematoda)* und die ausschließlich endoparasitischen Bandwürmer *(Cestoda)* anschließen.

Durch die Reduktion all jener Strukturen (Cilien, Augen, Pigmente), die für einen an oder im Körper eines Wirts (Wirbeltier) lebenden Plattwurm unnütz geworden sind, sowie durch spezifische Neuerwerbungen wie Haftorgane (Saugnäpfe, Haken) und die Produktion großer Zahlen von Geschlechtszellen („Eiermillionäre") lassen sich die ekto- und endoparasitischen *Saugwürmer* und die rein endoparasitischen *Bandwürmer* entstanden denken. Da beide Parasiten sind, kann ihre phylogenetische Entstehung erst mit der Existenz des Wirts begonnen haben. Die Wirte sind in beiden Fällen Wirbeltiere, aber die Entwicklung ist in zweierlei Richtung gegangen, eben in die, welche die Saugwürmer, und in jene, die die Bandwürmer schuf.

Die *Saugwürmer* behalten einen Darm und erhöhen die Anzahl der Geschlechtszellen durch eine Vergrößerung des Geschlechtsapparats. Ihre einfachsten Formen sind Ektoparasiten ohne Generations- und Wirtswechsel *(Monogenea)*. Doch die Mehrzahl lebt endoparasitisch in Darm, Lunge, Leber, Blutgefäßen und Bindegewebe und hat sowohl einen Wirts- wie einen Generationswechsel (Heterogonie) entwickelt *(Digenea)*. Die bekanntesten sind der Große und der Kleine Leberegel *(Fasciola hepatica* bzw. *Dicrocoelium dendriticum)*.

Die *Bandwürmer* haben ihren Darm vollständig reduziert. Da sie ausschließlich im Verdauungstrakt von Fischen, Säugern und dem Menschen und so mitten im Nahrungsbrei wie gleichsam im Schlaraffenland leben, können sie die Nahrung über die gesamte Körperoberfläche aufnehmen. Was sich bei den Saugwürmern bereits andeutet, wurde bei ihnen weiterentwickelt: Die Epidermis ist auch hier zu einem Syncytium geworden, dessen Kerne in Perikaryen unter dem Muskelschlauch in die Tiefe des Mesenchyms verlagert sind *(versenktes Epithel)*. Die Zelloberfläche aber wird zu einem resorbierenden Mikrovillisaum vergrößert, womit die Epidermis funktionell als ein auf der Außenseite des Körpers getragenes Darmepithel angesehen werden kann. Die Erhöhung der Anzahl der Geschlechtszellen wird bei ihnen nicht durch Vergrößerung, sondern durch Vervielfachung der Geschlechtsapparate erreicht. Dadurch entsteht ein in *Proglottiden* gegliederter Wurm, der sich mit Haftorganen (Hakenkränze, Saugfurchen, -gruben, -näpfe) seines Kopfes *(Skolex)* in der Darmwand des Wirts verankert. Die Entwicklung erfolgt bei einfachen Formen mit doppeltem Wirtswechsel (Krebs–Fisch–Endwirt), so daß ein risikoreiches freilebendes Larvenstadium verkürzt oder gänzlich ausgeschaltet und darüber hinaus die Möglichkeit genutzt wird, vor allem räuberisch lebende Wirte zu besiedeln, indem diese mit der Nahrung auch den Parasiten aufnehmen. Ein Generationswechsel fehlt im allgemeinen (Ausnahme: die Metagenese des Hundebandwurms, *Echinococcus granulosus)*.

Rund- oder Schlauchwürmer

Die *Rund-* oder *Schlauchwürmer (Nemathelminthes* oder *Aschelminthes)* sind eine ebenso artenreiche wie vielfältige Gruppe, der nur wenige gemeinsame Merkmale zukommen. So etwa bildet die Leibeshöhle einen von Körperflüssigkeit erfüllten Hohlraum, der zwar Zellen des dritten Keimblatts enthalten kann, die aber nie ein Coelom bilden. Die Leibeshöhle bleibt immer ein Rest des Blastocoels und wird daher als *Pseudocoel* bezeichnet. Funktionell erfüllt sie als Hydroskelett ähnliche Aufgaben wie ein Coelom. Die Furchung der Eier ist determiniert, d. h., das künftige Schicksal einer Zelle ist festgelegt, was dazu führt, daß jedes ausgewachsene Tier aus einer konstanten und artspezifischen Zahl von Zellen besteht mit all jenen Folgen, die sich aus einer *Zellkonstanz* ergeben: kaum ein Regenerationsvermögen, kein Wundverschluß, keine vegetative Vermehrung.

Zu diesen außergewöhnlichen Rund- oder Schlauchwürmern zählen so unterschiedliche Klassen wie die kleinen und durch Bewimperung schwimmfähigen Rädertiere *(Rotatoria)* und Bauchhärlinge *(Gastrotricha)*, die parasitischen Kratzer *(Acanthocephala)* und Saitenwürmer *(Nematomorpha)* und die artenarmen, 1 mm langen, marinen *Kinorhynchen.* Öfters werden auch die in den Schlammgebieten kalter Meere sowie im Korallensand der Tropen lebenden Rüsselwürmer *(Priapulida)* zum Stamm der Rund- oder Schlauchwürmer gerechnet. Doch die erfolgreichsten von allen sind die Fadenwürmer *(Nematoda)*. Trotz ihrer großen ökologischen Vielfalt sind die Fadenwürmer sehr einfach und einheitlich gebaut. Sie sind lang und dünn wie ein Faden, im Querschnitt rund und laufen an den Enden spitz zu. Nur wenige, wie die Weibchen der Rüben- und Kartoffelälchen, haben die schlanke Gestalt gegen eine zitronenförmige vertauscht. Die innere Organisation der Nematoden aber ist höchst eigentümlich, weshalb *W. E. Ankel* gern von ihnen als den „Nonkonformisten" unter den Würmern sprach. Damit wollte er sagen, daß alles, was man von der Gestalt der übrigen Wurmgruppen kennt, hier eben anders ist – vom

Für einen, der sie hat gerade,
Sind Fadenwürmer ziemlich fade.
Der Spulwurm bis ins letzte Thule
Sich räkelt in so manchem Stuhle.

Ein jeder Mensch ißt gern ein Ei,
Wenn er sie hat, auch zwei und drei.
Hier aber geht es um Millionen
Und übel würde es sich lohnen,
Zu speisen sie mit Kraut und Rüben;
Beim Obst heißt's größte Vorsicht üben!
Nicht Kinder nur, auch Onkel, Tanten
Befällt der Wurm – selbst Elefanten;
Es können davon ganze Herden
In Indien einfach wurmig werden.

Eugen Roth

Die *Fadenwürmer* besiedeln in riesigen Mengen nahezu alle Regionen, in denen ein tierisches Leben möglich ist, die Tiefen der Meere wie ihre Ufer, das Süßwasser wie den Erdboden; im Körper der Wirbeltiere tauchen sie in der Lunge wie in den Blut- und Lymphbahnen, in den Nieren und im Darmkanal auf, sie leben in heißen Quellen (53,5 °C) und in arktischen Moosen, sie treten im Essig und ebenso als Kot- und Fäulnisbewohner wie als Pflanzenschädlinge auf – es gibt kaum eine Nutzpflanze, ob Rübe, Kartoffel, Zuckerrohr, ob Gemüse, Obst oder Wein, auf die sich nicht ein Fadenwurm spezialisiert hat. Wir finden Hungerkünstler wie die Weizenälchen *(Tylenchus tritici)*, die bis zu 27 oder (wie die ihm verwandte Art *Tylenchus polyphemus)* bis zu 39 Jahre in völliger Ruhe verbringen können. Es gibt Zwerge von nur einigen Mikrometern (40–50 µm) Länge und Riesen wie der Medinawurm *(Dracunculus medinensis)*, dessen Weibchen 1 m lang werden, oder eine Form der deshalb so benannten Gattung *Gigantonema*, die man in der Gebärmutter des noch nicht einmal 2 m langen Schweinswals *(Phocaena phocaena)* fand und die eine Länge von 8 m aufwies.

In eingetrocknetem Zustand hat der moosbewohnende *Plectus* einen mehr als 100stündigen Aufenthalt in flüssiger Luft (−190 °C) und eine 7¾ stündige Einwirkung von flüssigem Helium (−272 °C) überstanden. Andere Moosbewohner, die 4½ Jahre lang auf ihrer Wohnpflanze in einem Herbar aufbewahrt worden waren, lebten wieder auf, als diese in Wasser gebracht wurde.

Die *Cuticula* der Fadenwürmer besteht aus Proteinen, die einer Polyphenol-Chinon-Gerbung oder einer Keratinisierung oder beidem unterzogen werden, so daß die Cuticula unangreifbar für Enzyme und, wie Versuche zeigen, für viele Chemikalien ist. Da sie, wie alle echten Cuticulae, ein totes Abscheidungsprodukt der Epidermis ist und folglich nicht mit dem Tier mitwächst, muß sie gehäutet werden, was in der Regel viermal im Laufe eines Nematodenlebens geschieht.

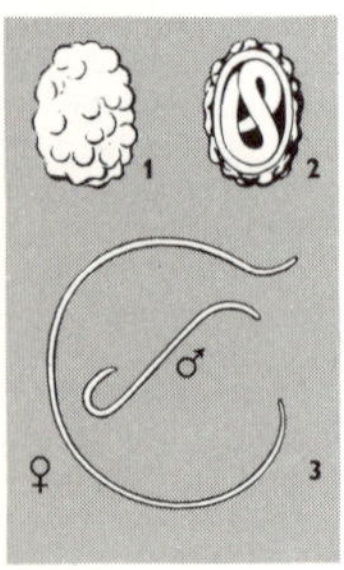

Spulwürmer

Aus dem Ei (1) entwickelt sich in 2 Wochen die Wurmlarve (2), die nach Aufnahme durch den Mund im Darm des Wirts die Eihülle verläßt und nach Durchbohren der Darmwand in dessen Blutkreislauf gelangt. Die Larven bleiben 3–4 Tage in der Leber und kommen schließlich in die Lunge. Hier bohren sie sich in die Atemwege und wandern über die Speiseröhre in den Dünndarm, wo sie in 5–7 Wochen zu geschlechtsreifen Spulwürmern heranwachsen (3).

Hautmuskelschlauch über Darm- und Exkretionssystem bis zum Bau der geißellosen Spermien.

Architektonisch stellen die Fadenwürmer nichts anderes dar als zwei ineinandergeschobene Schläuche, von denen der äußere den Hautmuskelschlauch und der innere den Darmkanal bildet. Die Haut ist durch eine meist glatte, hin und wieder auch geringelte, erstaunlich widerstandsfähige *Cuticula* geschützt. Die *Epidermis* ist ein Syncytium und springt in 4 Leisten (2 lateralen und je einer kleineren dorsalen und ventralen) gegen das Körperinnere vor. Die Zellkerne sind fast alle in den lateralen Leisten angehäuft. Der Muskelschlauch besteht ausschließlich aus Längsmuskeln. Dies erklärt die typische Schlängelbewegung der Fadenwürmer, die eben durch abwechselnde Kontraktion der dorsalen und der ventralen Muskelzellen zustande kommt. Als Antagonist dient die unter dem Turgor der Leibeshöhlenflüssigkeit *(Hydroskelett)* stehende Cuticula.

Der Darmkanal beginnt mit einer endständigen Mundöffnung, die von 6 oder 3 Lippen umgeben ist und in eine Mundhöhle mit Cuticularspangen, vorstoßbarem Bohrstachel oder Zähnen samt Giftdrüse übergeht. Es folgt ein muskulöser Pharynx, der als Saugpumpe die Nahrung in den Mitteldarm befördert. Ein Rückstrom wird durch ventilartige Klappen verhindert. Der Mitteldarm ist ein gerades Rohr, von der S. 113 genannten Ausnahme abgesehen, immer unbewimpert und ebenso immer ohne Muskulatur. Eine Darmperistaltik ist also nicht möglich; der Nahrungstransport wird durch ein ständiges Pumpen und Nachstopfen vom Pharynx her vollzogen. Der Mitteldarm geht in einen ektodermalen Enddarm über, der seinerseits in einem ventralen After ausmündet. Ein Blutgefäßsystem ist nicht vorhanden, die Atmung erfolgt über die Haut. Als Exkretionsorgan werden bei den meisten freilebenden Formen eine Ventraldrüse, bei vielen Parasiten ein H-förmiges Seitenkanalsystem angesehen, dessen Längskanäle in den lateralen Epidermisleisten liegen.

Das *Nervensystem* besteht aus einem Schlundring, von dem ein dorsaler und ein ventraler sowie 1–3 laterale Nervenstränge abgehen, die sämtlich in den Epidermisleisten verlaufen. Von diesen Hauptnerven gehen nur wenige kleiner Nervenstränge zu peripheren Sinnespapillen ab. Wiederum nonkonform ist, daß die Hautmuskulatur nicht von Nerven versorgt wird, sondern jede Muskelzelle über einen eigenen Ausläufer mit den Nervensträngen Kontakt hat. Die Nematoden sind fast alle getrenntgeschlechtlich, und ihre Männchen sind durch sekundäre Geschlechtsmerkmale (ventrale Drüsen, Schwanzlappen, Spiculae, die bei der Kopula der Erweiterung der weiblichen Geschlechtsöffnung dienen) gekennzeichnet. Die schlauchförmigen Gonaden der Weibchen sind paarig und münden in einer unpaaren Geschlechtsöffnung etwa in der Mitte der Bauchseite, die gleichfalls schlauchförmigen Hoden dagegen unpaar. Sie münden zusammen mit dem Enddarm in einer *Kloake.* Die Besamung ist immer eine innere.

Das frühere „Dogma" der totalen Wimperlosigkeit der Nematoden gilt heute nur noch als Regel mit Ausnahme. Im Darm der Gattung *Dorylaimon* konnte man zu „Straßen" angeordnete Cilien nachweisen.

Ringelwürmer

Wie es ihr Name sagt, sind die weichen und meist langgestreckten *Ringelwürmer (Annelida)* gegliedert. Zusammen mit den von ihnen abstammenden, gleichfalls gegliederten, jedoch hartschaligen und häufig weniger länglichen als vielmehr gedrungenen Gliederfüßern *(Arthropoda)* werden sie seit *G. de Cuvier* (1817) in der Stammgruppe der Gliedertiere *(Articulata)* vereinigt (vgl. S. 83). Mit etwa 1 Million umfassen die Articulaten ca. 2/3 aller Tierarten. Diesen Erfolg, der sich besonders bei den Arthropoden zeigt, verdanken sie letztlich ihrer Segmentierung, die durch anschließende Differenzierung eine Arbeitsteilung im Körper ermöglicht. Zustande kommt diese Gliederung dadurch, daß im frühen Embryo das dritte Keimblatt (Mesoderm) sich zu mehreren paarweise hintereinandergelegenen Coelomsäcken formiert und sich um jedes von diesen Paaren gleiche Körperabschnitte aufbauen, die definitionsgemäß als echte Segmente oder *Metamere* bezeichnet werden.

Äußerlich sind die Segmentgrenzen meist an Querfurchen zu erkennen. Nicht selten aber kann eine sekundäre Ringelung eine weitere Untergliederung vortäuschen. Im Innern werden die Segmente von den jeweils sich gegenseitig anliegenden Wänden der aufeinanderfolgenden Coelomsackpaare, den *Dissepimenten,* begrenzt. Dorsal wie ventral stoßen in der Mitte eines jeden Metamers die Wände des rechten und linken Coelomsacks aneinander und werden zu doppelschichtigen Aufhängebändern *(Mesenterien)* des im allgemeinen als gerades Rohr vom Mund zum After den Körper durchziehenden Darms. Die dem Darm anliegenden Coelomwände bilden Muskulatur und ermöglichen so eine Peristaltik.

Jeder prall mit Flüssigkeit gefüllte Coelomsack enthält die gleiche Organgarnitur: ein Metanephridium und eine Gonade. Jedes *Metanephridium* beginnt mit einem Flimmertrichter im Innern des Coeloms, der Nephridialkanal durchstößt das caudale Dissepiment und mündet im nächsten Metamer nach außen. Neben den Exkreten werden über die Nephridien auch die Geschlechtszellen ausgeleitet *(Urogenitalsystem).* Auch das vom Kopf zum Schwanz den gesamten Körper durchziehende Nerven- und das Blutgefäßsystem sind metamer gegliedert. Das *Nervensystem* weist bei ursprünglichen Formen pro Segment ein

Die Würmer, Borsten- oder Ringel-,
Sind alle ganz gemeine Schlingel.
Blutegel etwa, die sind Zwitter
Und saugen Blut, ein Viertelliter.
Sie setzt ein wohlgeübter Bader
An Zahngeschwulst und goldne Ader.
Mit festerm Boden untern Füßen
Wir nun den Regenwurm begrüßen.
Und ach, grad er hat so viel Feinde!
Von den Chinesen, die ihn essen,
Den Füchsen, die ihn notfalls fressen,
Den Vögeln, die ihn gierig speisen,
Bis zu den wilden Raub-Ameisen.
Und doch, der Regenwurm, er siegt:
Was auf der Erde kriecht und fliegt,
Das muß hinunter in sein Reich:
Der Wurm macht uns der Erde gleich!
Hört, wie der Regenwurm es macht:
Er schlüpft heraus um Mitternacht –
Oft früher schon, oft erst um eins,
Denn Ührchen hat er leider keins –
Und schleppt in seine finstern Gänge
Selbst Dinge von gewaltiger Länge.

Eugen Roth

Paar Ganglien auf und erhält so Strickleiterform; das Rückengefäß ist durch metamere Ringgefäße mit dem Bauchgefäß zu einem geschlossenen System verbunden. Für den Kreislauf sorgen kontraktile Anteile des Rückengefäßes oder die Lateralherzen (vgl. S. 135).

Umhüllt wird der Annelidenkörper von einem *Hautmuskelschlauch* aus einer zellulären, drüsenreichen Epidermis, einer Ring- und einer Längsmuskelschicht. Der Epidermis ist eine *Cuticula* aus Kollagenfibrillen aufgelagert. Der Hautmuskelschlauch und das Coelom als Hydroskelett bilden zusammen den Bewegungsapparat. Durch alternierende Kontraktionen von Ring- und Längsmuskulatur kann sich der Wurm strecken und verkürzen. Dabei verhindert die Cuticula ein Überdehnen des Muskelschlauchs in Längs- wie in Querrichtung, und die Dissepimente wirken wie die Dwarsschotten in einem Schiff, indem sie die Bewegung der Coelomflüssigkeit abbremsen und damit die Muskelbewegung der einzelnen Segmente voneinander trennen, so daß sich verschiedene Körperregionen in verschiedenen Bewegungsphasen befinden können. So ermöglichen die über den Körper verlaufenden Kontraktions- und Relaxationswellen ein Kriechen wie ein Schwimmen oder ein bohrendes Graben. Vielfach werden die Bewegungen von charakteristischen Chitinborsten als Steig- oder Stemmhaken, Grabschaufeln, Ruder- oder Schwebeeinrichtungen unterstützt. In einer taschenartigen Einfaltung der Epidermis werden sie von einer Borstenbildungszelle abgesondert.

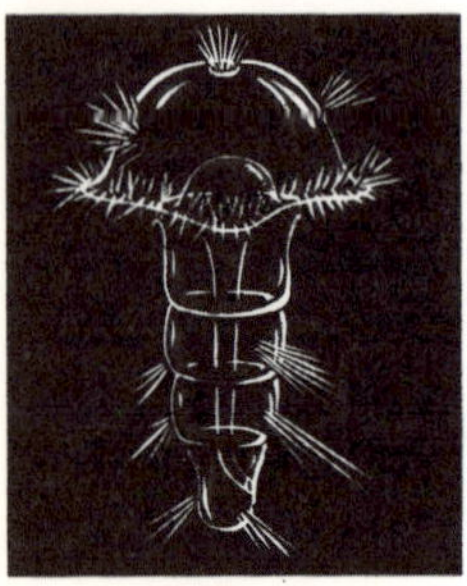
Trochophora

Einige Abschnitte am Anfang und am Ende des Annelidenkörpers, so der Kopflappen *(Prostomium)*, das auf ihn folgende und den Mund tragende *Metastomium* sowie das Endstück des Körpers *(Pygidium)*, enthalten kein Coelom. Das erklärt *Remanes* Anschauung, nach der das Prostomium dem Bereich des Protocoels und das Metastomium dem des Mesocoels (vgl. S. 104) entspricht und bei den Anneliden beide, Proto- und Mesocoel, reduziert sind. Das Fehlen von Coelom im Pygidium wird aus der Entwicklungsgeschichte ursprünglicher, mariner Ringelwürmer verständlich. Bei ihnen führt die Spiralfurchung zu einer sog. *Trochophora*-Larve, in der die beiden aus der 4d-Zelle hervorgehenden Urmesodermzellen zu soliden Mesodermstreifen auswachsen. Diese Mesodermstreifen entsprechen dem Metacoel (vgl. S. 104) und gehen dadurch, daß ihre Zellen auseinanderweichen, in 2 Reihen von Coelomsäcken über, um die herum sich die vorderen 3–6 Rumpfsegmente, die sog. *Deutometameren*, bilden. Von einer vor dem After der Larve liegenden Sprossungszone werden dann als *Tritometameren* die weiteren Rumpfsegmente des Annelidenkörpers kopfwärts abgegeben und an die Deutometameren angeschlossen.

Ursprünglich sind im Bauplan der Ringelwürmer alle Metameren gleichwertig *(Homonomie)*. Bei den höherentwickelten Articulaten dagegen verschmelzen einzelne Segmente zu wirkungsvolleren Funktionseinheiten, so daß der Körper in verschiedene, größere Regionen, *Tagmata* (Einzahl: *Tagma*), unterteilt wird *(Heteronomie)*.

Tagmata-Bildung ist bereits bei einigen Ringelwürmern, etwa beim Wattwurm *(Arenicola marina)*, im Ansatz zu beobachten und findet mit der Aufteilung des Körpers in Kopf *(Caput)*, Brust *(Thorax)* und Hinterleib *(Abdomen)* ihre Vollendung bei den Insekten.

Phylogenetisch haben sich die Ringelwürmer in 3 verschiedene Richtungen entwickelt; entsprechend unterscheidet man 3 große Klassen: Die marinen Vielborster *(Polychaeta)*, die als Erd- und Regenwürmer weltweit verbreiteten Wenigborster *(Oligochaeta)* und die zu blutsaugenden Ektoparasiten gewordenen Egel *(Hirudinea)*.

Bei den *Polychaeten* erweitern sich die Rumpfsegmente zu seitlichen Ektodermausstülpungen *(Parapodien)*, die jeweils an einem dorsalen und einem ventralen Ast eine Anzahl Chitinborsten, Fühlfortsätze und Kiemen tragen. Die Parapodien sind Stummelbeine; sie stellen die ersten Anfänge von Gliedmaßen dar. Die mehr frei beweglichen Formen unter den Polychaeten *(Errantia)* leben meist räuberisch als Tier- und Großalgenfresser, die mehr sessilen *(Sedentaria)*, die oft in selbstgefertigten Sand- oder Kalkröhren stecken, leben als Substratfresser, als Sandlecker, die von einzelnen Sandkörnchen die Kleinalgen ablecken, als Taster, indem sie mit Tentakeln Mikroorganismen aufnehmen und in einer Wimperrinne zum Mund leiten, als Strudler und als Netzfänger, einige als Kommensalen, wenige als Parasiten.

Kalkröhrenwurm *(Serpula)*

Den *Oligochaeten* fehlen die Parapodien und damit auch die Kiemen. Alle ihre Vertreter, ob an Land oder im Wasser lebend, atmen über die Haut. Sie tragen an jedem Segment nur kurze Borsten; beim Regenwurm sind es 8, die man fühlen kann, wenn man ihn von vorn nach hinten durch die Finger gleiten läßt. Während die getrenntgeschlechtlichen Polychaeten in jedem Körpersegment Gonaden tragen, sind bei den zwittrigen Oligochaeten die Eierstöcke und Hoden auf wenige Segmente beschränkt. Bei der Begattung werden die Spermien von beiden Partnern über eine epidermale Samenrinne wechselseitig ausgetauscht und in einem Samenbehälter für die Befruchtung aufgespeichert. Das Aneinanderhaften der Partner wird durch ein Sekret erleichtert, das von einer drüsenreichen Gürtelregion im Vorderkörper, dem *Clitellum*, geliefert wird. Dieses Clitellum produziert ferner ein Material, aus dem der *Kokon* aufgebaut wird, in dem die jungen Würmer heranwachsen und sich hier von einem ebenfalls vom Clitellum stammenden Albumin ernähren.

Ein Clitellum bilden auch die *Hirudineen* aus, die sich durch Übergangsformen relativ gut von den Oligochaeten ableiten

RUNDWÜRMER UND RINGELWÜRM

Der Körper der Rund- oder Schlauchwürmer (Nemathelminthes) ist dadurch gekennzeichnet, daß er als Rest des Blastocoels eine von Flüssigkeit erfüllte Leibeshöhle, ein Pseudocoel, enthält, in dem sich zwar Zellen des 3. Keimblatts befinden können, die aber nie ein Coelom bilden. Die arten- und damit erfolgreichste Gruppe stellen die hier gezeigten Fadenwürmer (Nematoda) dar.

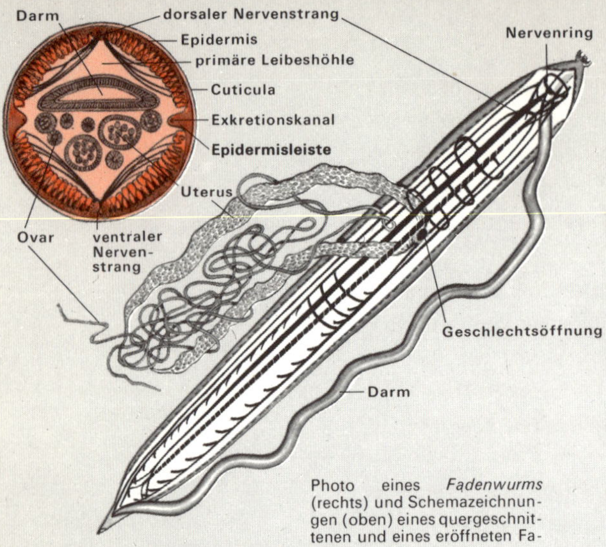

Photo eines *Fadenwurms* (rechts) und Schemazeichnungen (oben) eines quergeschnittenen und eines eröffneten Fadenwurms.

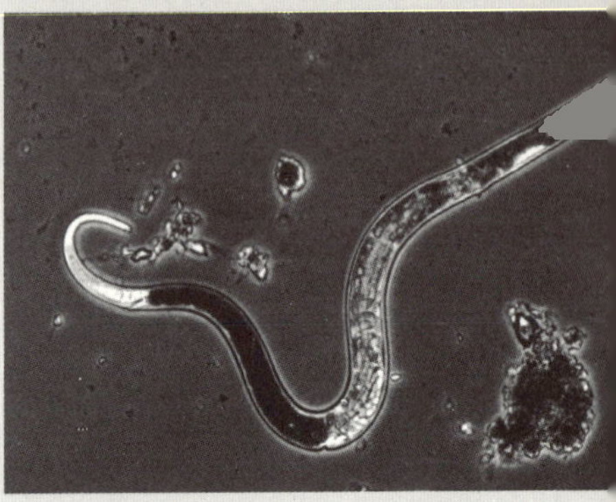

Die Ringelwürmer (Annelida) gehören zusammen m den Gliederfüßern zur Stammgruppe der Gliede tiere, die stets in mehrere Segmente gegliedert si und wenigstens beim Embryo pro Segment ein Gan lienpaar und ein Paar Coelomsäcke enthalten. D Gliederung in eine Kette weitgehend gleichartig Segmente ist bei den meisten Ringelwürmern gut au geprägt.

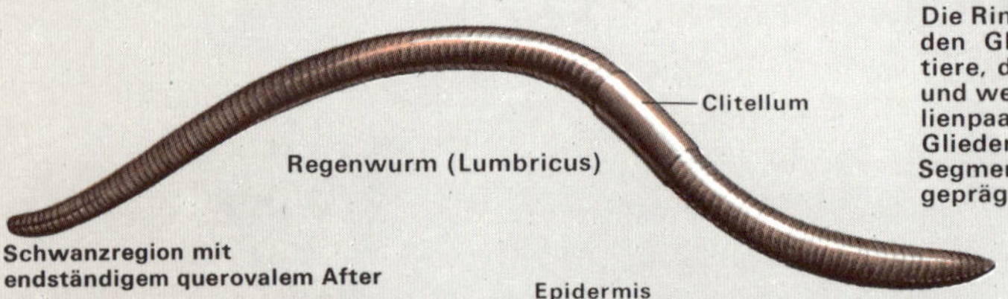

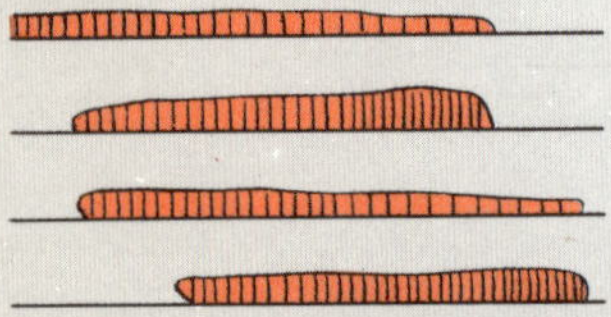

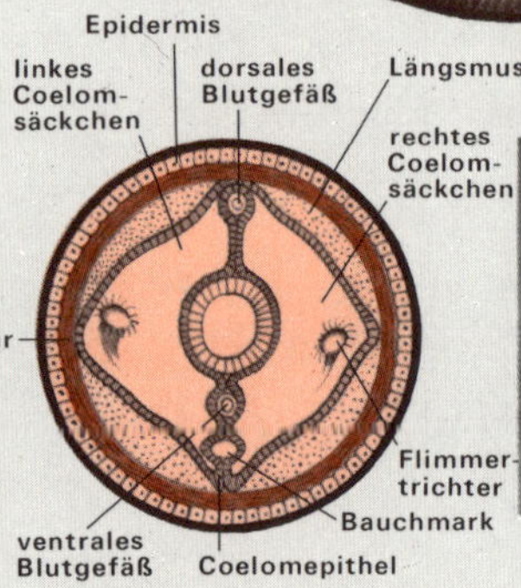

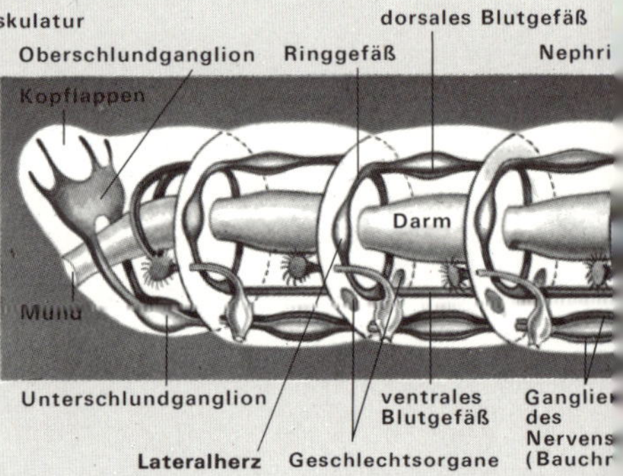

Abb. rechts: Bauplan eines *Ringelwurms*. Die einzelnen Segmente sind durch Querwände der sekundären Leibeshöhle voneinander getrennt. Sie enthalten neben durchziehenden Organen jeweils ein Ganglienpaar, Ringgefäße und ein Paar Exkretionsorgane. Abb. oben: Bewegungsweise des *Regenwurms*. Durch Kontraktion der Längsmuskeln verkürzt sich der Wurm, durch Zusammenziehen der Ringmuskeln streckt er sich.

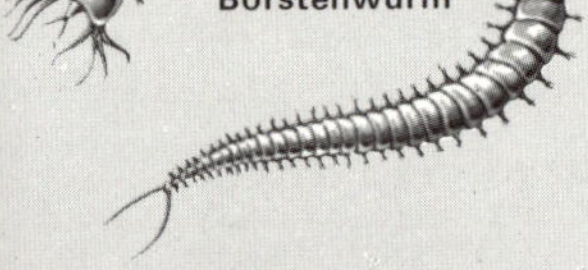

Die im Meer lebenden *Borstenwürmer* sind Ringelwürmer mit segmentalen Körperanhängen, den *Parapodien*. Aus diesen Seitenlappen, die gewöhnlich der Atmung und der Fortbewegung dienen, ragen vor allem bei den frei lebenden Borstenwürmern (Abb. oben) lange Borstenbüschel heraus. Daneben gibt es weitgehend festsitzende Borstenwürmer, die in Gängen oder — wie der links abgebildete *Federwurm (Sabella)* — in selbstgebauten Röhren wohnen. Das Vorderende trägt dann vielfach eine ausladende Tentakelkrone.

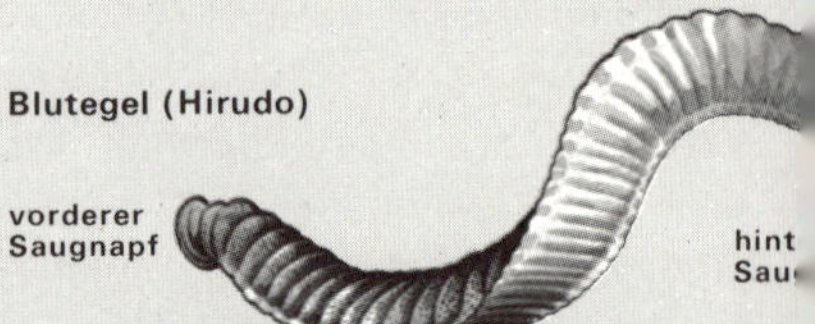

Die parasitischen *Blutegel* haben an beiden Körperend je einen Saugnapf, einen kleineren am Vorder-, einen g ßeren am Hinterende. Das für alle Ringelwürmer typisc Coelom ist bei ihnen durch die mächtige Entwicklung ei mesenchymalen Körperparenchyms meist stark unterdrüc

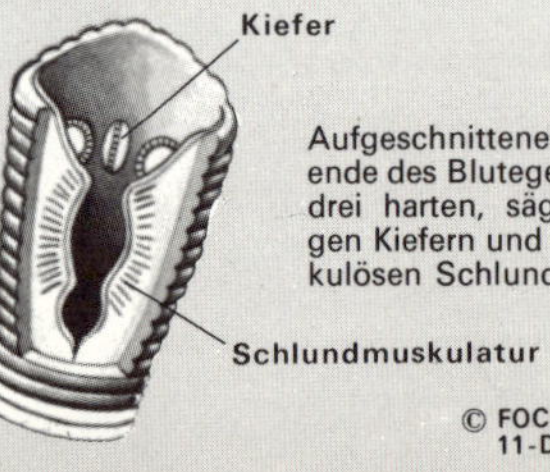

Aufgeschnittenes Vord ende des Blutegels mit drei harten, sägeblatta gen Kiefern und dem m kulösen Schlund.

lassen. Die Borsten sind reduziert, das Coelom ist ähnlich dem der Plattwürmer (vgl. S. 107) durch ein mesenchymatisches Füllpolster ersetzt; somit ist die Metamerie undeutlich geworden. Als Parasiten haben sie ihren Mund als zum Teil mit Kiefern ausgerüstetes Saugorgan umgebildet und auch am Hinterende eine Haftscheibe entwickelt.

Gliederfüßer

Die *Gliederfüßer (Arthropoda),* fossil vor allem in Form der Dreilapper *(Trilobita)* und Schwertschwänze *(Xiphosura)* bekannt und rezent jedem als Krebse *(Crustacea),* Spinnenartige *(Chelicerata),* Tausendfüßer *(Myriapoda)* und Insekten *(Insecta)* wohl vertraut, vollbringen Leistungen, denen nur die der Wirbeltiere gleichkommen. Sie haben alles erobert, was es zu erobern gibt – das Meer durch die Krebse, Land und Luftraum vor allem durch die Insekten. Keine Lebensmöglichkeit wurde ausgelassen, kein „Berufsstand" blieb ihnen verwehrt. Sie haben Baumeister, Ingenieure und Chemiker hervorgebracht, andere wurden Landwirte und Pilzzüchter. Sie machen Musik und können vieles andere mehr.

Ihre gegliederten und durch Gelenke beweglichen Körperanhänge, die *Arthropodien,* die dem Tierstamm den Namen gaben, wurden nicht nur zu Lauf-, Sprung-, Kletter- und Schwimmgeräten, sondern auch zu Pinzetten, Scheren und Messern, zu Grabschaufeln, Injektionsspritzen, zu Saugrohren und Sammelgefäßen. Es gibt kaum einen Werkstoff, den der Mensch erfand, gegen den sie nicht einen gleichwertigen, vielleicht sogar überlegeneren aufbieten. Sie erzeugen Licht und stellen Wachs, Seide und Papier her.

Dieser Siegeszug wurde in vorkambrischer Zeit angetreten, als ihre annelidenähnlichen Ahnen begannen, ein zunächst wohl noch sehr dünnes Oberhäutchen, eine *Cuticula,* als Schutz gegen mechanische wie chemische Einwirkungen und gegen zu hohen Wasserverlust auszubilden. Die Cuticula wird von allen Epidermiszellen abgeschieden und das Tier lückenlos in einen Panzer eingeschlossen. Um beweglich zu bleiben, wird, ähnlich wie bei den mittelalterlichen Ritterrüstungen, der Panzer des Körpers wie der der Gliedmaßen in miteinander abwechselnde harte *Sklerite* und weichere, elastische *Gelenkhäute* aufgeteilt. Die Sklerite erhalten ihre Härte durch Kalkeinlagerung oder dadurch, daß das Arthropodin, durch Phenole gegerbt, zum *Sklerotin* wird. Die Gelenkhäute bestehen nur aus Chitin und sind als leicht verletzliche Teile meist nach innen eingefaltet und so von den Skleriten verdeckt. Die stark beanspruchten Gelenkköpfe, -pfannen und Gleitschienen sind sklerotisiert.

Der Krebs, wie fest er auch gedrechselt,
Den Panzer doch alljährlich wechselt.
Er reißt sich selbst, nicht ohne Qualen,
Aus den zu eng gewordnen Schalen.

Daß sie nicht jeder Wüstling schnappe
Hüllt sich in Tang die Maskenkrabbe.

Der Tausendfuß geht wie im Traum
Mit welchem Fuß grad, weiß er kaum.
Vielfüße gehn, die Schurken, gerne
An ausgelegte Gurkenkerne.

Den Bücherskorpion man fand
Wohl schon in manch vergilbtem Band
Das Tier liest selber keine Silben,
Geht nur auf Jagd nach Büchermilben.

Die Spinnen leben streng allein;
Auch wenn es manchmal hat den Schein
Als säßen friedlich sie vereint:
Sie sind einander spinnefeind.

Nun gilt's, daß einen Blick man werfe
Auf die Insekten oder Kerfe.
Wenn auch darunter viele sind,
Die glaubt zu kennen jedes Kind –
Maikäfer, Schmetterlinge, Bienen –,
So sind doch manche unter Ihnen,
Die selbst der hohen Wissenschaft
Noch neu sind oder rätselhaft.

Sechshunderttausend Arten kennt sie;
Ein (strittiges) System benennt sie
Nach Ordnungen, jetzt sechsundzwanzig,
Umfassend, was da lausig, wanzig
Sich rumtreibt, emsig oder mückig –
Und manche Art billionen-stückig,
Vom allerwinzigsten Vertreter
Zu Schrecken, einen Viertelmeter.

Eugen Roth

Die *Cuticula* der Gliederfüßer enthält neben einem Gerüstprotein ein Kohlenhydrat, das der Cellulose verwandt ist. Das Protein heißt *Arthropodin,* das Kohlenhydrat *Chitin.* Beide sind in ihrem Molekülbau einander so ähnlich, daß sie enge Verbindungen miteinander eingehen und sich so in ihren Eigenschaften ergänzen. Das Arthropodin liefert eine hohe Festigkeit, das Chitin eine entsprechende Biegsamkeit.

Um Körper- und Beinglieder gegen- und untereinander bewegen zu können, mußte auf dem Weg vom Ringelwurm zum Gliederfüßer die *Muskulatur* umgebaut werden. Der Hautmuskelschlauch wurde in segmental gegliederte Muskelstränge aufgelöst und ein Teil der Ringmuskulatur zu Extremitätenmuskeln umfunktioniert. Als Anheftungsstelle für die Muskeln dient der *Panzer,* der so über die Schutzfunktion hinaus zum Exoskelett wurde (vgl. S. 20). Dabei erwies sich die Fähigkeit der Epidermiszellen, besondere Cuticulaproteine zu liefern, erneut von Vorteil. Neben Arthropodin und Chitin bauen die Epidermiszellen auch noch das aus langen Molekülketten bestehende *Resilin,* einen höchst elastischen Stoff, auf, der bei Energiezufuhr sich auf mehr als das Doppelte seiner Länge ausdehnen kann und beim Zusammenziehen diese Energie wieder abgibt. Resilin findet sich hauptsächlich in den Sehnen der Muskeln von Krebsen und Insekten, aber auch in den Gelenken der Insektenflügel. Ziehen die Sehnen sich zusammen, so unterstützen sie die Muskelleistungen.
Mit der Verlagerung der Skelettfunktion nach außen auf den Panzer wird ein Hydroskelett im Innern überflüssig. Entsprechend werden die embryonal pro Segment noch angelegten Coelompaare im Laufe der Ontogenese aufgelöst und mit den Resten des Blastocoels zu einer gemischten Leibeshöhle, einem *Mixocoel,* vereinigt. Eine Folge der Auflösung des Coeloms ist das *offene Blutgefäßsystem.* Es besteht aus einem dorsalen Herzschlauch, der über segmental angeordnete Spalten (Ostien) die Hämolymphe aus dem Mixocoel ansaugt und sie durch seine rostrale Öffnung wieder in den Körper pumpt. Infolge der nur noch bedingt durchlässigen Cuticula ist der Gasaustausch allein über die Körperoberfläche nicht mehr möglich. Fast alle Gliederfüßer bilden daher besondere *Atmungsorgane* in Form von *Kiemen* (Krebse), *Tracheen* (Tausendfüßer, Insekten) und *Tracheenlungen* (Spinnentiere) aus (vgl. Abb. S. 51).
Es ist verständlich, daß alle Zellen, die eine Cuticula abscheiden – dazu gehören neben denen der Epidermis auch die des Vorder- und des Enddarms – keine Cilien tragen; darüber hinaus aber fehlt den Arthropoden auch in anderen Organbereichen jegliche Bewimperung (nur die Spermien vieler Gruppen haben noch die typischen Geißeln), so daß auch keine Metanephridien ausgebildet werden können. Die *Exkretion* wird von Resten des Coeloms übernommen, die an der Basis bestimmter Extremitäten über einen Kanal nach außen münden *(Antennen-* und *Maxillardrüsen* der Krebse, *Coxaldrüsen* bei Spinnentieren), oder sie erfolgt über die *Malpighischen Gefäße* (einige Spinnentiere, Tausendfüßer, Insekten).
Bei einigen Krebsen und den Tausendfüßern ist der Körper

noch wie bei den Anneliden homonom segmentiert und besteht aus einer großen Anzahl von Metameren. Dem Articulaten-Bauplan entsprechend enthält jedes Segment ein Paar Ganglien des Strickleiternervensystems und trägt ein den Parapodien der Polychaeten homologes Paar Arthropodien.

Bei den fortgeschritteneren Formen vereinigen sich mehrere Segmente gruppenweise zu *Tagmata;* entsprechend werden die Extremitäten verändert oder auch reduziert. So verschmelzen einige der Ganglienpaare zu einem Komplexgehirn, einem *Syncerebrum,* und bilden Assoziationszentren, die ihrerseits Voraussetzung für leistungsfähige Sinnesorgane sind. Zusammen mit dem ersten oder den ersten beiden, meist zu Sinnesträgern (Fühlern) veränderten Extremitätenpaaren und den um den Mund herum konzentrierten und so zu besonderen Mundwerkzeugen abgewandelten Gliederfüßen bilden sie den hochfunktionellen *Kopf* der höheren Arthropoden.

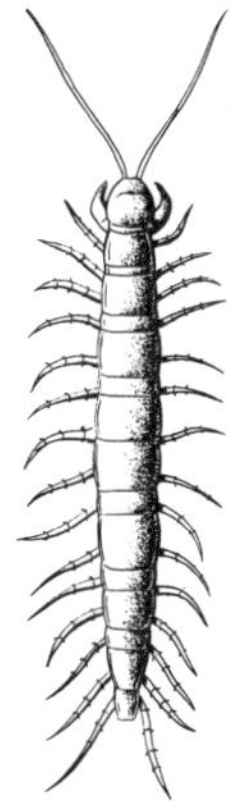

Homonome Segmentierung: Steinläufer, *Lithobius forficatus* (Myriapoda, Chilopoda)

Krebse, Tausendfüßer und Insekten tragen am Kopf Antennen wie Oberkiefer *(Mandibeln)* und werden entsprechend als *Antennata* und *Mandibulata* zusammengefaßt. Gegenüber den Krebsen als *Diantennata* sind Tausendfüßer und Insekten *Monantennata,* weil ihnen das zweite Antennenpaar fehlt. Auf die Oberkiefer folgen als weitere Mundwerkzeuge 2 Paar Unterkiefer *(Maxillen).* Bei den Hundertfüßern *(Chilopoda)* unter den Tausendfüßern kann die erste Rumpfextremität, bei den Krebsen eine je nach Art wechselnde Anzahl weiterer Thoraxextremitäten als Kiefernfüße *(Maxillipeden)* in den Kopfbereich mit einbezogen werden. Den Spinnentieren fehlen neben den Antennen auch die Mandibeln. Ihr erstes Gliedmaßenpaar sind die scherentragenden Kieferfühler *(Chelizeren).* Sie sitzen am 1. postmandibulären Segment und dienen nur zum Ergreifen der Nahrung, die durch Abgabe von Enzymen außerhalb des Körpers chemisch aufgeschlossen (extraintestinale Verdauung) und vom Vorderdarm eingesaugt wird.

Wie immer, wenn ein Tierkörper von einer toten Hülle voll umschlossen ist, kann ein Wachstum nur über *Häutungen* erfolgen. Viele Gliederfüßer häuten sich ihr Leben lang, andere stellen mit der Geschlechtsreife ihr Wachstum ein. Viele Krebse und eine Reihe von Tausendfüßern schlüpfen noch unvollständig aus dem Ei und ergänzen ihre Körperglieder erst im Laufe der hormonell gesteuerten Häutungen *(Anamorphose).* Die meisten Tausendfüßer, Spinnentiere und Insekten kommen jedoch mit der vollen Segmentzahl zur Welt *(Epimorphose).* Im Gegensatz zu einem voll belebten Integument, das, durch den unmittelbaren Kontakt mit der Umwelt ständig in Funktion gehalten, nur wenige Veränderungen der Gesamtgestalt zuläßt, kann sich im Schutze eines toten Panzers ein totaler Umbau vollziehen und aus der wurmartigen Made oder Raupe ein vollgeflügeltes Insekt hervorgehen.

Fast gleichzeitig mit den Skorpionen unter den Spinnenartigen sind im Oberen Silur aus der Gruppe der Mandibulaten die Tausendfüßer an Land gegangen. Als Luftatemorgane entwickelten die Skorpione aus Kiemen Fächerlungen und die Tausendfüßer analog zu ihnen aus Körpereinstülpungen Tracheen. Während die Tausendfüßer aufgrund der Wasserdurchlässigkeit ihrer Cuticula an feuchte Biotope oder eine nächtliche Lebensweise gebunden blieben, entwickelten die Insekten als äußerste Hülle des Panzers eine Wachsschicht und an den Stigmen Verschlußmechanismen. Beides schränkte die Verdunstung stark ein und ermöglichte den Insekten, in den Luftraum vorzustoßen.

BAUPLÄNE DER GLIEDERFÜSSER I

Bauplan der Krebse. Die *Gliederfüßer* sind im Lebensraum Wasser vor allem durch die artenreiche, vielgestaltige Gruppe der *Krebse* vertreten. Ihr Körper besteht meist aus 10 bis 20 Segmenten mit je einem Paar Beine, die oft in einen Innen- und Außenfuß gespalten sind (Spaltfuß) und an ihrer Basis Kiemenanhänge tragen. Am Kopf sitzen stets 2 Antennenpaare und 3 Paar Mundgliedmaßen. Die Organisation des Krebskörpers ist beim *Flußkrebs* recht übersichtlich. Vom Herzen gehen mehrere lange Arterien aus und ziehen auch zu den Kiemen, die vom harten Panzer geschützt werden. Zu Antennendrüsen umgebildete Nephridien dienen als Exkretionsorgane.

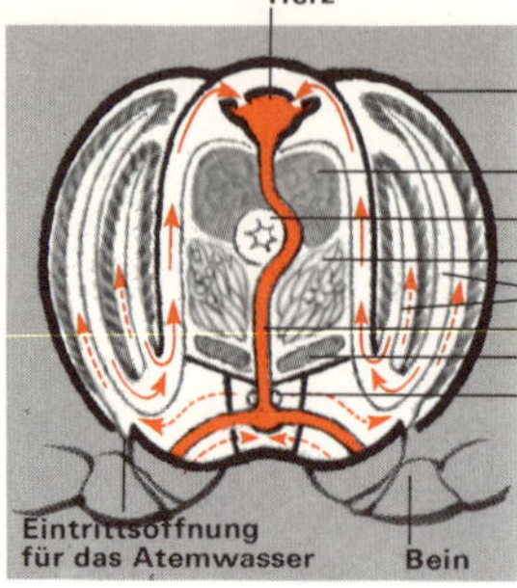

Die Kiemenanhänge der Brustbeine liegen in zwei vom Chitinpanzer des Kopfbrustabschnitts gebildeten Seitentaschen. Das Blut gelangt durch besondere Arterien zu den Kiemen und strömt in kanalartigen Körperhohlräumen zum Herzen zurück.

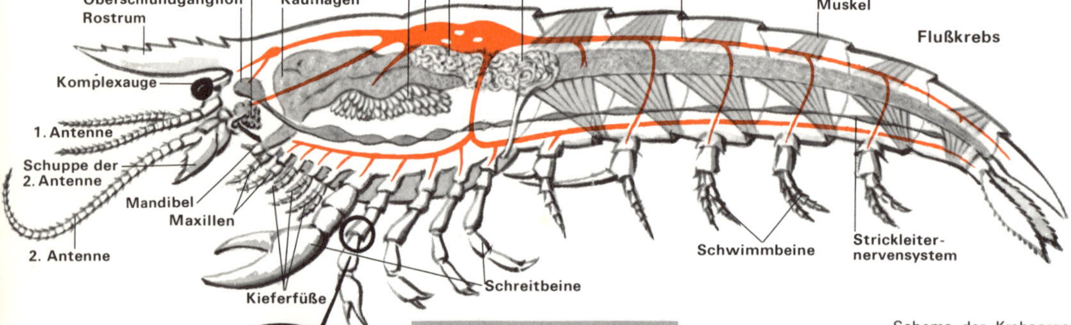

Schema der Krebsorganisation am Beispiel des Flußkrebses *Astacus* (Abb. oben). Die Segmente sind gruppenweise verschieden

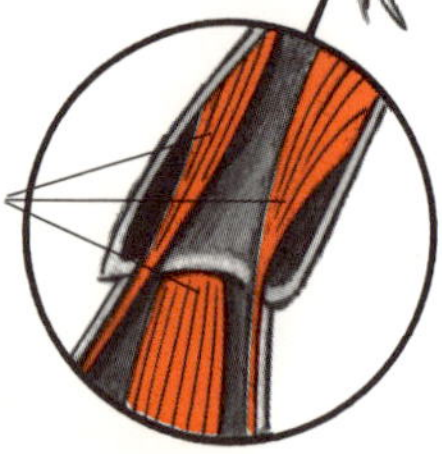

Anordnung der Beuger- und Streckermuskeln eines Fußgelenks.

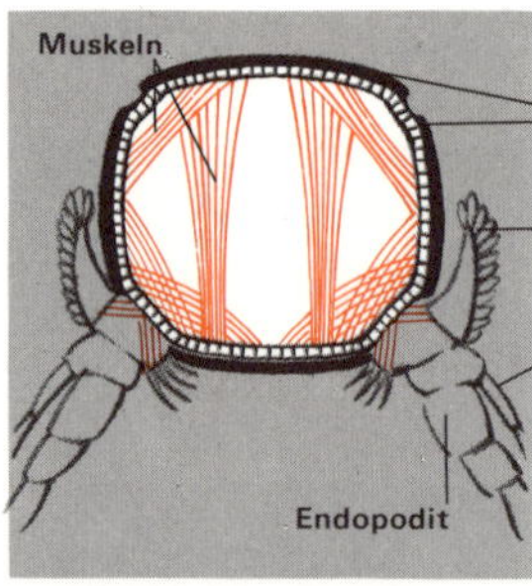

Schematischer Querschnitt des Krebskörpers und Grundgestalt eines Gliedmaßenpaares (Abb. links). Die verschiedenen Muskeln bewirken große Beweglichkeit. Der typische Spaltfuß mit Innen- und Außenfuß (Endo- und Exopodit) trägt an der Basis oft einen Kiemenanhang.

Gliederfüßer (Arthropoda) sind durch ein chitiniges, von der Epidermis ausgeschiedenes Außenskelett gekennzeichnet. Der Körper ist stets in Segmente gegliedert, die jedoch nur bei Tausendfüßern und manchen Larven wenigstens äußerlich annähernd gleichartig sind. Meist gruppieren sich die embryonal angelegten Segmente während der Entwicklung zu verschieden gestalteten Körperabschnitten. Das Skelett ist aus einzelnen, gelenkig miteinander verbundenen Chitinplatten oder -röhren aufgebaut. Es bildet stets gegliederte Extremitäten. Die Wände der paarigen Coelomsäcke werden meist umgebildet (z. B. zu Muskeln), so daß Teile der primären und sekundären Leibeshöhle zusammen ein Mixocoel bilden. Sinnesorgane und Nervensystem sind hoch entwickelt. Das Blutgefäßsystem ist offen. Große Gruppen der Gliedertiere sind u. a. Krebse, Spinnentiere, Tausendfüßer und Insekten.

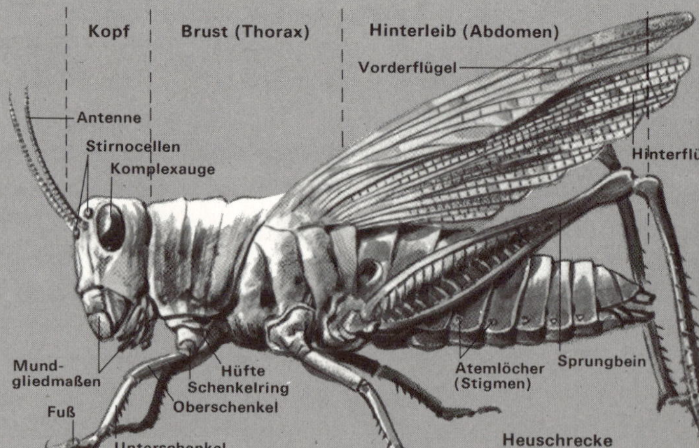

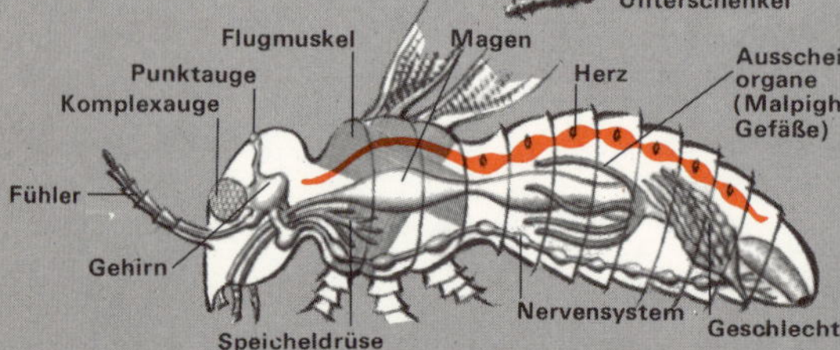

Der Aufbau des Insektenkörpers und die Anordnung der verschiedenen Organe. Der Körper der *Heuschrecke* zeigt deutliche Segmentierung. In Abb. links ist die Lage der wichtigsten Organe mit Ausnahme der Atemorgane schematisch dargestellt.

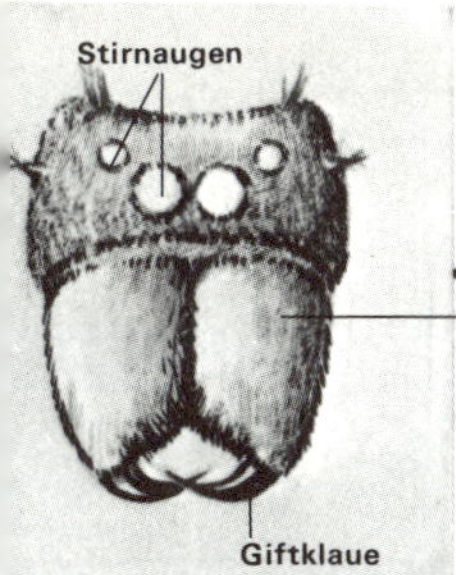

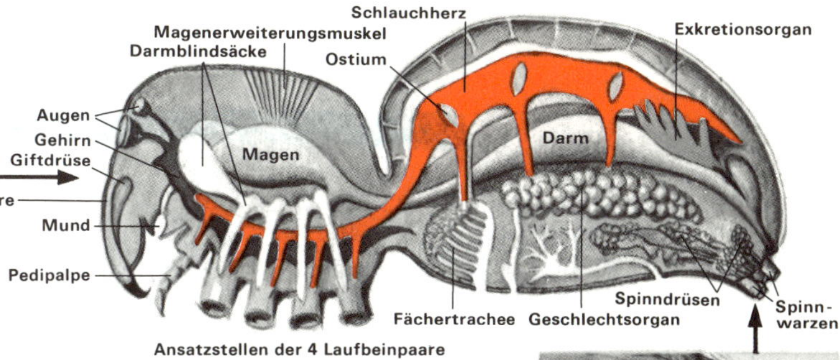

orderansicht einer *Spinne* Abb. oben). In die Klauen der roßen Chelizeren münden die usführgänge einer Giftdrüse. on den insgesamt acht Augen nd vier sichtbar.

auplan der Spinnentiere. Der Körper der Spinnentiere besteht aus dem sechs Glied-aßenpaare tragenden Vorderkörper und dem gliedmaßenfreien Hinterkörper, der bei en *Spinnen* ungegliedert, bei anderen Spinnentieren (z. B. *Skorpionen*) jedoch gegliedert t. Das vorderste Gliedmaßenpaar, die *Chelizeren*, dient dem Beuteerwerb; das zweite, e *Pedipalpen*, ist oft bein- oder tasterartig entwickelt. Antennen fehlen. Extremitäten-dimente sind bei den Spinnen die *Spinnwarzen* (Abb. rechts). Die Atemorgane dieser andtiere sind Fächer-, Sieb- oder Röhrentracheen. Als Exkretionsorgane dienen vor lem entodermale Schläuche am Darm. Die Augen sind einzelne Punktaugen.

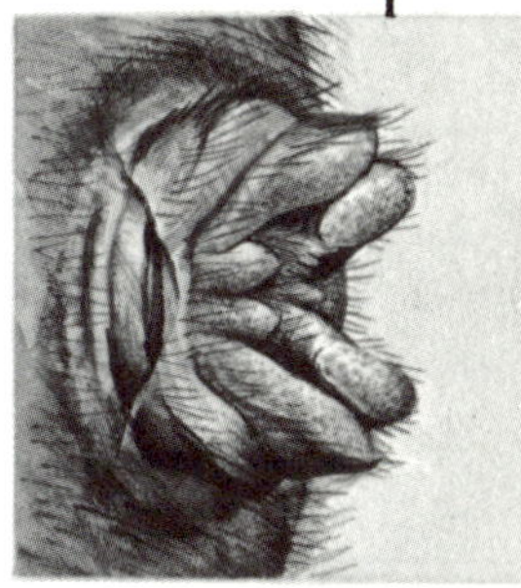

Spinnwarzen

ie landbewohnenden *Tau-endfüßer (Myriapoda)* haben nen langgestreckten Rumpf us vielen gleichartigen, meist eintragenden Segmenten. Sie men wie die Insekten durch öhrentracheen und besitzen ie diese stets nur ein Paar An-nnen. Bei der Gruppe der *undertfüßer (Chilopoda)* trägt des Segment nur ein Bein-aar, während bei den *Doppel-ßern (Diplopoda)* außer den sten vier Segmenten an jedem örperglied zwei Beinpaare an-tzen.

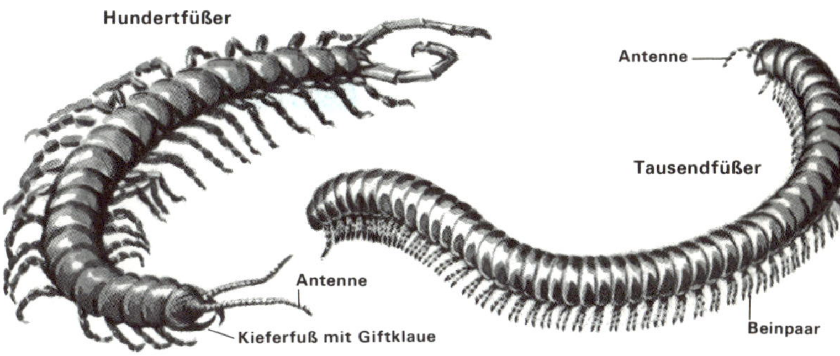

auplan der Insekten. Die ochentwickelten Insekten bil-en die artenreichste Tiergrup-e. Trotz mannigfaltiger Ab-andlung ist der Grundbau-an meist gut erkennbar. So nd die Körpersegmente der wachsenen, geschlechtsrei-n Insekten meist deutlich in nen Kopf-, Brust- oder Hin-rleibsabschnitt gruppiert. Nur e drei Brustsegmente besitzen ein Beinpaar und die beiden nteren oft noch je ein Paar ügel. Am Kopf sitzen Kom-exaugen, Fühler und Mund-erkzeuge. Das Tracheensy-em ist stark verzweigt; Ex-etionsorgane sind Darmblind-hläuche. Die Jugendstadien nd oft einfach gebaut und erden meist durch eine Meta-orphose zum flug- und fort-lanzungsfähigen Insekt, der *nago.*

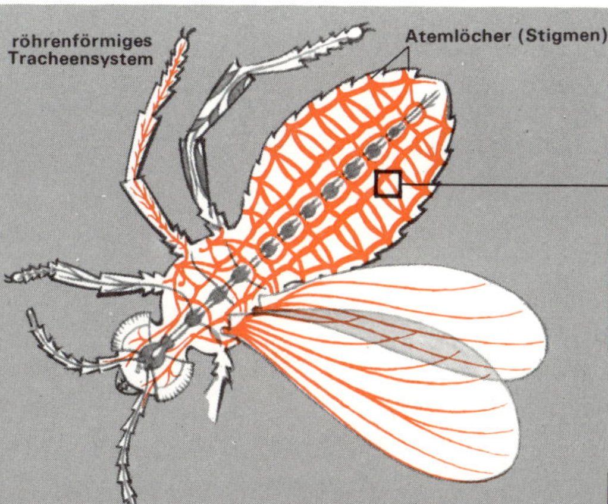

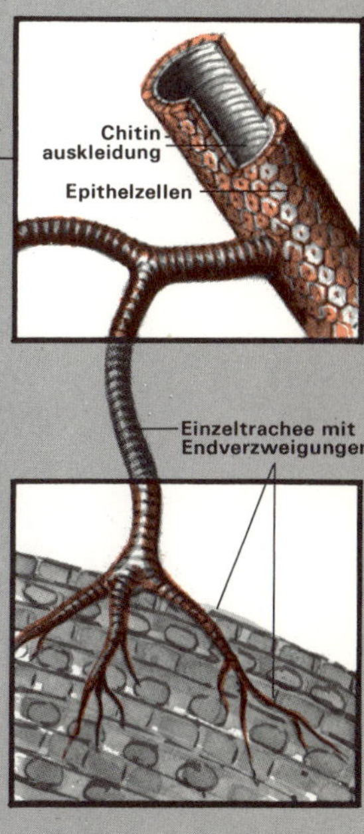

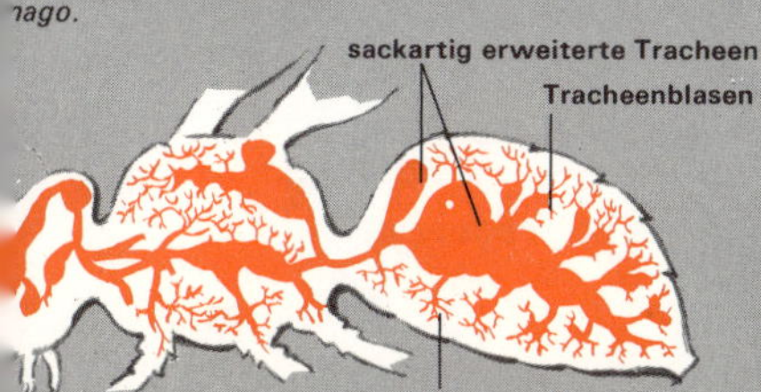

Das typische *Atemorgan* der Insekten ist ein paarig angelegtes, meist weitverzweigtes Röhrensystem aus luftführenden Tracheen. Die Einzeltrachee ist ein elastisches Röhrchen, das innen mit einer dünnen oder mit einer ring- oder spiralförmig verdeckten Chitinschicht ausgekleidet ist. Die ursprünglich segmental angeordneten Einzeltracheen bilden gewöhnlich ein einheitliches Tracheensystem (Abb. oben). Bei guten Fliegern sind die Luftröhren oft sackartig erweitert (Abb. links).

Weichtiere

Der Laie unterscheidet schwer,
Was Schnecke und was Muschel wär,
Was ein Gehäus hat, einen Topf,
Und draus hervorschaut mit dem Kopf,
Ist eine Schnecke; doch, was doppelt
Sich aus zwei Einzelschalen koppelt
Und drin nichts hat als ein Gefluschel,
Ein lappriges: ist eine Muschel.
Wir kennen zur Genüge ja
Seither die braune Sepia.
Wir wissen, daß die Tintenschnecken
Von jeher voller Finten stecken,
Der Volksmund, lässig im Vermischen
Spricht schlechthin bloß von Tintenfischen.
Auch von Polypen, weil die Alten
Den Kraken noch dafür gehalten.
Vom Kraken-Meeresungeheuer
Erzählt man wilde Abenteuer,
Wobei der alte Grundsatz gilt:
Die Wahrheit ist nur halb so wild!

Eugen Roth

Weichtiere oder *Mollusken (Mollusca)* – das sind die Käfer-, Wurm- und anderen Schnecken *(Poly-* und *Monoplacophora, Solenogastres, Gastropoda)*, die Kahnfüßer *(Scaphopoda)*, Muscheln *(Bivalvia)* und Kopffüßer *(Cephalopoda)*. Die einfachen Poly- und Monoplacophoren, die kleine, nur etwa 160 Arten umfassende Gruppe der Solenogastres, die im Höchstfall 12 cm langen und aufgrund ihrer Form gern als „Elefantenzähne" bezeichneten Scaphopoda und die hochentwickelten Cephalopoda oder Tintenschnecken („Tintenfische") leben ausschließlich marin. Die Bivalvia besiedeln neben dem Meer auch das Süßwasser, und die Gastropoda sind die einzigen ihres Stamms, die es als Lungenschnecken *(Pulmonata)* geschafft haben, atmosphärischen Sauerstoff zu atmen, und sich so auch auf dem Festland einnischen konnten.

Die Polyplacophora und die Solenogastres sind dorsal von einer derben Cuticula bedeckt, in die Kalkelemente eingelagert sind, bei den Polyplacophoren in Form von 8 Platten, bei den Solenogastres als in Querreihen angeordnete Spiculae. Alle übrigen Mollusken tragen primär eine einheitliche, bisweilen zweiklappige Schale *(Conchifera)*. Das bedeutet, daß, ähnlich wie bei den Gliederfüßern und doch wiederum anders, die Molluskengestalt in zwei gegensätzliche Einheiten zerfällt: einen *Weichkörper* und einen *Hartkörper*. Wie bei den Gliederfüßern lebt der Weichkörper, der Hartkörper aber ist tot. Bei beiden, Gliederfüßern und Weichtieren, wird der Hartkörper von der Haut ausgeschieden. Bei den Gliederfüßern besteht er aus Arthropodin und/oder Chitin und legt sich dem Weichkörper voll an, bei den Mollusken aus kohlensaurem Kalk ($CaCO_3$) und ist meist nur lose mit ihm verbunden. In beiden Fällen ist der Hartkörper Schutzorgan und Außenskelett zugleich. Dadurch wird für beide eine wurmartig-schlängelnde Fortbewegung unmöglich, was die Gliederfüßer durch die Ausbildung von Lauf- oder Schreitbeinen ausgleichen, während bei den Mollusken die ventrale Muskulatur ihres Hautmuskelschlauchs zu einem besonderen Lokomotionsorgan entwickelt wird.

Im typischen Fall besteht die *Molluskenschale* aus einer äußeren organischen Schicht *(Periostracum)* und 2 inneren Kalkschichten, der Prismenschicht *(Ostracum)* und der Perlmuttschicht *(Hypostracum)*.

Während bei den Gliederfüßern auch der Erwerb und die Bearbeitung der Nahrung von Extremitäten (Mundwerkzeugen) übernommen wird, bilden die Mollusken im Vorderdarm ein im gesamten Tierreich einmaliges Organ aus, die Reibzunge oder *Radula*. Dabei handelt es sich um ein elastisches Band, das mit Querreihen von Zähnen besetzt ist. Es kann aus der Mundhöhle herausgeschoben werden und durch rhythmisches Hin- und Herbewegen Material abraspeln und dieses nach Art eines Kettenbaggers in den Schlund schaufeln.

Mögen Maikäfer und Weinbergschnecke, Strandkrabbe und Miesmuschel noch so verschieden sein, die Entwicklungsgeschichte zeigt, daß Weichtiere und Gliederfüßer über die Ringelwürmer phylogenetisch miteinander verbunden sind. Wie die Eier der Ringelwürmer furchen sich die der Mollusken nach dem Spiral-Quartett-4d-Typ, und wie die Ringelwürmer bilden die Mollusken eine trochophoraähnliche Larve aus, die bei marinen Schnecken als *Veliger* benannt wird. Ferner wissen wir seit der Entdeckung der Käferschnecke *Neopilina galathea* (Monoplacophora) im Jahre 1952, daß der Molluskenkörper auf eine deutometamer gegliederte Stammform (vgl. S. 106) zurückzuführen ist. Die beachtliche Abänderung der Coelomatenorganisation, die zur Architektur dessen führte, was wir als Schnecke, Muschel oder „Tintenfisch" kennen, ist alles in allem eine funktionell bedingte Folge der Ausbildung oder auch Wiederaufhebung (Reduktion) von Schale und Radula.

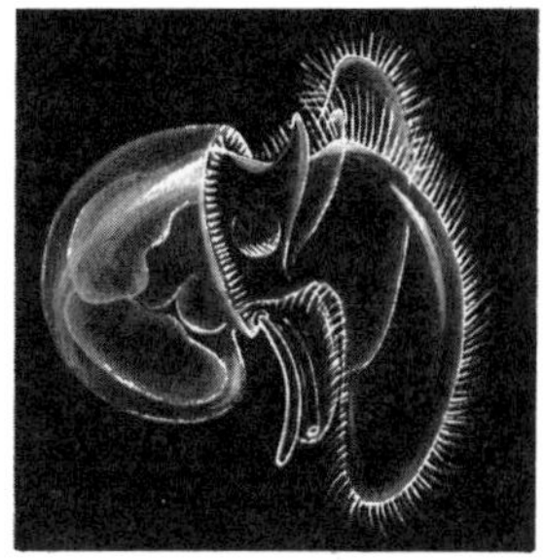

Veliger

Dadurch, daß ventral ein stark muskulöser Fuß entsteht, der in seiner ursprünglichen Form, ähnlich der Bauchseite der Strudelwürmer, zum Kriechen dient, verliert das Coelom seine Funktion als Hydroskelett und wird auf wenige Resträume, wie den Herzbeutel (Perikard) und die Gonadenhöhlen, eingeengt. Analog den Plattwürmern, aber auch den Egeln, wird die primäre Leibeshöhle mit einem Mesenchym als leicht verformbarem Polster und mit Muskulatur ausgefüllt. Da so die Segmentierung unterbleibt, wirkt der gesamte Molluskenkörper massig und plump.

Der Fuß entsteht, indem die Bauchseite der Larve im allgemeinen zu einer flachen Kriechsohle auswächst, aber in abgewandelter Form auch zum Graben und Schwimmen, als Haftorgan oder zum Beutefang verwendet wird. Bei den *Tintenschnekken* entstehen aus ihm die 8 oder 10 Arme, die in den Kopfbereich rücken (Name: Kopffüßer !) und um den Mund gruppiert werden, sowie als besonderer Fortbewegungsapparat ein Trichterrohr, durch das Wasser ausgepreßt wird und das Tier rückwärts davontreibt (Rückstoßprinzip). Dem Fuß sitzt vorn der mit Fühlern (Tentakeln) und Augen ausgestattete Kopf und als dorsale Ausbuchtung der schalenbedeckte Eingeweidesack auf.

Indem sich bei den Wurm- und Käferschnecken und den Muscheln die Larve entlang ihrer ursprünglichen Achse streckt, gelangen Mund und After an die entgegengesetzten Pole der Körperlängsachse. Bei Schnecken, Kahnfüßern und Tintenschnecken bildet sich durch dorsale Vorwölbung der blind endende *Eingeweidesack* aus, der den Rumpf über den After hinaus verlängert. Er enthält neben Herz, Gonaden und Metanephridien auch den Darm mit Speichel- und Mitteldarmdrüse.

Der *Eingeweidesack* entsteht durch allometrisches Wachstum der Rückenseite (vgl. S. 27). Während die Ventralseite der Larve unverändert bleibt, wächst die Dorsalseite und greift schließlich samt der von ihr abgeschiedenen Schale von hinten her auf die Ventralseite über. Damit wird der Darm U- oder V-förmig; er zieht vom Mund caudad in den Eingeweidesack, kehrt dort um und verläuft nun rostrad, um im After auszumünden.

Die ursprünglichsten Mollusken waren Weidegänger, die sich vom flächigen Algenaufwuchs auf Felsen ernährten. Pflanzenfresser müssen, um ihren Nährstoffbedarf zu decken, große Mengen an Futter verzehren, was erklärt, warum der Verdauungstrakt mit Speichel- und Mitteldarmdrüsen einen großen Raum beansprucht. Dadurch wird der Eingeweidesack umfangreich und belastet samt seiner relativ schweren Schale den Fuß so, daß das Tier sich nur langsam, eben im sprichwörtlichen Schneckentempo, fortbewegen kann. Dort, wo sich der Eingeweidesack vom Fuß wie von einem Sockel abhebt, umzieht ihn eine Hautduplikatur, die Mantelfalte, und bildet mit der Körperwand die Mantelhöhle. In ihr münden Enddarm, Metanephridien und Gonaden. Da der Molluskenkörper zu großen Teilen von der Schale bedeckt ist, genügt die unbedeckte Oberfläche nicht, den Sauerstoffbedarf durch Diffusion zu dekken. So sind Hautfalten, die in die Mantelhöhle hängen, als *Kiemen* ausgebildet.

Als Folge der Reduktion des Coeloms ist das *Blutgefäßsystem* offen. Das dorsal im Perikard gelegene Herz nimmt durch 2 Vorkammern das Blut aus den Atmungsorganen auf und pumpt es nach vorn und hinten in je ein großes Gefäß (Aorta), aus dessen Verzweigungen es frei in die Lakunen des Mesenchyms und von hier über Venen wieder in die Kiemen gelangt. Das Blutgefäßsystem dient neben dem Sauerstofftransport auch als hydraulisches Skelett, indem je nach Bewegung der Blutdruck zur Versteifung von Fuß und Tentakeln beiträgt.

Die gegenüber den Anneliden und Arthropoden andere Bewegungsweise und der damit verbundene Verlust der Metamerie haben zu einer besonderen Konzentration der *Ganglien*, vor allem bei den Schnecken und Tintenschnecken, geführt. Lediglich bei den mehr oder minder sessilen Muscheln ist der Kopf als Träger von Sinnesorganen rückgebildet.

Ursprünglich sind fünf *Ganglien*-Paare vorhanden: *Cerebralganglien*, die die Information von Fühlern, Augen und Statocysten verarbeiten, *Pedalganglien*, die den Fuß, und *Pleuralganglien*, die den Mantelrand versorgen, sowie *Parietal*- und *Visceralganglien*, die das Körperende und den Eingeweidesack innervieren.

Die *Tintenfische* haben dagegen ein ungewöhnlich hoch entwickeltes *Gehirn* mit ebenso leistungsstarken Sinnesorganen und zeigen als Folge von beidem ein hochdifferenziertes Verhalten. Die fast rein räuberisch lebenden Kalmare, Kraken und anderen Tintenfische (Ausnahme: die bläulich durchsichtige *Chiroteuthis veranyi;* sie lebt als Planktonfresser zwischen Quallen und Salpen) verlassen sich bei der Jagd nach Krebsen, Muscheln und Fischen auf ihre hervorragenden Augen, die kräftigen Arme und die Fähigkeit, mit Hilfe von Kontraktionen der Mantelmuskulatur und der Beweglichkeit des Trichters blitzschnelle Wendemanöver durchführen zu können. Viele Arten bilden in einem *Tintenbeutel*, einer Enddarmdrüse, ein Sekret („Sepiafarbstoff"), mit dem sie ihre Verfolger vernebeln können, andere sind mit Hilfe von Chromatophoren zum Farbwechsel

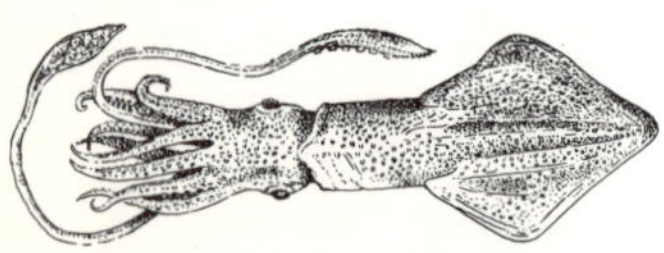

Tintenfisch *(Loligo)*

BAUPLÄNE DER WEICHTIERE

)ie Weichtiere (Mollusca) haben einen unsegmentierten veichen Körper, der meist einen Kopf, ventralen Fuß, orsalen Eingeweidesack und eine Mantelfalte ausbildet. läufig ist die schleimige Haut, wenn auch nicht volltändig, so doch zu einem guten Teil von einer Kalkschale edeckt. Zu den Weichtieren gehören die Schnecken, Auscheln und Tintenfische.

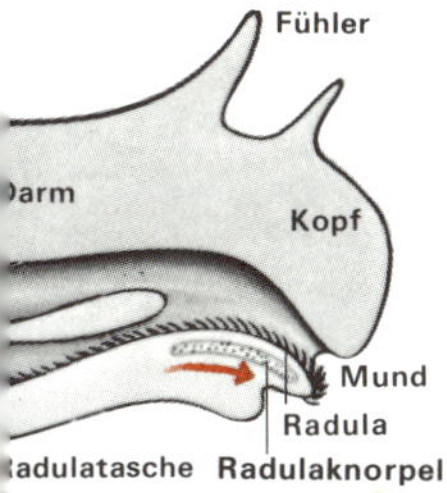

Schnecken. Ihr Fuß ist gewöhnlich als breite Kriechsohle ausgebildet (Abb. rechts) und der Eingeweidesack samt der ihn bedeckenden Kalkschale meist spiralig aufgewunden. Die Mantelhöhle enthält die Kiemen oder ist von einem lungenartigen Atemepithel ausgekleidet. Im Mund befindet sich eine mit Zähnchenreihen besetzte Reibzunge, die *Radula*.

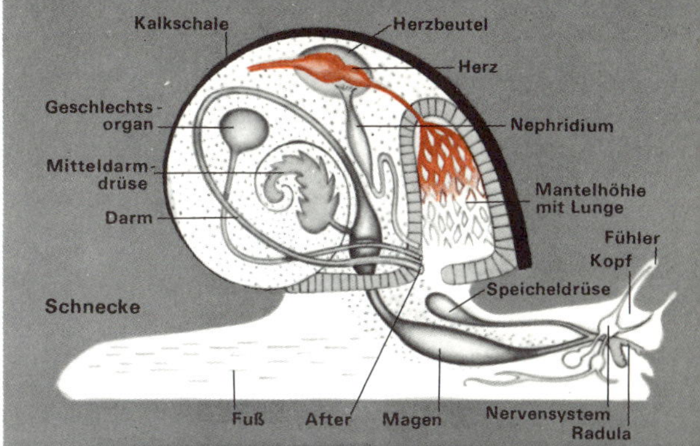

Auscheln. Der symmetrische Körper der *Muscheln* (Abb. echts) ist von einer zweiklapigen Schale eingehüllt. Große itterartige Kiemenblätter an en Schalenseiten dienen der Atmung und meist auch dem bfiltrieren von Nahrungsparkeln, die durch Wimperrinnen ach vorn zum unbewehrten Aund transportiert werden. Grobe Partikel werden zum iemenrand gedrängt und auseschieden. Der Kopf ist reduiert. Ein stark gewundener)arm durchzieht den in den uß eingesenkten Eingeweideack und verläuft mitten durch as Herz. Das Blutgefäßsystem st wie bei allen Weichtieren ffen.

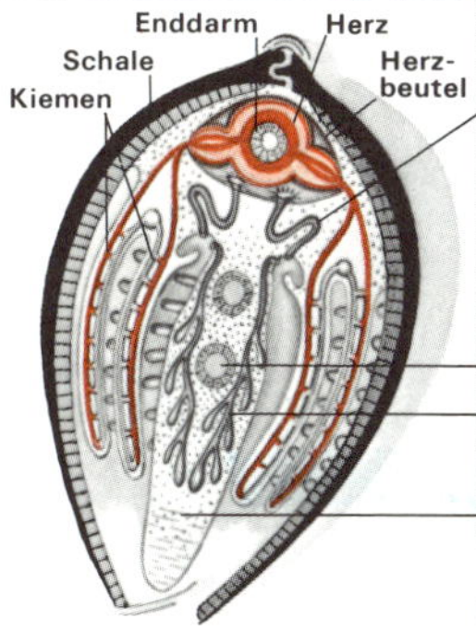

Muschel

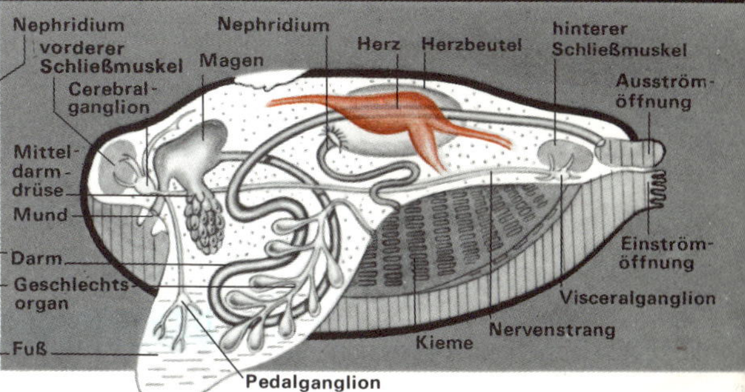

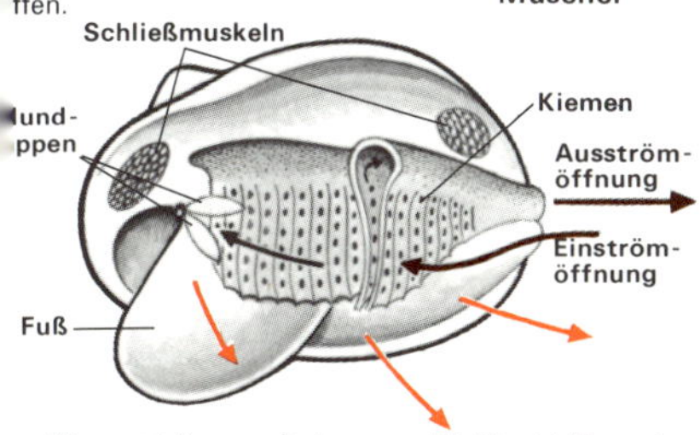

Wasserströmung (schwarzer Pfeil) und Absonderung großer Partikel (rote Pfeile)

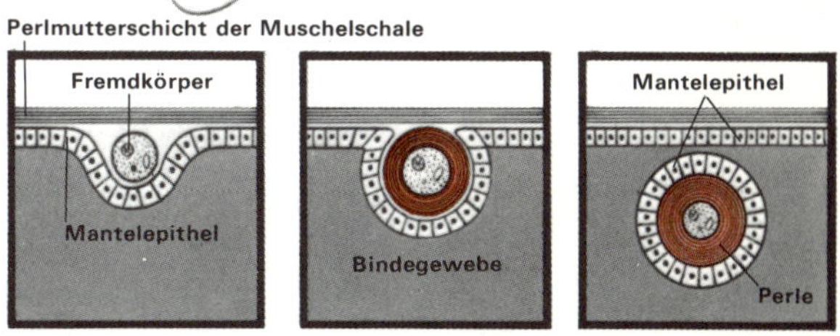

Ein in die Muschel zwischen Schale und Mantelepithel eingedrungener Fremdkörper oder Parasit reizt das Epithel zu stärkerer Ausscheidung von Calciumcarbonat und wird dadurch unschädlich gemacht, daß das in konzentrischen Schichten abgelagerte Perlmutter ihn einhüllt. Durch Abschnürung des ins Bindegewebe versenkten Epithels entsteht eine Perle.

Kopffüßer. Die *Kopffüßer* oder *Tintenfische* sind hochentvickelte, räuberische Weichtiere. Der Eingeweidesack ist och aufgewölbt und wird von einem muskulösen Mantel mit roßer Atemhöhle umschlossen. Um den Mund, der mit einer Radula und mit kräftigen Kiefern von der Form eines Papageienchnabels bewehrt ist, stehen lange, mit *Saugnäpfen* besetzte *angarme*. Diese sind Umbildungen des vorderen, mit dem opf verschmolzenen Fußabschnitts. Der hintere Fußabschnitt t zu einem beweglichen Trichter am Ausgang der Mantelhöhle mgestaltet. Nur beim *Nautilus* (Abb. unten) ist der Körper wie ei zahlreichen fossilen Arten (z. B. die *Ammonshörner*) von iner spiraligen Schale eingeschlossen. Sonst ist die Schale urückgebildet und als horniger oder kalkiger Rückenschulp is Innere verlagert (Leichtbauweise). Sinnesorgane und Nervenystem sind sehr leistungsstark.

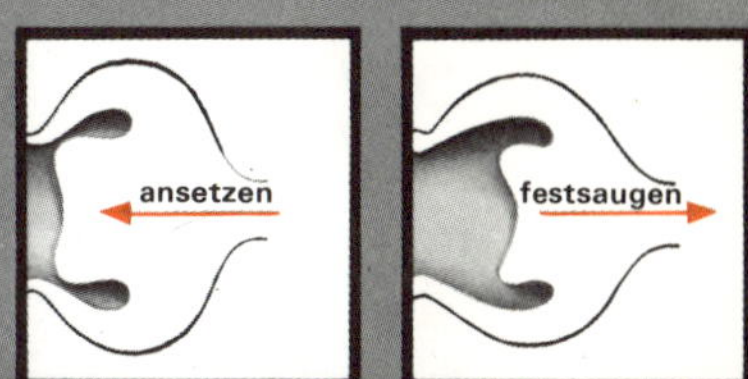

Tintenfisch

Der muskulöse, wie ein Stempel wirkende Boden des Saugnapfes kann beim Festhalten die Saugkammer erweitern und eine große Haftwirkung erzielen.

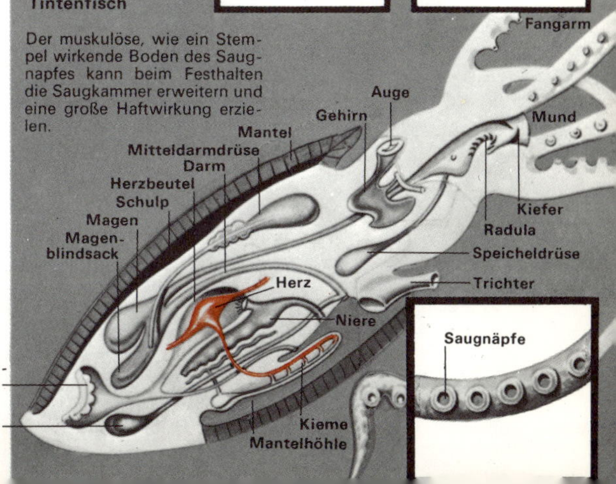

Nautilus

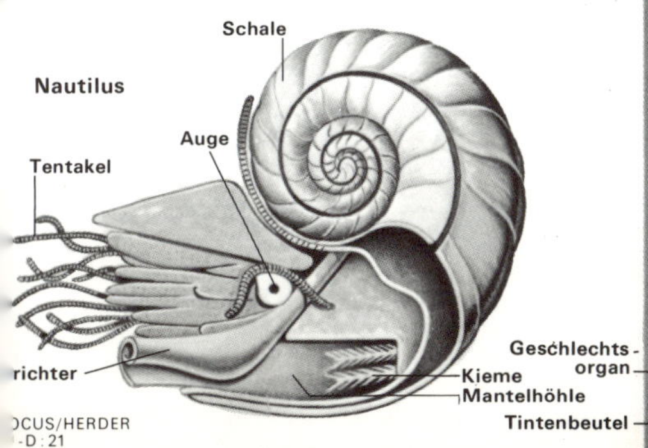

fähig. Tiefseeformen besitzen *Leuchtorgane,* die häufig mit Pigmentbechern, Linsen und Reflektoren ausgerüstet, zum Anlocken von Beute und zum Auffinden der Geschlechtspartner wie zur Orientierung im Verband mit Artgenossen oder zum Abschrecken von Feinden eingesetzt werden.

Der Feinbau einzelner Gehirnregionen, die Augen mit Iris, Pupille, Cornea und Ciliarkörper, die knorpeligen Skelettstücke, die als eine Art Schädelkapsel das Gehirn wie die Schweresinnesorgane umschließen und die Augenhöhlen stützen, und letztlich auch die Knorpelgebilde in den Flossen zeigen eine so verblüffende Konvergenz der Tintenfische zu den Wirbeltieren, daß die frühere Annahme einer nahen Verwandtschaft beider keineswegs überrascht.

Stachelhäuter

Herzigel liebt wohl niemand herzlich:
Beim Baden spüren wir sie schmerzlich.
Der Seestern ausschaut wie gewalkt;
Er ist von Jugend an verkalkt.
Mit zungenbrecherischen Wörtern
Müßt ihr Entstehen ich erörtern,
Weil teils lebendig sie gebären,
Teils nur durch Knospung sich vermehren.
Wir stürzen nicht uns wie die Furien
Auf die geselchten Holothurien,
Die, als Seegurken, als Trepang,
Längst bei Chinesen sind im Schwang,
Die dies Erzeugnis der Molukken
Voll Schlemmerlust hinunterschlucken.
Uns machte wohl ein Huhn erfreuter,
Als irgend so ein Stachelhäuter.

Eugen Roth

Den eigenartigsten, weil vom Bilateren- oder Coelomatentypus bis zur vollen Unkenntlichkeit abweichenden Bauplan haben die *Stachelhäuter (Echinodermata)* entwickelt. Die 3 Habitustypen, in denen sie als Erwachsene auftreten, die Sternform bei den Haar-, See- und Schlangensternen *(Crinoidea, Asteroidea, Ophiuroidea),* die Kugelform bei den Seeigeln *(Echinoidea)* und die Walzenform bei den Seewalzen oder Seegurken *(Holothuroidea)* machen es einem schwer, ihre Organisation zu analysieren. Es gibt keinen Kopf und also auch keinen Schwanz, und wo vorn und hinten ist, bleibt fraglich; mal geht bei der Fortbewegung diese, mal jene Körperseite voraus. Bei den Seeigeln, See- und Schlangensternen liegt der Mund in der Mitte der dem Untergrund zugekehrten Körperseite und der After gegenüber in der Mitte der Oberseite. Die heteropole Körperhauptachse verläuft vertikal, und alle gleichartigen Organe, im Inneren wie im Äußeren, sind gesetzmäßig um sie herum angeordnet: die Tiere sind *radiärsymmetrisch,* häufig fünfstrahlig, wie etwa der Gemeine Seestern *(Asterias rubens),* nicht selten aber auch vielstrahlig – eine Reihe von Seesternen hat 7, 8, 13, 19, 25 und 44 Arme. Die *Seewalzen* und einige irreguläre *Seeigel* dagegen scheinen die einzigen zu sein, deren Zuordnung zu den Bilateria gerechtfertigt ist: sie sind *bilateralsymmetrisch.* Ihr Mund ist an ein Körperende gerückt, und eine der Körperseiten ist zur Unterseite geworden. Seewalzen oder Seegurken kriechen mit dem Mundbereich voraus; einen Kopf aber gibt es bei ihnen auch nicht.

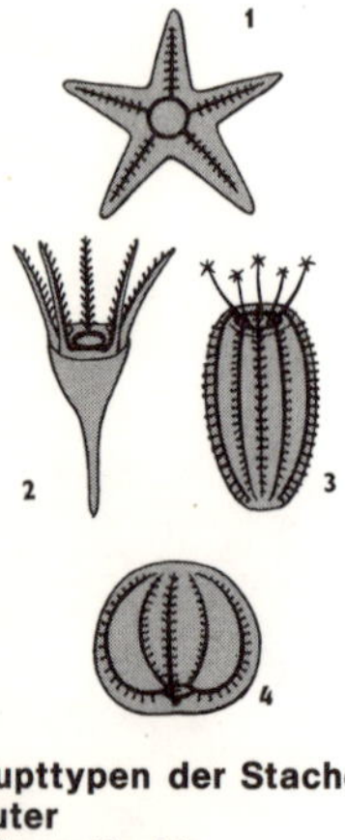

Haupttypen der Stachelhäuter
(schematisch)
1 Seestern, **2** Haarstern, **3** Seewalze, **4** Seeigel

Nicht minder eigentümlich ist auch die innere Organisation der Stachelhäuter. Das beginnt bereits mit dem Integument. Als Außenhaut überzieht eine einschichtige zelluläre Epidermis die gesamte Oberfläche einschließlich aller Fortsätze und

Anhänge *(Stacheln, Greifzangen, Tentakel)*. Ihr unterlagert ist eine vergleichsweise dicke Bindegewebsschicht, in der mehrstrahlige Kalkkörperchen aufgebaut und zu größeren, meist plattenartigen Bausteinen vereinigt werden. Diese Platten, die in ihrer Anordnung der radiären Symmetrie folgen, stellen ein Maschenwerk aus Bälkchen dar, dessen Hohlräume von Bindegewebszellen erfüllt sind. Bei den Seeigeln und Haarsternen verwachsen die einzelnen Platten lückenlos zu einem Binnenpanzer, bei den See- und Schlangensternen und den Armgliedern der Haarsterne grenzen sie beweglich aneinander, während bei den Seewalzen die mikroskopisch kleinen *Sklerite*, gleichmäßig verteilt, das lederartige Unterhautbindegewebe stützen. Ein solches Innenskelett ähnlicher, wenn auch anderer Art bauen die Wirbeltiere in Form ihres für sie so typischen Knochengerüstes auf.

Das Integument umschließt eine geräumige Leibeshöhle, ein Coelom, das vom Verdauungstrakt durchquert wird. Dieser ist lang und röhrenförmig (Haarsterne, Seeigel, Seewalzen) oder kurz und sackförmig (Schlangensterne) mit gegebenenfalls paarigen Blindsäcken in den Armen (Seesterne). Die Mundöffnung kann von einem aus dem Skelett stammenden Kieferapparat (Seeigel, Seesterne, Schlangensterne) oder von Tentakeln (Seewalzen) umgeben sein. Ein Oesophagus, der verschiedentlich auch als muskulöser Pharynx ausgebildet ist, verbindet den Mund mit dem Magen. Bei den Schlangensternen und einigen Seesternen, denen ein Enddarm und ein After fehlt, müssen sämtliche unverdaulichen Reste durch den Mund ausgeschieden werden. Bei anderen Seesternen und den Seeigeln ist ein After vorhanden und liegt auf der Oberseite; bei den im typischen Fall mit der Unterseite festgewachsenen Haarsternen sind beide, Mund und After, auf der Oberseite vereinigt, und bei den Seewalzen sind sie an die entgegengesetzten Körperenden gerückt. Bei den unregelmäßigen Seeigeln wird der After an den Rand der Mundseite oder gar ganz auf sie verlagert, wodurch die Tiere sekundär bilateralsymmetrisch werden.

Die Atmung erfolgt im wesentlichen über die Haut, doch sind zusätzliche Atmungsorgane als ausstülpbare Säcke der Rückenhaut, sog. *Papulae* (Seesterne), als *Kiemenbüschel* (Seeigel) oder *Kiementaschen* (Schlangensterne) des Mundfeldes oder als *Wasserlungen* (Seewalzen) (vgl. S. 51) tätig. Exkretionsorgane sind nicht ausgebildet. Feste Exkretstoffe werden von Speicherzellen *(Coelomocyten)* phagocytiert und über die Haut, die Kiemen oder Wasserlungen aus dem Körper herausgeschafft. Ein echtes Blutgefäßsystem mit eigenen Wänden und ein Herz fehlen ebenfalls. Die Blutflüssigkeit strömt in einem System von Spalträumen *(Lakunen)* zwischen den Organen und Geweben. Ent-

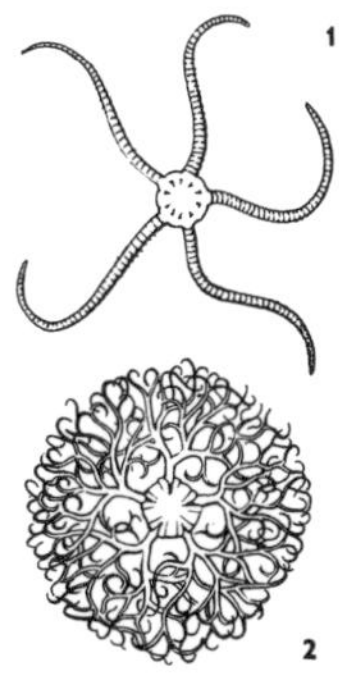

Schlangensterne

1 Großer Schlangenstern, **2** Medusenstern

Sonnenstern

Die Fortpflanzungsbiologie der Stachelhäuter ist noch verhältnismäßig wenig bekannt, obwohl Ei- und Samenzellen seit langem genau untersucht sind und gerade an ihnen Einsichten in allgemeinbiologische Gesetzmäßigkeiten gewonnen wurden, wie die Entdeckung der Befruchtung *(O. Hertwig,* 1875), die Auslösung der künstlichen Parthenogenese mit Hilfe von säure- oder salzhaltigen Lösungen *(J. Loeb; Y. Delage,* 1910) und als Ergebnis von Schnürungsexperimenten die Erkenntnis, daß nicht nur die ganze befruchtete Eizelle, sondern auch jede aus ihr durch Teilung hervorgegangene Furchungszelle sich zu einer vollständigen Seeigellarve entwickeln kann *(H. Driesch,* 1893).

Evolutionistisch betrachtet, hat ein solch spezifisch angepaßtes Organsystem, wie das *Ambulacralgefäßsystem,* auch Nachteile: es beschränkt die Stachelhäuter auf das Meer. Durch ihr zartes Integument und die über die Oberfläche herausragenden Ambulacralfüßchen würden die Stachelhäuter an Land sofort austrocknen, und die Ausgewogenheit des Salzgehalts der Flüssigkeit im Ambulacralgefäßsystem mit dem des Meerwassers läßt offenbar nur einen so geringen Spielraum der Anpassung zu, daß es nur ganz wenigen Arten gelungen ist, ins Brackwasser, aber nicht darüber hinaus ins Süßwasser einzuwandern.

lang der größeren Lakunen sind die angrenzenden Gewebe verstärkt und mit Muskelfasern versehen, deren Kontraktion die Blutflüssigkeit, in der Amoebocyten schwimmen, vorwärtstreibt.

Alle übrigen Organe und Systeme sind radiärsymmetrisch gebaut. Das gilt für das überraschend primitive, epitheliale Nervensystem, das offenbar nur geringfügig höher organisiert ist als das der Hohltiere, insofern kein Gehirn vorhanden ist (folglich ja ein Kopf fehlt!) und auch Sinnesorgane nur gering entwickelt sind. Das gilt ferner für die Geschlechtsorgane der meist getrenntgeschlechtlichen Tiere. Auch sie sind sehr einfach gebaut, meist sackförmig, ohne Anhangsdrüsen und Hilfsapparate. Eier und Samenzellen werden in der Regel ins Wasser abgegeben.

Besonders deutlich aber tritt die fünfstrahlige Radiärsymmetrie an einem Organsystem auf, für das es bei keinem anderen Tierstamm eine analoge Einrichtung gibt. Dieses *Wasser-* oder *Ambulacralgefäßsystem* entwickelt sich aus einem Abschnitt des embryonalen Coeloms und stellt eine Verbindung zwischen dem Körperinnern und dem Wasser des Lebensraums der Stachelhäuter her. Von einem Ringgefäß, das den Vorderdarm umgreift, ziehen 5 Radiärkanäle in die Arme oder unter die radialen Felder des Panzers. Von den Radiärkanälen zweigen jeweils zu Paaren zahlreiche kurze Seitenkanälchen ab, an denen die Füßchenkanäle sitzen. Jeder Füßchenkanal erweitert sich proximal zu einer muskulösen Ampulle und geht distal in ein ebenfalls muskulöses Ambulacralfüßchen über. Diese Ambulacralfüßchen ragen über die Körperoberfläche hinaus und tragen an ihrem Ende einen Saugnapf. Über den Steinkanal – so benannt, weil seine Wände durch Kalkeinlagerungen versteift sind – und eine ihn nach außen abdeckende Sieb- oder Madreporenplatte kann das Wasser in das Ambulacralgefäßsystem ein- wie austreten. Durch die Pumpwirkung der Ampulle und die Saugwirkung des Saugnapfes dienen die Ambulacralfüßchen als hydraulische Organe der Fortbewegung. Doch sollte man erwarten, daß ein Flüssigkeitssystem, das das Innere eines Tieres direkt mit dem Wasser des Lebensraums verbindet, sich noch für weitere Aufgaben eignet. So spielt das Ambulacralgefäßsystem vermutlich auch eine Rolle bei der Ernährung, Exkretion und Atmung.

Ungewöhnlich sind die Stachelhäuter aber nicht nur hinsichtlich ihrer äußeren und inneren Gestalt, sondern auch dadurch, daß sie von keinem anderen ursprünglicheren Tierstamm abgeleitet werden können. Sie sind uralt und haben vermutlich die wesentlichen Kapitel ihrer phylogenetischen Entwicklung in erdgeschichtlichen Perioden hinter sich gebracht, aus denen

e marinen Stachelhäuter
:hinodermata) sind im er-
ıchsenen Zustand überwie-
nd fünfstrahlig-symme-
sch. Ein unter der Haut ge-
enes, vom Mesenchym aus-
schiedenes Innenskelett aus
lk stützt den stern-, kugel-
er walzenförmigen Körper.
e Organe liegen in einer
oßen, vom Coelom gebil-
ten Leibeshöhle. Ein eben-
ls vom Coelom geformtes,
mpliziertes Kanalsystem,
s Wassergefäßsystem, dient
r allem der Fortbewegung.
sondere Exkretionsorgane
d ein an die Blutbahnen
geschlossenes Herz fehlen.
nnesorgane sind nur
hwach entwickelt.

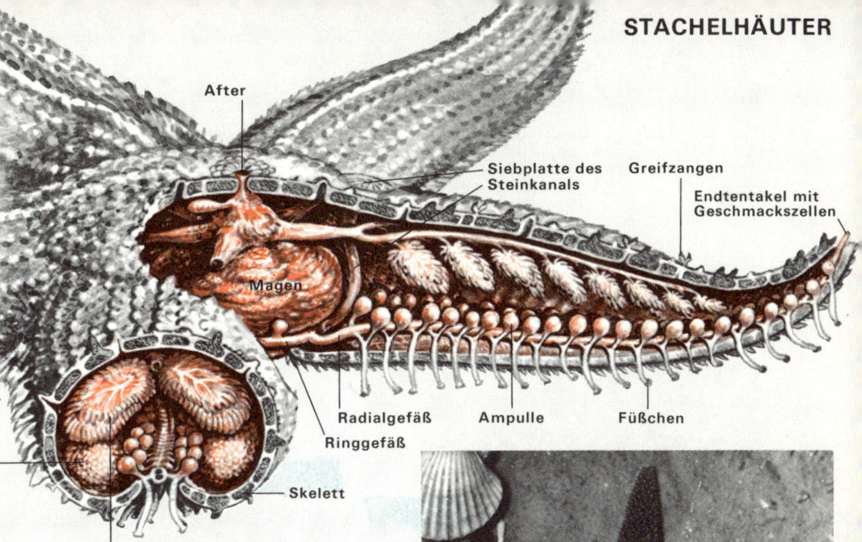

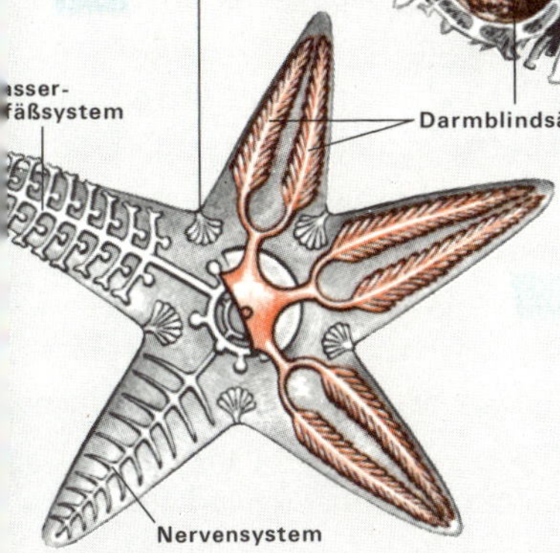

Seestern

Abb. oben: ein teilweise aufpräparierter *Seestern;* Abb. links: Organisationsschema eines Seesterns. In einzelnen Armen sind verschiedene Organe dargestellt, wobei die anderen Organe jeweils weggelassen wurden. Seesterne haben nur kleine Stacheln und Zangen. Der sackförmige Magen kann ausgestülpt werden und die Beute außerhalb des Körpers verdauen.

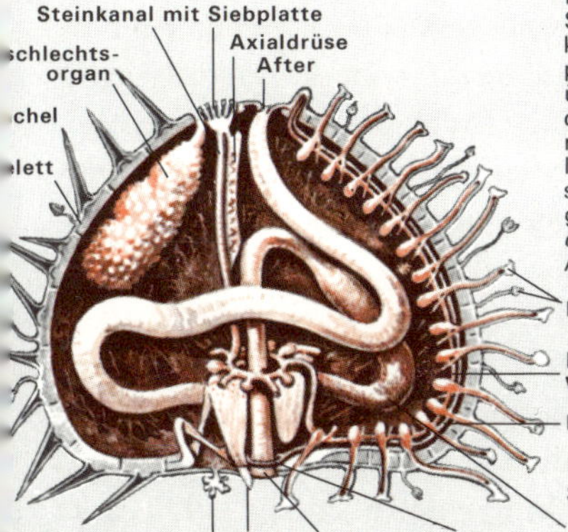

Bei den *Seeigeln* bildet das Skelett eine starre, annähernd kugelige Schale. Die Füßchenpaare des Wassergefäßsystems überziehen in fünf Halbmeridianen den Körper und überragen gewöhnlich die beweglichen Stacheln und die zwischen diesen liegenden, langgestielten Greifzangen *(Pedicellarien)*. Abb. links zeigt die Anordnung der Organe.

Seeigel

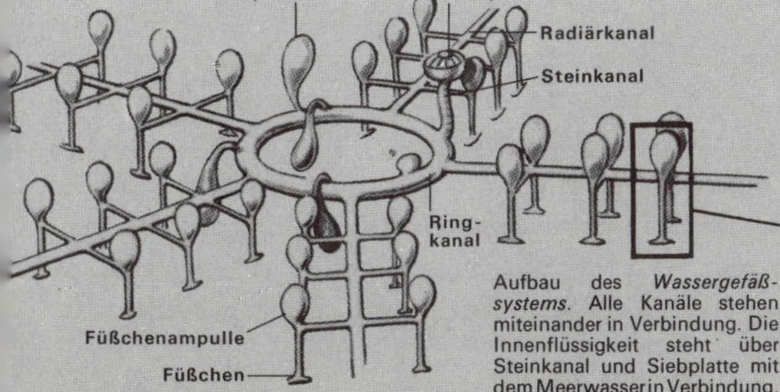

Aufbau des *Wassergefäßsystems.* Alle Kanäle stehen miteinander in Verbindung. Die Innenflüssigkeit steht über Steinkanal und Siebplatte mit dem Meerwasser in Verbindung.

Arbeitsweise der *Ampullenfüßchen.* Bei Kontraktion der Ampullenmuskulatur wird die Flüssigkeit in das Füßchen verdrängt und streckt dieses. Ziehen sich die Füßchenmuskeln zusammen, schwillt die Ampulle wieder an. Über ein Rückschlagventil kann das Flüssigkeitsvolumen reguliert werden.

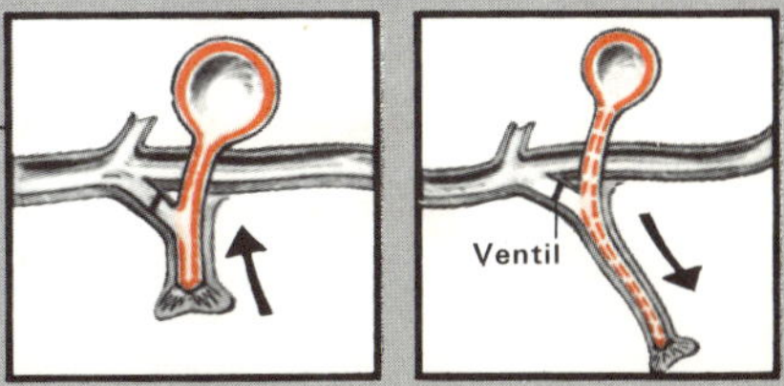

US/HERDER
:24

keine Fossilien überliefert sind. Die zahlreichen paläozoischen Funde dokumentieren lediglich den stammesgeschichtlich fertigen Echinodermentyp. Das gilt zwar, wie wir gesehen haben (vgl. S. 104), im Prinzip auch für andere Stämme. Während es jedoch bei ihnen, meist sogar mit einiger Sicherheit, gelingt, ihre Vorgeschichte zu rekonstruieren, fehlen uns bei den Echinodermen die entscheidenden Daten. Immerhin können einige Anhaltspunkte ihre Phylogenie wenn schon nicht klären, so doch erhellen.

Die ältesten, heute nur noch mit etwas mehr als 600 Arten überwiegend in Indopazifik und Karibik lebenden Stachelhäuter sind die Haarsterne *(Crinoidea)*. Zu ihnen gehören die *Pentacrinida*, die Seelilien, gestielte Formen, die als Stillwassertiere in ihrer Blütezeit am Grunde der paläozoischen Meere und heute in der Tiefsee, meist erst ab 1000 m, im Extrem in 8300 m Tiefe ein seßhaftes Leben führten und führen und sich wie alle sessilen Formen von Plankton und Detritus ernähren. Die anderen Haarsterne, die *Comatulida*, sind frei beweglich, durchlaufen aber eine Entwicklungsphase, in der sie sessil und gestielt sind (Pentacrinus-Stadium). Und da bei einigen Formen der übrigen Echinodermen (z. B. beim Seestern) das Larvenstadium während der Metamorphose sich noch vorübergehend am Untergrund festheftet, darf man annehmen, daß die Stachelhäuter von ursprünglich sessilen Vorfahren abstammen. Für eine voll seßhafte Lebensweise aber ist, wie wir bei den Hohltieren erfahren haben, ein radiärsymmetrisch gebauter Körper einem bilateralsymmetrischen überlegen. So liegt die Vermutung nahe, daß die Stachelhäuter aus bilateralsymmetrischen Formen entstanden sind, die sich festsetzten und radiärsymmetrisch wurden. Genau dies wird durch die Entwicklungsgeschichte bestätigt.

Die bei den verschiedenen Klassen unterschiedlichen Larven lassen sich von einer gemeinsamen, bilateralsymmetrischen *Dipleurula-Larve* ableiten. Darüber hinaus sind bei ihr noch deutlich die durch Abfaltung vom Urdarm *(Enterocoelbildung)* mit anschließender Unterteilung entstandenen Coelomsäcke *Axo-*, *Hydro-* und *Somatocoel* zu erkennen. Damit weisen die deuterostomen Stachelhäuter unmittelbare Beziehungen zu den ebenfalls trimeren Hemichordaten auf (vgl. S. 132). Bei der Verwandlung der bilateralsymmetrischen Larve in den radiärsymmetrischen Adultus werden der Darm samt Mund und After sowie die Coelomabschnitte hinsichtlich Lage und Struktur stark verändert. Die beiden Somatocoele bilden die eigentliche Leibeshöhle. Das rechte Hydrocoel wird reduziert, aus dem linken entsteht das Ambulacralgefäßsystem. Das Axocoel liefert Axialorgan samt Steinkanal und Madreporenplatte.

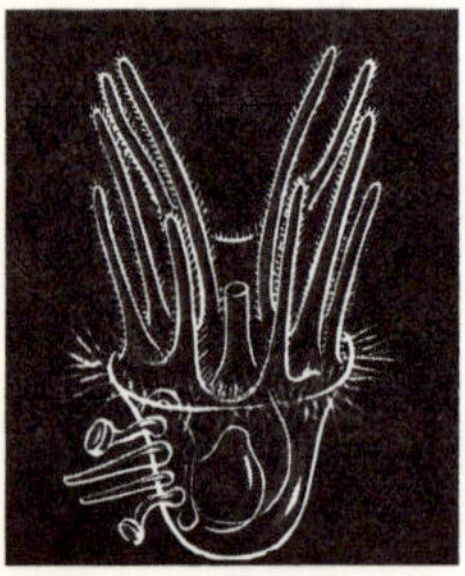

Der *Dipleurula-Larve* am nächsten steht die *Auricularia* der Seewalzen. Die typische Larve der Seesterne wird *Bipinnaria*, die der Schlangensterne und Seeigel *Pluteus* (Abb.) genannt.

So können die wenigen paläontologischen und ontogenetischen Befunde zwar nicht die Abstammungsgeschichte der Stachelhäuter aufklären, immerhin aber erlauben sie, den außergewöhnlichen Bauplan zu verstehen.

Chordatiere

Lamarck hatte geglaubt, das Tierreich in zwei Gruppen einteilen zu können, in Tiere ohne und in solche mit Rückgrat. Die ersten nannte er Wirbellose *(Invertebrata)*, die zweiten Wirbeltiere *(Vertebrata)*. Während die Wirbeltiere sich vor allem aufgrund ihrer aus einzelnen Wirbeln bestehenden Wirbelsäule als einheitliche Gruppe erwiesen, wurde im Laufe der Zeit klar, daß es letztlich kein Kriterium gibt, alle Stämme von den Urtieren bis zu den Stachelhäutern unter dem Begriff der Wirbellosen zu vereinen, es sei denn, man wolle lediglich zum Ausdruck bringen, daß sie nicht zu den Wirbeltieren gehören. Daß sich eine solche, der Stammesgeschichte wenig gerecht werdende Aufteilung des Tierreichs bis in unsere Tage erhalten hat, ist vermutlich darauf zurückzuführen, daß die als Wirbellose zusammengefaßten Gruppen, durchaus deutlich, phylogenetische Beziehungen untereinander erkennen lassen, während die Kluft zwischen ihnen und den Wirbeltieren als unüberbrückbar galt. Dieser Gegensatz zwischen Wirbellosen und Wirbeltieren schien in der unterschiedlichen Lage von *Nervensystem* (ventral bei Wirbellosen, dorsal bei Wirbeltieren, vgl. Abb. S. 133) und Haupt-*Blutgefäßsystem* (dorsal bei Wirbellosen, ventral bei Wirbeltieren, vgl. Abb. S. 133) sowie in der bei den Wirbeltieren ganz anderen Gestaltung eines als Stütze und Widerlager des Fortbewegungsapparats dienenden Skeletts, der *Wirbelsäule*, begründet. Doch hat die Wirbelsäule keimesgeschichtlich einen Vorläufer in einem über dem Darm gelegenen und aus ihm hervorgegangenen elastischen Achsenstab, einer *Chorda dorsalis*, die bei jedem Wirbeltier embryonal aufs neue angelegt und im Laufe der weiteren Entwicklung durch die Wirbelsäule „ersetzt" wird.

Erst viel später erkannte man, daß eine solche Chorda, wenn auch zum Teil nur in bestimmten Entwicklungsphasen, bei den Manteltieren *(Tunicata)* und dem Lanzettfischchen *(Branchiostoma lanceolatum)* vorkommt. Bis dahin hatte man die Manteltiere für Muscheln gehalten, das Lanzettfischchen zunächst für eine Nacktschnecke und dann so lange für einen Fisch, bis man sich schließlich seiner vollen Eigenständigkeit bewußt wurde und für Branchiostoma und die ihm nahe verwandte Gattung *Asymmetron* eine eigene Gruppe, die der Schädellosen *(Acrania)*, errichtete. In Form des *Kiemendarms* und des röhren-

Die Wissenschaft setzt an die Hebel
Beim Urschleim und beim Urweltnebel
Und zählt vom Nichts zum Leoparden
Ganz rücksichtslos mit Jahrmilliarden.
Noch war die sämtliche Natur
In jenen Zeiten nichts als Ur-:
Der Urhai schwamm, noch ziemlich dumm,
Im Ur-Meer urfidel herum,
Dann machte er, zuerst als Lurch,
Verschiedne Änderungen durch,
Teils selbst erzeugt, teils als Erzeuger –
Und endlich war er Ur-Stamm-Säuger.
Als Wirbeltier hineingestellt
Nun in den Wirbel dieser Welt,
Hatt er – und wär's auch nur als Eule –
Zum Glück die feste Wirbelsäule.
Wie durch die Sintflut er gesintert,
Wie in der Eiszeit überwintert,
Ist noch nicht bis ins kleinste klar,
Doch daß er schon ein Affe war,
Eh er zum Menschen aufgedämmert,
Wird uns vom Fachmann eingehämmert.
Vielleicht ist's wahr, vielleicht gefabelt:
Ein Ur-Viech, heißt's, hat sich gegabelt,
Und blieb zurück als Affe teils,
Schritt teils als Mensch den Weg des Heils.
Denkt man sich eine Weltzeituhr,
So lebt der homo sapiens nur
Von vierundzwanzig vollen Stunden
Auf dieser Erde fünf Sekunden!

Eugen Roth

förmigen Zentralnervensystems, des *Neuralrohrs,* sind noch zwei weitere Baueigentümlichkeiten vorhanden, die zusammen mit der Chorda *Schlüsselmerkmale* darstellen, weil sie die Entstehung und Entfaltung der Wirbeltiere ermöglichten. *Manteltiere, Schädellose* und *Wirbeltiere* gehören demnach zum gleichen Organisationstyp: sie bilden den Stamm der *Chordatiere (Chordata).*

Dann stellte man fest, daß auch die Eichelwürmer *(Enteropneusta)* und die Flügelkiemer *(Pterobranchia)* in Form ihres sog. *Stomochords* bereits ein Stützorgan besitzen, das in seinem Feinbau an die Chorda der Fische erinnert, daß auch sie einen Kiemendarm und ein Neuralrohr ausbilden und dadurch den Chordaten gleichen. Man hat sie deshalb als *Hemichordata* zusammengefaßt. Schließlich fand man, daß verschiedene Stachelhäuter physiologisch den Wirbeltieren nahestehen, in ihren Larven aber den Eichelwürmern und Seescheiden unter den Manteltieren ähneln.

So scheint es zumindest Ansätze zu geben, die früher für unüberbrückbar gehaltene Lücke zwischen Wirbellosen und Wirbeltieren zu schließen.

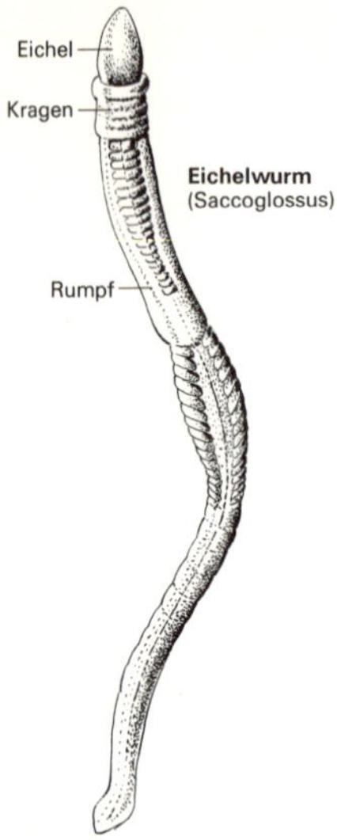

Die *Hemichordaten* sind *Archicoelomaten.* Zu ihnen gehören die Eichelwürmer *(Enteropneusta),* Flügelkiemer *(Pterobranchia)* und die *Graptolitha.* Die Eichelwürmer, deren drei Körperabschnitte Eichel, Kragen und Rumpf Proto-, Meso- und Metacoel entsprechen, leben als Kleintierfresser im Sediment des Meeresbodens. Die nur 20 Arten umfassenden Flügelkiemer sind koloniebildende Strudler, die ihre Nahrung mit einem bewimperten Tentakelapparat herbeiholen. Die paläozoischen Graptolithen werden zu den Hemichordaten gerechnet, weil sie in Wohnröhren lebten, die denen der Flügelkiemer ähneln.

Manteltiere

Die *Manteltiere (Tunicata)* sind ausschließlich Meeresbewohner und umfassen die larval freibeweglichen, adult jedoch seßhaften Seescheiden *(Ascidiacea),* die wohl sekundär wieder freischwimmenden Salpen *(Thaliacea)* und die zeitlebens pelagischen Appendicularien *(Copelata).*

Ihren Namen verdanken die Tunicaten den *Seescheiden,* die von einer mächtigen Cuticula aus einem celluloseähnlichen Stoff *(Tunicin)* umhüllt sind. Dieser *Mantel* dient als Schutz wie als Widerlager für die unter der Epidermis liegenden Quer- und Längsmuskeln. Die sessilen Seescheiden, die ihre Nahrung strudelnd und filtrierend erwerben, bieten ein hervorragendes Beispiel, wie durch die „gewählte" Lebensform der Bauplan beim Adulttier soweit verfremdet sein kann, daß ihm die gerade für ihn wesentlichen Organisationsmerkmale fehlen. Nur in dem der Fortbewegung dienenden Schwanzabschnitt der kaulquappenförmigen Larve *(Ruderschwanzlarve)* findet sich eine *Chorda* und darüber das sich bis an das Vorderende des Rumpfes erstreckende Neuralrohr. Beim Festsetzen der Larve wird die Chorda vollständig abgebaut und das Neuralrohr bis auf ein *Gehirnganglion* und wenige zusätzliche Nervenknoten reduziert. Wie häufig bei sessilen Tieren, wird der Darmtrakt U-förmig. Ein- und Ausstromöffnung liegen nahe beieinander und münden durch schornsteinartige Siphonen nach außen. Der

den Chordatieren (Chordata) gehören neben den am höchsten wickelten Organismen, wie den Säugetieren (einschließlich dem nschen), recht einfach organisierte Formen, wie Manteltiere und ädellose. Alle sind gekennzeichnet durch einen elastischen isenstab oberhalb des Darmes, die Chorda dorsalis, einen darüber- enden röhrenförmigen Nervenstrang, das Neuralrohr, einen in der el geschlossenen Blutkreislauf (Ausnahme Manteltiere) mit tralem Herzen und einen von Kiemenspalten durchbrochenen derdarm. Kiemenspalten und Chorda sind bei Wirbeltieren oft embryonal angelegt.

rdatiere bzw. Wirbeltiere (z. B. Molch) und *Nichtchordatiere* bzw. Wirbel- (z. B. Insekt) unterscheiden sich wesentlich durch die Lage des Nerven- ems und des Herzens (Abb. rechts). Chordatiere haben stets ein Rücken- k und ein ventrales Herz, während sonst ein Bauchmark und ein dorsales z üblich ist.

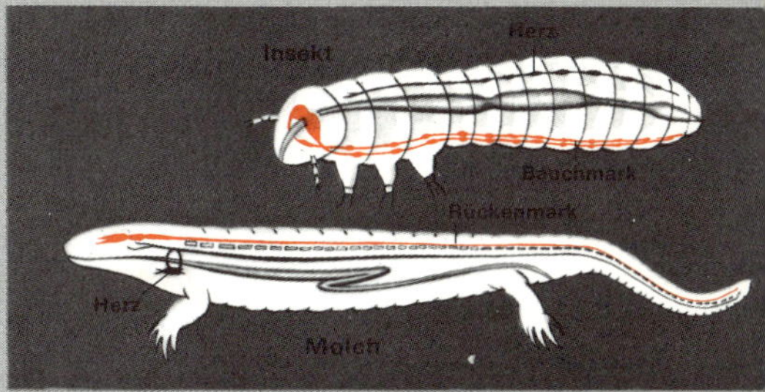

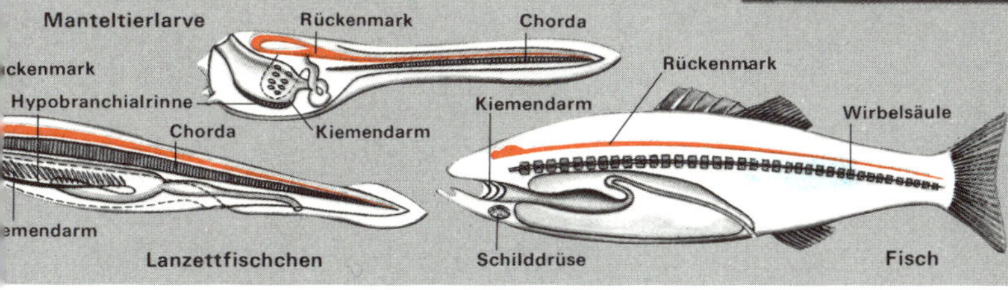

Abb. links zeigt die weitgehende Übereinstimmung der Grundorganisation bei verschiedenen Chordatieren. Neben Rückenmark, Chorda und Kiemendarm sind auch die Hypobranchialrinne, ein drüsiges Gewebe unten im Kiemendarm, und die Schilddrüse der Wirbeltiere vergleichbar.

unsegmentierte Körper der ausschließlich marinen **Manteltiere** *(Tuni-*) ist zumindest im Larvenstadium in Kopf und Schwanz unterteilt (Abb.). Die Chorda und der größte Teil des Neuralrohrs befinden sich im wanz und werden mit diesem bei der Umwandlung zu erwachsenen en oder zu festsitzenden Seescheiden zurückgebildet. Der Kiemendarm neist sehr groß. Das Blutgefäßsystem ist offen. Das Nervensystem be- änkt sich gewöhnlich auf ein dorsales Ganglion.

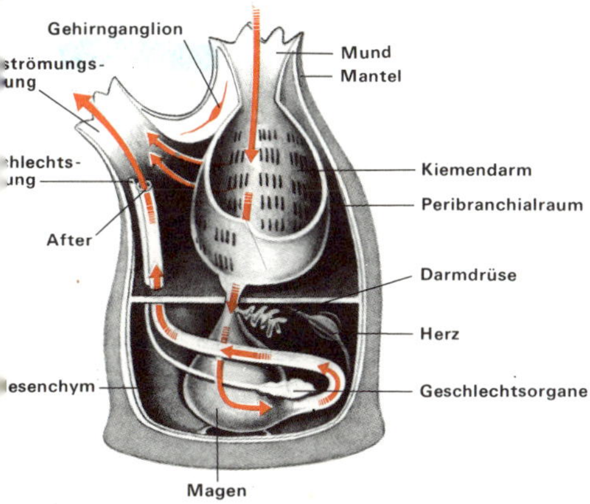

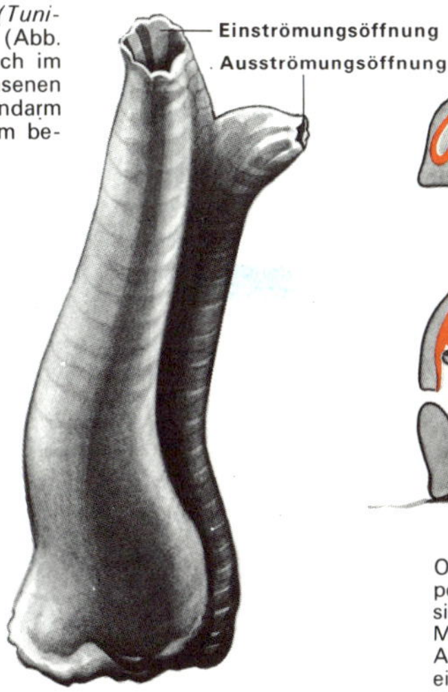

Seescheide (Ascidia)

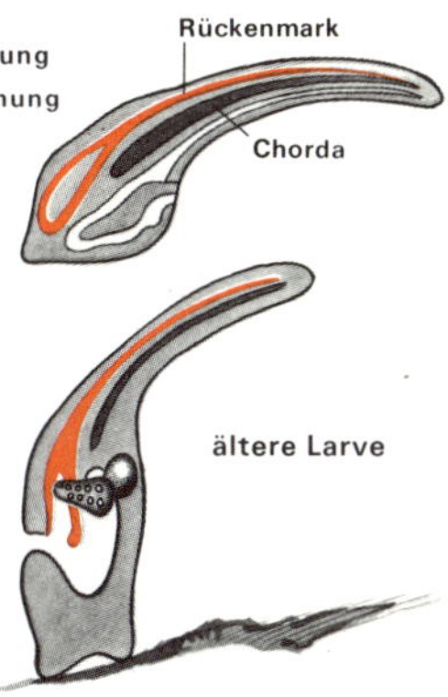

Organisationsschema und Körperform (Abb. links) eines festsitzenden, geschlechtsreifen Manteltieres, einer *Seescheide*. Abb. oben zeigt den Übergang einer freischwimmenden Larve zur festsitzenden, erwachsenen Form.

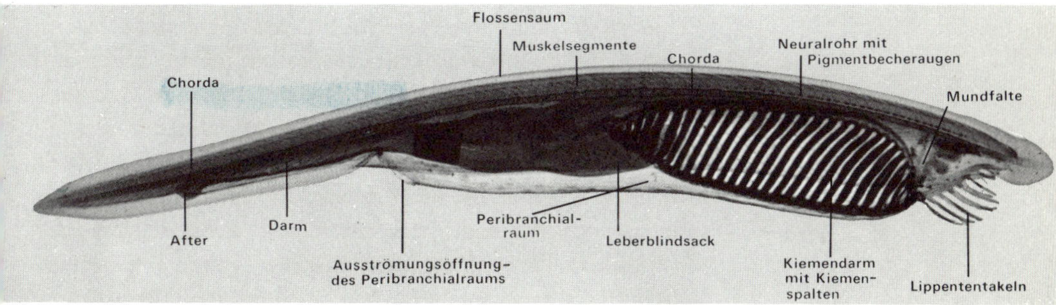

leine Gruppe der **Schädellosen** *(Acrania)* entspricht in ihrer ursprüng- , einfachen Organisation weitgehend dem Grundtypus der Chordatiere. übersichtlich ist der Bauplan beim *Lanzettfischchen, Branchiostoma olatum* (Abb. oben: Photo eines jungen Tieres, rechts: schematischer schnitt in der Kiemenregion). Chorda und Neuralrohr erstrecken sich durch das ganze Tier. Der Kiemendarm ist vom Peribranchialraum um- n. Das Blut des einfachen geschlossenen Blutkreislaufs wird von einem aktilen Arterienabschnitt unter dem Kiemendarm und vom kleinen enherzen angetrieben. Coelomräume sind vorhanden. Die Muskulatur eutlich segmentiert. Gliedmaßen sind nicht ausgebildet, doch umzieht ur in der vorderen Bauchregion paariger Flossensaum das Lanzett- chen.

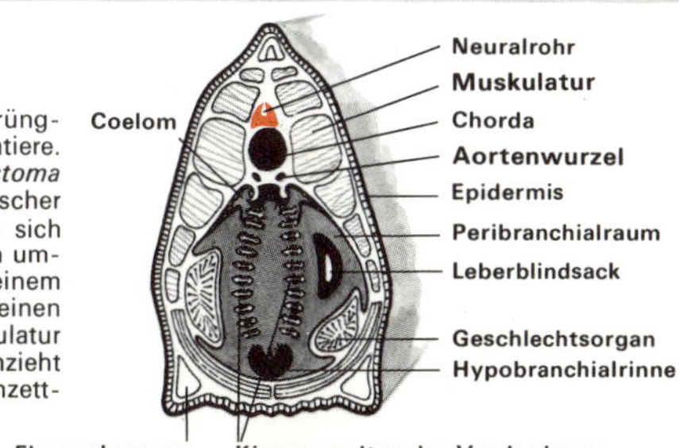

Als *Kiemendarm* wird der vorderste Darmabschnitt angelegt, indem er primär von *Kiemenspalten* durchbrochen wird. Bei allen Wassertieren dient er ursprünglich als Filterapparat zum Abfangen der mit dem Mund aufgenommenen Nahrung. Erst bei den Fischen tritt die Atemfunktion in den Vordergrund. Bei den Landtieren und beim Menschen ist er reduziert, doch werden noch Kiemenspalten embryonal angelegt. Das *Neuralrohr* entsteht durch dorsomediane Einsenkung des Ektoderms und anschließende Abfaltung. Aus ihm geht bei den Wirbeltieren das Rückenmark und das Gehirn hervor.

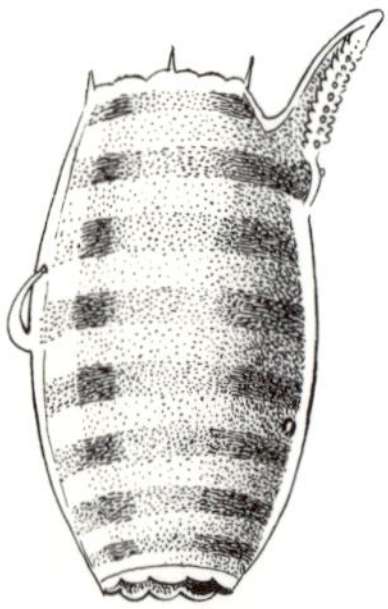

Salpe *(Doliolum)*

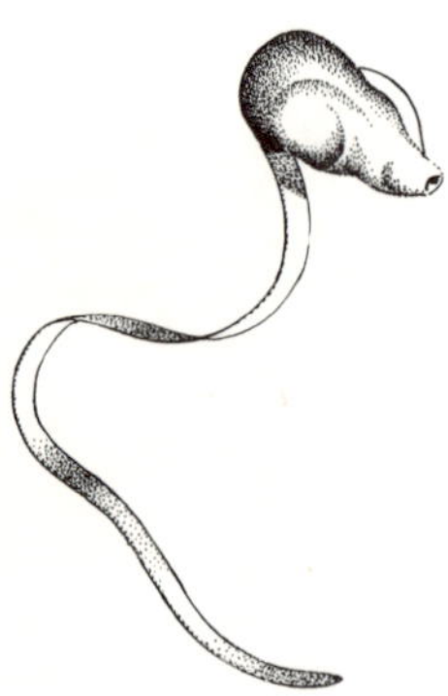

Zu den Appendicularien gehören u.a. die ca. 15 Arten der kosmopolitischen Gattung *Oikopleura* (Abb.).

vorderste Teil des Darms, der *Kiemendarm,* wächst zu einem geräumigen Sack heran, der die Gestalt des Körpers voll bestimmt. Er dient dem Nahrungserwerb wie der Atmung. Für die Nahrungsaufnahme ist er, wie auch bei den Salpen und Appendicularien, mit einer schleimabsondernden *Hypobranchialrinne (Endostyl)* ausgerüstet. Der Schleim kleidet die Wand des Kiemendarms aus und dient so als Filter für die Nahrungsteilchen. Die Seescheiden sind Zwitter, pflanzen sich aber auch ungeschlechtlich durch Knospung fort und bilden dann besonders organisierte Kolonien *(Synascidien),* was infolge ihrer sessilen Lebensweise nicht überrascht.

Die *Salpen* sind reine Planktontiere der wärmeren Meere. Ihr Körper ist tonnenförmig und von mehr oder weniger kräftigen Muskelbändern faßreifenartig umschlossen. Auch bei ihnen sind Chorda und Neuralrohr in typischer Ausbildung auf die Ruderschwanzlarve beschränkt. Kennzeichnend für die Salpen ist der *Generationswechsel* (vgl. S. 75): eine solitäre Generation bringt durch Knospung eine geschlechtliche, ständig oder vorübergehend soziale Generation hervor.

Die kleinen, in Rumpf und Schwanz gegliederten *Appendicularien* gleichen in ihrem Bauplan so sehr den Larven von Seescheiden und Salpen, daß die Annahme naheliegt, es handle sich um abgeleitete Formen, die durch *Neotenie,* d. h. ein Geschlechtsreifwerden auf dem Larvenstadium, entstanden sind. Die Chorda als Stützelement und Widerlager der Schwanzmuskulatur bleibt ebenso wie auch das Neuralrohr zeitlebens erhalten.

Schädellose

Einen Mischtypus, der neben Chordatenmerkmalen bereits Elemente der Vertebratenorganisation aufweist, infolge eigenständiger Bildungen aber kaum als direkter Wirbeltiervorfahre gelten kann, stellen die *Schädellosen (Acrania)* dar. Eingegraben im Sand flacher Küstengewässer und durch kurzzeitiges Schwimm-Schlängeln zu einem Standortwechsel fähig, leben sie als Strudler, die ihre Nahrung mit Hilfe von Wimperapparaten und Schleimfiltern erwerben. Wie bei den Manteltieren ist als Filtrierapparat ein mächtiger *Kiemendarm* entwikkelt, dessen Kiemenspalten sich in einen *Peribranchialraum* öffnen, der bei Manteltieren und Schädellosen unterschiedlicher Herkunft ist. Wie bei den Tunicaten ist eine *Hypobranchialrinne (Endostyl)* für die Schleimabsonderung und den Nahrungstransport verantwortlich. Der Hypobranchialrinne homolog ist die Schilddrüse, während es für den Peribranchialraum kein homologes Organ bei den Wirbeltieren gibt. Die Chorda der

Schädellosen erstreckt sich bis ans Vorderende des Körpers und bleibt zeitlebens erhalten. Über ihr liegt das Neuralrohr. Ein Gehirn wird noch nicht ausgebildet und folglich auch kein Schädel (Name: Schädellose !).
Ein wesentliches Merkmal der Acrania ist ihre innere Segmentierung *(Metamerie)*, die auf ein durch Enterocoelbildung entstandenes segmentales Coelom zurückgeht und beim adulten Tier besonders an der metameren Anordnung der in einzelne Pakete *(Myomere)* unterteilten Seitenrumpfmuskulatur zu erkennen ist. Das geschlossene Blutgefäßsystem zeigt bereits das Grundschema des Wirbeltierkreislaufs, auch wenn ihm das für die Wirbeltiere typische Zentralherz noch fehlt und das Blut durch kontraktile Anschwellungen *(Lateralherzen*, vgl. S. 114) angetrieben wird. Als Spezialsysteme der Schädellosen sind neben dem Peribranchialraum und den *segmentalen Gonaden* ohne Ausfuhrgänge – Eier und Spermien der getrenntgeschlechtlichen Tiere werden in den Peribranchialraum abgegeben – vor allem noch die höchst eigenartigen Exkretionsorgane zu nennen. Stammesgeschichtlich deutet man sie als Folge der großen Ausbreitung des Kiemendarms und der dadurch bedingten Aufgliederung des Coeloms, die eine segmentale Ausbildung von Metanephridien nicht erlaubt. Sie bestehen aus sog. *Cyrtopodocyten*, Zellen, deren Perikaryen sowohl plasmatische Ausläufer wie einen Reusenapparat tragen. Die plasmatischen Fortsätze benachbarter Cyrtopodocyten greifen wie die der Podocyten (vgl. S. 58) fingerförmig ineinander. Der Reusenzylinder wird von 10 dreikantigen Stäben gebildet, die eine Geißel umschließen, und ähnelt so den Reusengeißelzellen *(Cyrtocyten)* der Protonephridien.

Wirbeltiere

Die höchstentwickelten und formenreichsten Chordaten sind die *Wirbeltiere (Vertebrata)*. Ihr in Kopf, Rumpf und Schwanz unterteilter Körper wird von einer mehrschichtigen Haut umschlossen und erhält seine Gestalt durch ein knöchernes *oder*, wie bei den Haien, sekundär knorpeliges, immer jedoch gegliedertes *Achsenskelett*. Dieses entsteht dadurch, daß sich aus mesenchymatischen Anteilen des dritten Keimblatts einzelne Wirbel um die Chorda herum bilden. Von den Wirbelkörpern gehen obere Bögen aus und umgreifen in Rumpf und Schwanz das Neuralrohr *(Rückenmark)*. Die unteren Bögen dienen im Rumpf als Sockel für die Rippen, während sie im Schwanz als Hämalbögen die großen Blutgefäßstämme umfassen. In der rostralen und caudalen Körperregion ist das Achsenskelett zu je einem Extremitätengürtel erweitert. Am Schultergürtel ist das vordere, am Beckengürtel das hintere Gliedmaßenpaar verankert.

Im Gegensatz zu den Acraniern bildet das Skelett im Kopf einen Schädel *(Cranium)* aus, weshalb die Wirbeltiere auch als *Craniota* bezeichnet werden. Der dorsale Hirnschädel *(Neurocranium)* umschließt das fünfteilige Gehirn (vgl. S. 66) und die Sinnesorgane, wie Riechgrube, Augen, Schweresinnes- und Gehörorgan, und der ventrale Kieferschädel *(Viscerocranium)* den Kopfdarm. Die am Skelett ansetzende Stammuskulatur ist, wie bei den Schädellosen, deutlich segmentiert *(Myomerie)*, das auf den Rumpf beschränkte Coelom dagegen ein einheitlicher Raum. Der *Kopfdarm* mit Mundhöhle und Schlund (Kiemendarm) geht in den *Rumpfdarm* über, der sich seinerseits aus Vorderdarm (Speiseröhre und Magen), Mitteldarm (Dünndarm mit Leber samt Gallenblase und Bauchspeicheldrüse) und Enddarm (Dickdarm) zusammensetzt. Ein ventrales, mehrkammeriges *Herz* pumpt das stets rote Blutkörperchen führende Blut durch ein geschlossenes Gefäßsystem. Die Ausscheidungsorgane sind ursprünglich segmental angeordnete Metanephridien, die mit einem offenen Wimpertrichter in der Leibeshöhle beginnen und über einen paarigen Kanal in den Enddarm münden. Diese ursprünglichen Segmentalorgane werden bei den höheren Wirbeltieren noch embryonal angelegt, dann aber unter entsprechender Abwandlung zu einer paarigen *Niere* zusammengefaßt. Die Geschlechtsorgane liegen dorsal in der Wand der Leibeshöhle. Als Ausfuhrgänge werden Teile des ursprünglichen Nierenorgans genutzt, so daß Ausscheidungs- und Geschlechtsorgane ein zusammenhängendes Harn-Geschlechtssystem *(Urogenitalsystem)* darstellen.

Meerneunauge (oben) und Bachneunauge

Zu den Rundmäulern *(Cyclostomata)*, den einzigen rezenten Kieferlosen *(Agnatha)*, gehören die Neunaugen *(Petromyzontoidea)* und die Schleimfische oder Inger *(Myxinoidea)*. Bei den Neunaugen – so benannt, weil man früher die beiderseits 7 Kiemenöffnungen und das unpaare Nasenloch ebenfalls für Augen hielt – ist der mit Hornzähnen bewaffnete Mundtrichter als Saugnapf ausgebildet und trägt am Grund eine ebenfalls mit Hornzähnen versehene Raspelzunge. Entsprechend einer solchen Mundgestaltung leben die erwachsenen Tiere ektoparasitisch an Fischen, ihre Larven *(Ammocoetes)* dagegen, ähnlich wie *Branchiostoma*, als blinde Strudler im Sand. Bei den Ingern ist der Mund von Tentakeln umstellt, am Munddach findet sich ein Gaumenzahn, am Mundboden 2 Hornzähne. Sie ernähren sich von toten und sterbenden Fischen. Während die Neunaugen im Meer wie im Süßwasser vorkommen, sind die Inger rein marin.

An der Basis der Wirbeltiere stehen einige Gruppen, die man lange Zeit allgemein als Fische angesehen hat, bis man erkannte, daß diese ständigen Wasserbewohner lediglich ähnlichen Lebensformtyps sind, im Bauplan aber doch so beachtlich voneinander abweichen, daß man sie heute als eigene Klassen des Unterstamms Wirbeltiere innerhalb des Stamms Chordaten auffaßt. Die ältesten, aus dem Silur bekannten Wirbeltiere sind die fossilen *Ostracodermi*. Sie haben weder Kiefer noch paarige Gliedmaßen. Mit den ebenso organisierten Rundmäulern *(Cyclostomata)* stellt man sie als Kieferlose *(Agnatha)* allen übrigen Wirbeltieren gegenüber und bezeichnet diese zusammen als Kiefermäuler *(Gnathostomata)*. Die Kieferlosen waren Strudler, die ihre Nahrung in einem gut entwickelten Kiemendarm aus dem Wasser herausfilterten.

Ende des Silurs, vor allem aber im Devon, treten mit den *Placodermi* erstmals Formen auf, bei denen einer der vordersten Kiemenbögen zu Kiefern geworden ist, evolutiv ein Schritt von besonderer Tragweite, weil so eine neue Nahrungsnische erschlossen wird. Der Kiemendarm wird von seiner Filterfunktion befreit und steht nun vollständig der Atmung zur Verfügung; die Kiefer bilden Zähne aus, und als paarige Extremitäten entstehen Flossen: der Bauplan der echten Fische *(Pisces)* ist erreicht. Unter ihnen wurden bisher die Knorpelfische *(Chondrichthyes)* als ursprünglich angesehen. Sie sind – ihr Name sagt es – durch ein rein knorpeliges Innenskelett ausgezeichnet, das man als Primitivmerkmal deutete; heute weiß man jedoch zweifelsfrei, daß es sekundär erworben wurde. Der Ahne der Knorpelfische besaß ein echtes Knochenskelett. Folglich sind die Knochenfische *(Osteichthyes)* älter als die Knorpelfische und haben sich bereits im Paläozoikum in die Strahlenflosser *(Actinopterygii)*, Quastenflosser *(Crossopterygii)* und Lungenfische *(Dipnoi)* aufgespalten.

Als ursprüngliche Kiemenatmer entwickeln die Süßwasserformen der Fische schon relativ früh Organe zur Atmung von Luftsauerstoff (vgl. S. 50), so daß alle alten Strahlenflosser, die Quastenflosser und die Lungenfische bereits *Lungen* besitzen. Aus solchen Fischlungen entstehen einerseits die *Schwimmblasen* der Strahlenflosser, zu denen über 99 % der heutigen Fische zählen, darunter auch die Knochenfische im engeren Sinne *(Teleostier)*. Andererseits wird ein solches Luftatmungsorgan zu einem der wichtigsten Schlüsselmerkmale, um das Land zu erobern. Dies gelingt dann im Devon den Quastenflossern. So entstehen mit Hebelgliedmaßen ausgerüstete, vierbeinige Landwirbeltiere *(Tetrapoda)*, die als Lurche *(Amphibia)* zwar das feste Land betreten, aber durch ihre feucht zu haltende Haut noch wenig gegen Austrocknung gefeit sind und auch mit Fortpflanzung und Larvalentwicklung ans Wasser gebunden bleiben.

Doch dann wird der Übergang zum Landleben endgültig vollzogen. Aus den Lurchen gehen die Kriechtiere *(Reptilia)* hervor. Die Haut wird mit einer Hornschicht überzogen, die Eier in eine feste Schale verpackt und der Embryo durch Keimhüllen *(Amnion, Serosa)* in eine feuchte Kammer, ein eigenes Aquarium, eingeschlossen, in dem er sich weitgehend unabhängig von äußeren Einflüssen entwickeln kann. Damit sind alle Voraussetzungen (Präadaptationen) zur Landeroberung gegeben, und sie werden voll genutzt. Das Mesozoikum wird zum Zeitalter der Reptilien. Einige überwinden das anfangs langsame Kriechen und schaffen Gliedmaßen, die sie zur schnellen Fortbewegung befähigen, andere bilden die Extremitäten zu Flossen um und kehren als *Ichthyosaurier* ins Meer zurück. Wieder andere richten sich auf den Hinterbeinen auf *(Iguanodon, Tyrannosaurus)* und geben so die Vorderextremitäten für neue

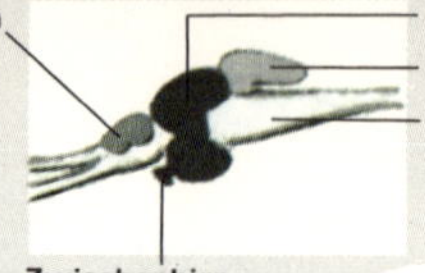

Fische sind wasserlebende Wirbeltiere, bei denen die Chorda durch knorpelige oder knöcherne Wirbelkörper mehr oder weniger stark verdrängt wird. Der Körper ist in der Regel mit Schuppen bedeckt und hat meist zwei paarige Extremitäten, die Brust- und Bauchflossen. Der Blutkreislauf ist einfach. Es sind meist 5 Kiemenspalten ausgebildet. Das Hinterhirn als Zentrum der Bewegungskoordination ist gut entwickelt. Im Mittelhirn enden die Sehnervenfasern; hier werden zahlreiche Schaltungen durchgeführt. Das Vorderhirn dient überwiegend als Riechhirn.

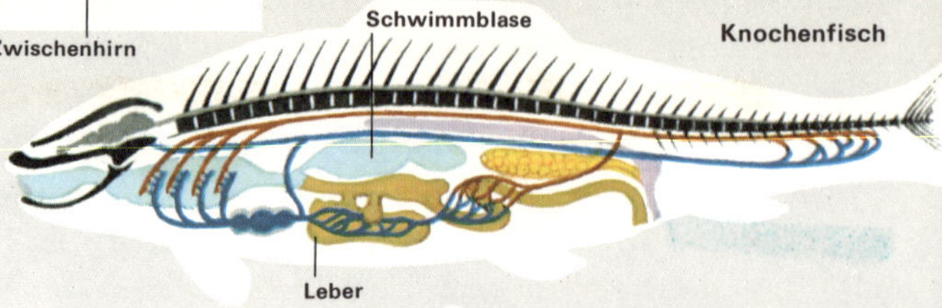

Lurche oder *Amphibien* leben als kiemenatmende Larven im Wasser und als lungenatmende Erwachsene meist an feuchten Landstellen. Die Haut ist drüsenreich. Der Schädel sitzt im Gegensatz zu den Fischen gelenkig an der Wirbelsäule; auch sind Nasen- und Mundhöhle regelmäßig durch einen Gang miteinander verbunden. Das Herz besteht aus einer Kammer und zwei Vorkammern.

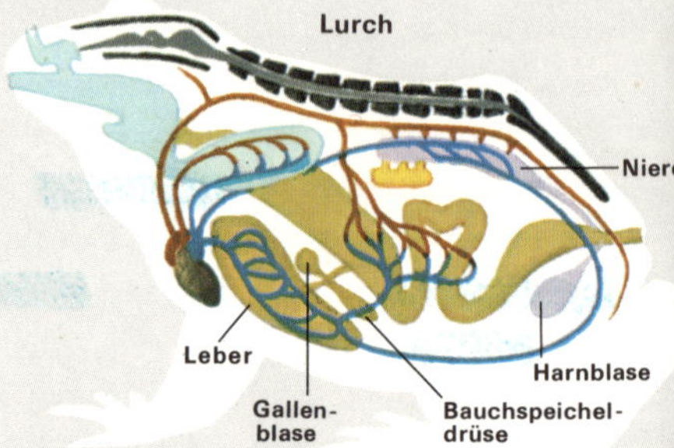

Kriechtiere oder *Reptilien* sind durch Reduktion der Kiemen bereits während der Embryonalphase unter gleichzeitiger Ausbildung von Lungen sowie durch die stets mit Hornschuppen bedeckte Haut ganz an das Landleben angepaßt. Auch die Herzkammer ist wenigstens teilweise unterteilt, bei den Krokodilen sogar vollständig.

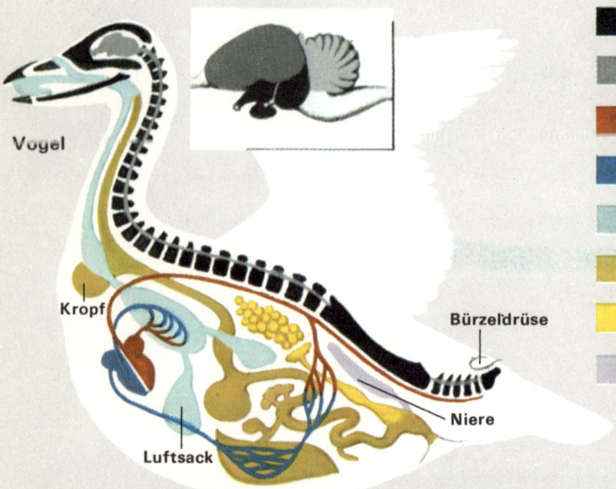

Vögel haben als gesonderte Gruppe der Wirbeltiere den Luftraum erobert. Besondere Anpassungen hierfür sind die Umbildung der Vordergliedmaßen zu Flügeln, die Ausbildung leichter Federn, die den Körper stromlinienförmig umkleiden und als Schwungfedern große Tragflächen bilden, die lufterfüllten Knochen, der leichte zahnlose Hornschnabel, die den ganzen Körper durchziehenden Luftsäcke und das leistungsfähige doppelte Blutgefäßsystem. Aus hartschaligen Eiern werden von den warmblütigen Elterntieren die Jungen erbrütet und nach dem Ausschlüpfen meist noch längere Zeit versorgt.

Die nebenstehende Legenc bezieht sich auf die Bauplä und berücksichtigt nicht d Graustufen der jeweils ve größert dargestellten, einze nen Gehirne.

Säugetiere sind wie die Vög *gleichwarme Wirbeltiere* ur haben wie diese ein vierkan meriges Herz. Die drüser reiche Haut ist meist vc Haaren bedeckt. Die mit Aus nahme bei Kloakentieren ste lebendgeborenen Junge werden immer zunächst vo Weibchen an Milchdrüsen g säugt. Im Kiefer wechseln g wöhnlich die Zähne des Milch gebisses mit denen des Daue gebisses ab. Bei den Säuge ist die Brusthöhle durch e muskulöses Zwerchfell vo ständig von der Bauchhöh getrennt. Das Vorderhirn od Großhirn ist bei den Säug tieren wie schon bei den V geln mächtig entwickelt ur stellt ein riesiges Assozi tionszentrum dar.

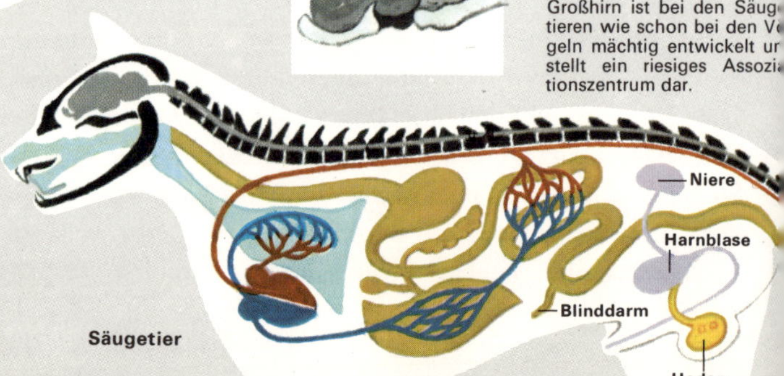

BAUPLÄNE DER WIRBELTIERE I-II

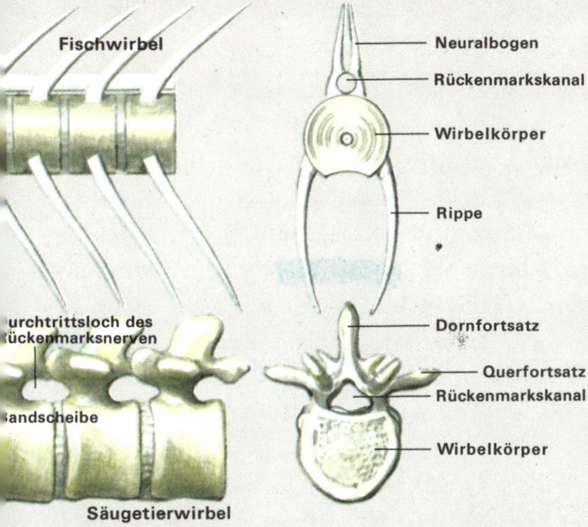

Die Wirbeltiere (Vertebrata) sind Chordatiere mit hochentwickelten Organen. Die Chorda ist gewöhnlich durch ein knorpeliges oder knöchernes Achsenskelett aus einer Schädelkapsel und zahlreichen Wirbelkörpern ersetzt. Das gegliederte Innenskelett erstreckt sich in der Regel ebenfalls in die zwei Extremitätenpaare, die meist über einen Schulter- und Beckengürtel mit der Wirbelsäule verbunden sind. Der Körper ist durchweg in Kopf, Rumpf und Schwanz gegliedert. Ein geschlossenes Blutgefäßsystem, geräumige Coelomhöhlen um die inneren Organe und ein Gehirn sind stets vorhanden.

Abb. links zeigt einen Abschnitt der Wirbelsäule von einem Knochenfisch und einem Säugetier. Dorsal am Wirbelkörper ansetzende Bögen (Neuralbögen) umschließen das Rückenmark. Seitliche Fortsätze sind Ansatzstellen für Muskeln und Rippen.

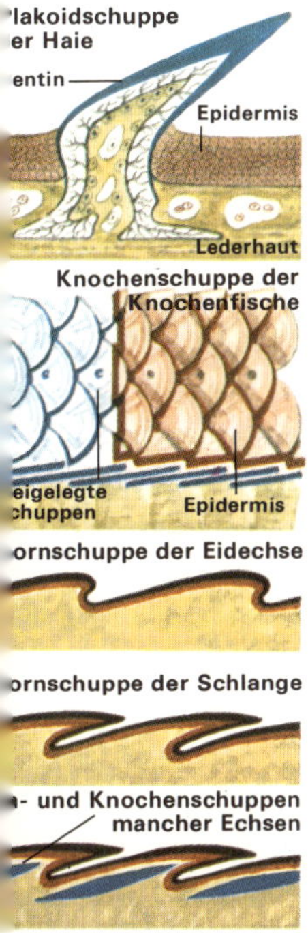

Die Haut und Hautdifferenzierungen
Die Haut der Wirbeltiere besteht aus der *Oberhaut (Epidermis)*, einem mehrschichtigen Epithelgewebe, und der darunter liegenden *Lederhaut (Corium)* mit Nerven, Gefäßen usw. Sie stellt ein komplexes Gebilde dar (Abb. rechts). Häufige Oberflächendifferenzierungen sind die toten Horngebilde der Epidermis, z. B. Krallen, Nägel, Hufe, Haare und Hörner der Säuger, die Vogelfedern und die Hornschuppen der Kriechtiere. Bei manchen Eidechsen sind die Hornschuppen von Knochenschuppen des Bindegewebes unterlagert. Ebenfalls in der bindegewebigen Lederhaut werden die Fischschuppen gebildet, die wie die Plakoidschuppe der Haie zahnartig die Oberhaut durchbrechen oder bei den Schuppen der Knochenfische zeitlebens von einer dünnen Epidermisschicht überzogen sind.

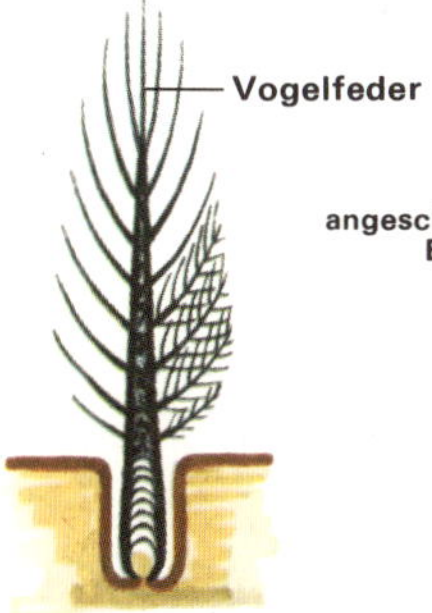

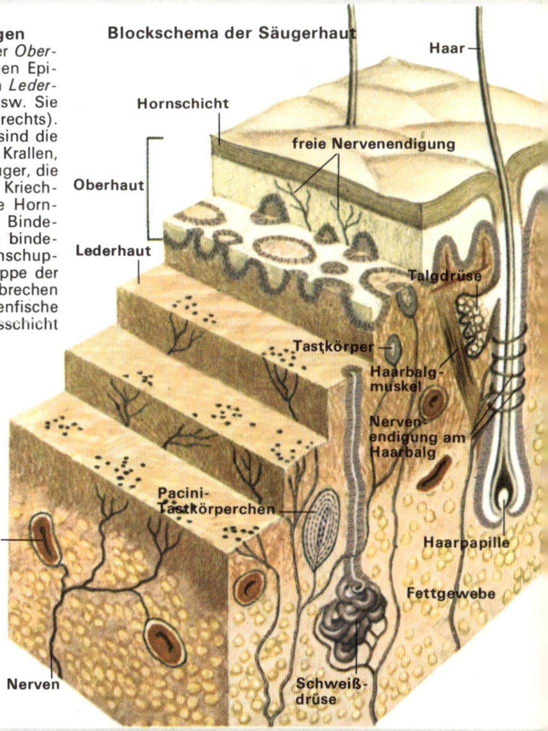

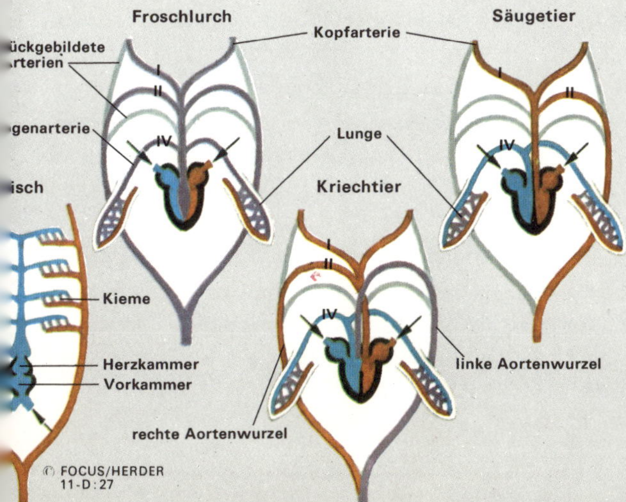

Schematische Darstellung von Herz und Arterienbögen bei verschiedenen Wirbeltiergruppen
Der einfache Grundtypus des Blutgefäßsystems, so wie er beim Lanzettfischchen oder auch bei Fischen ausgeprägt ist, wird mit zunehmender Organisationshöhe schrittweise abgewandelt. Beim vielkiemigen *Lanzettfischchen* treibt u. a. ein ungekammter Arterienabschnitt das Blut zu den Kiemen, von denen es in den Körper gelangt und über Venen zum Herzen zurückgeführt wird. Ähnlich geschieht dieses bei Fischen, doch ist das Herz stets in Vor- und Hauptkammer unterteilt, und es sind oft nur 4 Kiemenbögen und dementsprechend 4 Arterienbögen ausgebildet. Bei den Landwirbeltieren erfährt das Herz eine weitere Kammerung, und ein Teil der 4 Arterienbögen wird zurückgebildet. Das IV. Bogenpaar wird immer zu Lungenarterien, die bei den Lurchen mit ihrer einfachen Herzkammer Mischblut führen. Auch bei den Kriechtieren sind die beiden Kreisläufe, der kleine Lungen- und der große Körperkreislauf, nicht völlig getrennt, da die Herzscheidewand noch nicht vollständig ist (außer bei Krokodilen). Erst die warmblütigen Vögel und Säuger haben ein vierkammeriges Herz. Bei ihnen ist das III. Bogenpaar reduziert, und nur der linke (Säuger) bzw. rechte (Vögel) II. Bogen führt als Aortenwurzel das Blut in den Körper.

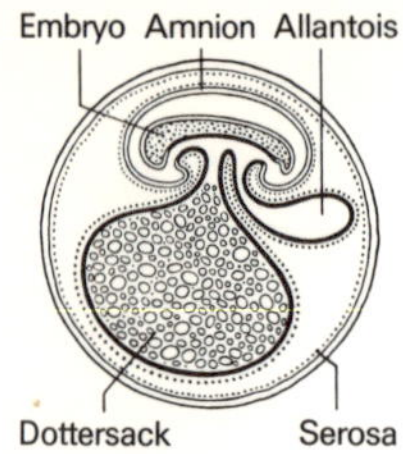

Amnioten-Ei *(z. B. Reptil)*

Der Embryo ist vom Amnion umhüllt. Die Allantois fungiert als Harnblase und Atmungsorgan.

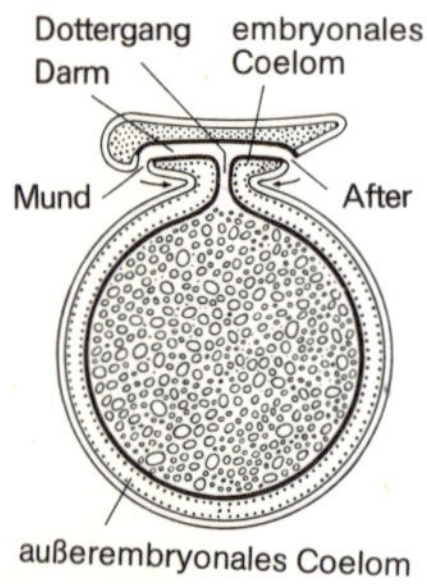

Anamnia-Ei

Bei den *Fischen* dagegen liegt der Embryo frei auf dem Dotter. Amnion, Serosa und Allantois fehlen noch.

Aufgaben frei. Es entstehen die Flugsaurier *(Pterosaurier)*, die ähnlich wie später unter den Säugetieren die Fledermäuse von ihrem verlängerten vierten Finger aus eine Flughaut ausspannen (Flughautflieger).

Während den Embryonen von Kieferlosen, Fischen und Lurchen noch Keimhüllen fehlen *(Anamnia)*, wird die „Erfindung" solcher Schutzeinrichtungen bei den Reptilien zu einem ungleich wichtigen Schlüsselmerkmal aller Landwirbeltiere *(Amniota)*. Aus den Reptilien gehen unabhängig voneinander die Vögel und die Säugetiere hervor. Beide sind gegenüber den wechselwarmen *(poikilothermen)* Fischen, Lurchen und Reptilien gleichwarm *(homoiotherm)*. Durch Regelmechanismen halten sie die Temperatur ihres Körpers konstant (Vögel 40°C, Säuger 37°C) und isolieren ihn durch ein Feder- bzw. Haarkleid. Unter Ausnutzung der gesamten physikalischen Möglichkeiten einer architektonisch so optimalen Struktur wie der *Feder* und unter Umbildung der Vorderextremitäten zu *Flügeln* dringen die *Vögel* in den Luftraum vor. Ihre Eier werden durch harte Kalkschalen geschützt und müssen zur Entwicklung mit Wärme versorgt werden *(Bebrütung)*. Aus den Eiern schlüpfen Jungvögel, die sich sofort selbständig ernähren können *(Nestflüchter)*, oder in abgeleiteten Fällen unbefiederte Tiere, die von den Eltern gefüttert werden müssen *(Nesthocker)*.

In der Trias des Mesozoikums, vor 160–170 Millionen Jahren, entstehen aus den *Therapsida* der Kriechtiere die *Säugetiere* als Anpassung an eine von den Reptilien nicht besetzte Nische für kleine waldbewohnende nächtliche Beutejäger in einem kühlen Klima. Beutejagen aber erfordert schnelle Beweglichkeit, d. h. einen ökonomisch arbeitenden Fortbewegungsapparat und eine hohe Körpertemperatur. Beides wird erreicht durch eine kompakte Körpergestalt (Verringerung des Verhältnisses Oberfläche/Rauminhalt), Wärmeisolation mittels Haarkleid und einen erhöhten Stoffwechsel.

Erhöhter Stoffwechsel wiederum verlangt einen hohen Nahrungsverbrauch und ihm entsprechend einen größeren Bedarf an Sauerstoff sowie eine verstärkte Abgabe von Kohlendioxid und Stickstoff. So werden, um eine dehnungsfähige Bauchhöhle zu schaffen, die Lendenwirbel reduziert und Atmungs-, Kreislauf- und Ausscheidungssysteme den neuen Erfordernissen angepaßt. Kiefer- und Kauapparat erfahren einen bemerkenswerten Umbau. Bei den niederen Wirbeltieren bis zu den Reptilien sind Oberkiefer *(Maxillare)* und Unterkiefer *(Dentale)* durch ein aus zwei Knochen *(Quadratum, Articulare)* bestehendes primäres Kiefergelenk verbunden. Bei den Säugern wird der Unterkiefer an den Hirnschädel angeschlossen, indem er direkt mit dem Schuppenbein des Hirnschädels (Squamosum) das für die Säuger typische, sekundäre Kiefergelenk bildet. Die Gelenkknochen Articulare und Quadratum gelangen ins Mittelohr und werden hier zu *Gehörknöchelchen,* das Articulare zum Hammer, das Quadratum zum Amboß. Zusammen mit der von den Tetrapoden ererbten Columella, die zum Steigbügel wird, bilden sie einen Apparat zur Übertragung der Schallwellen vom Trommelfell auf das Innenohr.

Erwerb und Zerkleinerung unterschiedlicher Nahrung erfordern unterschiedliche Werkzeuge. So entsteht ein heterodontes *Gebiß* mit Schneide-, Fang-, Reiß- und Mahlzähnen. Da durch die kompakte Körperform auch der Schwanz kleiner und als Waffe unwirksamer geworden ist, wird nunmehr auch das Gebiß in Auseinandersetzungen mit Fremd- wie Artgenossen eingesetzt. Pflanzenfresser dagegen erwerben horn- oder geweihartige Skelettauswüchse zum Stoßen und Ringen. Es ist verständlich, daß die nächtliche Lebensweise mehr den Tast-, Geruchs- und Gehörsinn als den Gesichtssinn fördert, und da eine bunte Färbung nur funktionell ist, wenn sie auch gesehen wird (vgl. S. 29), fehlt sie bei Säugern fast vollständig („bei Nacht sind alle Katzen grau").

Während ein Seitenzweig, die Kloakentiere *(Monotremata),* noch Eier legen, bringen die Beuteltiere *(Marsupialia)* und alle übrigen Säuger *(Eutheria)* lebende Junge zur Welt *(Viviparie).* Die Beuteltiere gebären noch weitgehend embryonale Junge, die sich im Beutel der Mutter weiterentwickeln. Bei den Eutheria wird der Embryo im Mutterleib von einer *Placenta* (Mutterkuchen) ernährt. Primär werden blinde und nackte Nesthocker geboren. Gruppen wie etwa die Huftiere können sich aufgrund ihrer Lebensweise nur ausgereifte Nestflüchter leisten, die wenige Zeit nach der Geburt mit der Herde weiterziehen können. Alle Säugetiere ernähren ihre Jungen mittels *Milchdrüsen.*

Öfters werden die höheren Säugetiere *(Eutheria)* auch als Placentatiere *(Placentalia)* bezeichnet. Das ist, strenggenommen, unrichtig, denn auch bei einigen Beuteltieren und selbst bei Haien werden Placenten aufgebaut.

Die zunehmende Erweiterung der Endhirnabschnitte erlaubt eine zunehmende Plastizität des Verhaltens wie auch der Lernfähigkeit, so daß die Säuger den unterschiedlichsten Umweltbedingungen gerecht werden. Einige kehren ins Meer zurück (Wale, Seekühe), anderen gelingt es zum dritten Mal im Stamm der Wirbeltiere den Luftraum zu erobern (Fledermäuse, Flughunde). Von Anbeginn aber sind in Bau- und Funktionsplan der Säuger die Möglichkeiten zum *Menschen,* zum *Homo sapiens,* enthalten. Der unspezialisiert gebliebenen *Hand* und der Hochentwicklung des lenkenden *Gehirns* verdankt er seine Einzigartigkeit innerhalb des Tierreichs, zu dem er aufgrund seiner phylogenetischen Herkunft als *Kreatur* gehört, dessen Ebene er als *Geistwesen* aber überwindet.

Literaturhinweise

Arber, A.: Sehen und Denken in der biologischen Forschung. Rowohlt Taschenbuch Verlag, Reinbeck bei Hamburg 1960.
Bammes, G.: Die Gestalt des Tieres. VEB E. A. Seemann-Verlag, Leipzig 1975.
Grell, K. G.: Protozoology. Springer, Berlin 1973.
Hadorn, E., Wehner, R.: Allgemeine Zoologie. Thieme, Stuttgart 1978.
Heberer, G. (Hrsg.): Die Evolution der Organismen. Ergebnisse und Probleme der Abstammungslehre. 3 Bde. G. Fischer, Stuttgart 1967–1974.
Hennig, W.: Phylogenetic Systematics. Univ. Press, Urbana 1979.
Kaestner, A.: Lehrbuch der speziellen Zoologie, Wirbellose. 3 Bde. G. Fischer, Stuttgart 1956–1973.
Mayr, E.: Artbegriff und Evolution. Parey, Hamburg 1967.
Nachtigall, W.: Biotechnik. Statische Konstruktionen in der Natur. Quelle & Meyer, Heidelberg 1971.
Osche, G.: Evolution. Grundlagen – Erkenntnisse – Entwicklungen der Abstammungslehre. Herder, Freiburg 1979.
Portmann, A.: Einführung in die vergleichende Morphologie der Wirbeltiere. Schwabe, Basel 1977.
Remane, A., Storch, V., Welsch, U.: Kurzes Lehrbuch der Zoologie. G. Fischer, Stuttgart 1978.
Remane, A., Storch, V., Welsch, U.: Systematische Zoologie. Stämme des Tierreichs. G. Fischer, Stuttgart 1980.
Siewing, R.: Lehrbuch der vergleichenden Entwicklungsgeschichte der Tiere. Parey, Hamburg 1969.
Starck, D.: Vergleichende Anatomie der Wirbeltiere auf evolutionsbiologischer Grundlage. Bd. 1 und 2. Springer, Berlin 1978 und 1979.
Steiner, G.: Zoomorphologie in Umrissen. G. Fischer, Stuttgart 1977.
Stümpke, H.: Bau und Leben der Rhinogradentia. G. Fischer, Stuttgart 1975.
Thompson, D'Arcy W.: Über Wachstum und Form. Birkhäuser, Basel 1973.

Quellen- und Bildnachweis

Als Quellen, die Inhalt und Gehalt des vorliegenden Bandes nicht unwesentlich mitgeformt haben, seien die Vorlesungen und Seminare von und die Gespräche mit den Professoren Dr. Drs. h. c. Wulf Emmo Ankel und Dr. Günther Osche genannt.

Die den Beschreibungen eines jeden Bauplans (Tierstamms) vorangestellten Verse sind dem Band „Eugen Roths Tierleben für jung und alt", Carl Hanser Verlag, München 1973, entnommen.

Bildtafeln: © Focus International Book Production, Stockholm, und Verlag Herder Freiburg im Breisgau. Zeichnungen und Fotos: Bildarchiv Herder.

Register

Fettgedruckte Zahlen bezeichnen Textseiten, auf denen das Stichwort ausführlich behandelt wird. Die Namen von Forschern sind im Schrägdruck hervorgehoben. Das Zeichen 🄱 verweist auf Bilder oder Bildtafeln, das Zeichen 🅃 auf Tabellen.